ENCYCLOPÉDIE-RORET

PLOMBIER

ZINGUEUR, COUVREUR

ET

APPAREILLEUR A GAZ

PARIS
LIBRAIRIE ENCYCLOPÉDIQUE DE RORET
RUE HAUTEFEUILLE, 12

ENCYCLOPÉDIE-RORET

PLOMBIER

ZINGUEUR, COUVREUR

ET

APPAREILLEUR A GAZ

EN VENTE A LA MÊME LIBRAIRIE

Manuel du Sondeur, du Puisatier et de l'Hydroscope, traitant de la construction des puits ordinaires et artésiens, et de la recherche des sources et des eaux souterraines, par M. A. Romain. 1 vol. accompagné de planches........... 3 fr. 50

Manuel du Fabricant de Pompes de tous les systèmes : rectilignes, centrifuges, à vapeur, à incendie, d'épuisement, de mines, de jardin, etc., traitant des principales machines élévatoires autres que les pompes, par MM. Janvier, Biston et A. Romain. 1 vol. orné de figures et accompagné de planches............................... 3 fr. 50

Manuel du Mécanicien-Ferblantier, traitant de la conduite et de la distribution des eaux, du mesurage aux compteurs et à la jauge, de la filtration, de la fabrication des robinets, des fontaines, des bornes, des bouches d'eau, des garde-robes, etc., par MM. Biston, Janvier, Malepeyre et A. Romain. 1 vol. orné de figures et acc. de planches.. 3 fr. 50

Manuel de l'Eclairage et du Chauffage au Gaz, ou Traité élémentaire et pratique destiné aux Ingénieurs, aux Directeurs et aux Contre-Maîtres d'Usines à Gaz, mis à la portée de tout le monde, par M. D. Magnier, ingénieur-gazier. 2 vol. accompagnés de 15 planches................ 6 fr.

On a extrait de ce Manuel l'ouvrage suivant :

Memento de l'Ingénieur-Gazier, contenant, sous une forme succincte, les Notions et lés Formules nécessaires à toutes les personnes qui s'occupent de la fabrication et de l'emploi du Gaz, par M. D. Magnier. Brochure in-18........................... 75 c.

Tables techniques de l'Industrie du Gaz, *Calculs tout faits* des diamètres et des longueurs des conduites, des volumes de gaz qui s'écoulent et des pertes de charges, du pouvoir éclairant et du titre du gaz, etc., par M. D. Magnier, ingénieur. 1 vol. in-8.............................. 3 fr. 50

MANUELS-RORET

NOUVEAU MANUEL COMPLET

DU

PLOMBIER

ZINGUEUR, COUVREUR

ET DE

L'APPAREILLEUR A GAZ

CONTENANT

La Fabrication et le Travail du Plomb, du Zinc et de l'Etain,
Les Procédés d'assemblage des Tuyaux, la Soudure des divers Métaux,
La Couverture des Constructions
en Plomb, en Zinc, en Tuiles, en Ardoises, etc.
Et le Travail d'une Installation de Gaz

PAR

M. A. ROMAIN, Ingénieur
ANCIEN ÉLÈVE DE L'ÉCOLE POLYTECHNIQUE

Ouvrage orné de Figures et accompagné de Planches.

PARIS
LIBRAIRIE ENCYCLOPÉDIQUE DE RORET
12, RUE HAUTEFEUILLE, 12
1883

AVIS

Le mérite des ouvrages de l'**Encyclopédie-Roret** leur a valu les honneurs de la traduction, de l'imitation et de la contrefaçon. Pour distinguer ce volume, il porte la signature de l'Éditeur, qui se réserve le droit de le faire traduire dans toutes les langues, et de poursuivre, en vertu des lois, décrets et traités internationaux, toutes contrefaçons et toutes traductions faites au mépris de ses droits.

Le dépôt légal de ce Manuel a été fait dans le cours du mois de janvier 1883, et toutes les formalités prescrites par les traités ont été remplies dans les divers États avec lesquels la France a conclu des conventions littéraires.

INTRODUCTION

L'industrie du Plombier-Zingueur est une des industries les plus complexes, parmi celles que l'on désigne sous le nom général d'industries du bâtiment. En effet, les divers travaux qu'elle devra exécuter, s'adressent à presque toutes les parties d'une construction, tant au dehors qu'à l'intérieur. La couverture des bâtiments, la conduite des eaux, du gaz, la construction des réservoirs, des cuvettes, etc., sont des ouvrages du ressort de l'art du Plombier. Si l'on ajoute à cela que, dans bien des cas, son ministère sera invoqué pour l'installation ou la réparation des pompes, des robinets, etc., on se rend compte à combien d'objets multiples une pareille industrie a trait.

Il nous était impossible, avec le cadre obligé d'un Manuel, de pouvoir examiner en détail toutes ces questions, dont quelques-unes d'ailleurs, par leur importance, ont fait à elles seules l'objet d'un manuel spécial. Nous avons donc dû nous placer à un point de vue particulier, que nous allons expliquer ici, et qui permettra d'apprécier facilement le but de ce manuel.

Nous nous sommes proposé de réunir d'abord les renseignements utiles et indispensables, sur l'origine et la fabrication des matériaux que le plombier emploie ordinairement. L'emploi du zinc étant intimement lié à celui du plomb, dans une foule de travaux et d'ailleurs l'industrie du Zingueur étant toujours liée dans la pratique à celle du plombier, nous avons également réuni ces deux études.

Nous nous sommes occupé ensuite d'examiner les divers travaux que cette industrie aura à exécuter, et dans laquelle elle mettra directement en œuvre les matériaux dont nous avons parlé, mais sans nous occuper des nombreux appareils auxquels ces travaux viendront se raccorder, tels que les pompes par exemple, ou bien des questions de recherches et d'établissement des conduites d'eau. Nous renvoyons le lecteur pour ces parties, aux deux manuels spéciaux de la collection : le *Fabricant de Pompes* et le *Mécanicien-Fontainier*, où ces questions sont étudiées en détail. Il est évident que nous n'aurions pu condenser ces trois manuels en un seul qu'aux dépens de l'exposition des matières.

Celui qui nous occupe se divise en quatre parties :

La première, qui est intitulée particulièrement : Art du Plombier, comprend la description des propriétés du plomb, et des procédés par lesquels la métallurgie le fournit au commerce ; nous avons ajouté à cette partie la fabrication du plomb de chasse, qui se fait généralement dans les usines métallurgiques. Cette étude préliminaire sur le plomb est accompagnée d'une étude analogue sur l'étain, dont le plombier se servira si fréquemment.

Nous avons ensuite examiné les procédés de transformation du plomb en feuilles ou en tuyaux, les deux états sous lesquels ils sont le plus employés. Bien que sortant de notre cadre, nous avons dit quelques mots de la fabrications des tuyaux en matières différentes, tels que les tuyaux de fer, de tôle bitumée, etc. ; mais le Plombier les employant presqu'autant que les tuyaux de plomb, la connaissance de cette fabrication nous a paru indispensable.

La description des procédés de fabrication des tuyaux commandait naturellement celle des divers appareils et procédés employés pour les réunir.

Le Plombier ayant ainsi appris à connaitre les matériaux qu'il emploiera, il fallait décrire les outils divers qui serviront à préparer et à manier ces divers objets.

Nous avons consacré un chapitre spécial à la soudure, opération qui est inséparable de tous les travaux de plomberie.

Nous avons ensuite décrit les emplois industriels du plomb, réservant pour la partie qui suit celle-ci ce qui est spécialement relatif à la couverture, et ajoutant aux travaux proprement dits de la plomberie, d'autres applications ressortant peut-être un peu de l'art du Plombier, mais dont la place était toute indiquée après l'étude précédente; nous voulons parler du plombage des métaux.

Cette première partie est suivie d'une seconde intitulée : Art du Zingueur, dans laquelle nous avons suivi la même méthode d'exposition.

L'industrie du Couvreur, qui emploie des matériaux si différents, depuis le bois, les produits réfractaires jusqu'aux métaux plus ou moins façonnés, est exercée, il est vrai, par plusieurs industries. Le maçon le plus souvent s'occupe particulièrement des diverses couvertures en tuiles ; mais, dans bien des localités, c'est le Plombier-Zingueur qui entreprend les couvertures de toute nature. En tous cas, son concours est toujours indispensable, pour achever un travail de ce genre.

Aussi, avons-nous cru utile de réunir à la fois la description des divers systèmes de couvertures et leur mise en œuvre, ce qui nous a permis d'en faire une sorte d'étude comparative. Le Plombier et le Zingueur trouveront dans cette troisième partie tous les détails relatifs aux travaux qu'ils auront à établir, et dont nous avions réservé l'étude jusque-là.

Enfin, pour terminer ce Manuel, nous avons ajouté une quatrième partie, intitulée : Art de l'Appareilleur à Gaz, dans laquelle nous nous sommes efforcé de réunir les documents permettant d'étudier les procédés d'une installation intérieure de distribution du gaz.

Nous entendons par là le travail suivant. Etant donné par exemple un immeuble situé sur une voie où passe une conduite de gaz, disposer dans cet immeuble la canalisation, les appareils de mesure et de sûreté, ainsi que les pièces dites d'attente, qui permettront de disposer ensuite les appareils d'éclairage plus ou moins variés, que l'on trouvera dans le commerce.

Le titre d'Appareilleur est employé souvent d'une façon vague; nous croyons utile de préciser le sens que nous lui donnons. C'est véritablement ce qui est du domaine de l'art du Plombier, dont nous nous sommes exclusivement occupé. Toutefois, nous avons cru utile d'ajouter quelques renseignements au sujet des brûleurs, qui, tout en formant des appareils d'éclairage, sont si simples, que le plombier non-seulement aura souvent à les poser, mais que même cette dernière partie du travail est généralement liée intimement à la première.

Tel est l'ordre que nous avons suivi, nous efforçant de joindre à l'exposition la plus complète possible des documents, les renseignements pratiques de mise en œuvre. Nous serons heureux de penser que notre but a été atteint.

NOUVEAU MANUEL COMPLET
DU
PLOMBIER
ZINGUEUR, COUVREUR
ET
APPAREILLEUR A GAZ

PREMIÈRE PARTIE
ART DU PLOMBIER

CHAPITRE PREMIER
Du Plomb et de ses propriétés.

---

§ 1. — PROPRIÉTÉS CHIMIQUES DU PLOMB.

Le Plomb est un métal connu de toute antiquité. Il portait autrefois le nom de Saturne, parce qu'on lui attribuait la propriété de dévorer les autres métaux par calcination.

Il est d'un blanc légèrement bleuâtre, son éclat est très vif si la coupure est fraîche, mais il se ternit promptement à l'air. Il présente une grande mollesse, peut facilement se rayer à l'ongle, et laisse des traces grises sur le papier par frottement. Cependant le métal pur, coulé très chaud dans un moule froid, est toujours assez dur à sa surface.

Il est très malléable et se réduit en feuilles très minces ou en fils déliés; mais ceux-ci n'offrent aucune ténacité. Ainsi, un fil de 3 millimètres d'épaisseur se rompt sous un poids de quatorze kilogrammes.

Le plomb fond entre 325 et 335 degrés suivant son état de pureté ; par le refroidissement lent, il donne de petits cristaux voisins du tétraèdre. Au rouge le plomb donne des vapeurs appréciables, ce qui dans les opérations métallurgiques devient souvent une cause de perte.

Sa densité est de 11,445 et contrairement à ce qui arrive pour les autres métaux, elle diminue par l'écrouissage.

Le plomb s'oxyde lentement au contact de l'eau aérée, il se recouvre d'une pellicule blanche de sous-oxyde, qui se transforme en carbonate, et dont une certaine partie se dissout en même temps dans l'eau. Une eau plus ou moins chargée de sels n'a pas d'action sur le plomb, c'est qui explique pourquoi on peut sans inconvénient, se servir du plomb pour diriger ou conduire les eaux ordinaires de source ou de rivière, alors qu'il serait imprudent d'employer à la consommation domestique des eaux pluviales, conservées dans des réservoirs de plomb.

Chauffé à l'air le plomb s'oxyde rapidement, et donnera un produit cuivre connu sous le nom de massicot que l'on peut par calcination transformer en un oxyde supérieur, de couleur rouge et bien connu également sous le nom de litharge.

L'acide azotique et l'eau régale l'attaquent facilement, l'acide sulfurique n'agit sur lui que assez concentré et à l'aide de la chaleur.

§ 2. — EXTRACTION DU PLOMB.

La matière dont on retire principalement le plomb, est la *galène* ; c'est un *proto-sulfure de plomb.*

La galène est brillante, solide, cassante ; elle se présente ordinairement sous l'aspect de petits tubes réguliers, lamellaires, faciles à diviser. Elle se fond moins vite que le plomb, et souvent contient une certaine quantité de sulfure d'argent (1).

On retire le plomb de la galène par l'opération du grillage ; ce qui peut se faire de plusieurs manières; mais avant d'opérer sur le minerai, on a la précaution de le bien séparer des corps étrangers, et de son enveloppe ou gangue, par le triage et le lavage.

Pour traiter la galène, on commence d'abord par la griller pour en chasser le soufre, et ensuite on lui fait subir une seconde opération pour en séparer le plomb, laquelle consiste, quand le minerai contient d'autres métaux qu'on ne veut pas perdre, à griller la galène brisée en petits morceaux, en la mêlant avec le combustible, de manière à en former un tas, et de manière aussi que la flamme ou le feu trouve quelques issues au travers des morceaux entassés. Cette opération se pratique dans un espace entouré de petits murs construits en pierre ou en briques réfractaires. Il y a des minerais assez purs pour ne point exiger le grillage ; il en est d'autres au contraire, qui demandent à être grillés plusieurs fois : ce sont ceux qui contiennent beaucoup de soufre, ou encore de l'arsenic.

(1) Les mines de galène de Carthagène (Espagne) fournissent assez d'argent pour couvrir les frais d'extraction et de grillage.

Lorsque les minerais de plomb ont été ainsi préparés, on les porte au fourneau de fusion. Ce fourneau est plus étroit que ceux qui servent à la fusion des minerais de cuivre ; on le dispose à l'ordinaire en le garnissant d'une brasque, c'est-à-dire d'un enduit de terre et de charbon pilé. Il est essentiel que ce fourneau soit construit en pierres solides et réfractaires, parce que le plomb vitrifie aisément toutes les pierres. On échauffe pendant quelques heures le fourneau avec du charbon pour achever de sécher l'enduit dont il a été revêtu intérieurement. On arrange la tuyère de manière à ce qu'elle dirige horizontalement le vent des soufflets.

Les choses ainsi disposées, on commence par charger le fourneau avec du charbon, ensuite on met alternativement des couches de minerai et de charbon; on y joint aussi des scories fraîches des dernières opérations, de la litharge (protoxyde de plomb), de la chaux de plomb, et les résidus des fusions précédentes.

Quand le fourneau est rempli, on allume le feu, et on soutient la fonte pendant neuf heures la première fois, et pendant six heures pour les fontes subséquentes ; au bout de ce temps on laisse couler la matière fondue, par l'œil du fourneau, c'est-à-dire par une ouverture qui est au bas de sa partie intérieure, et que l'on a tenue bouchée avec de la terre glaise pendant la fonte ; cette matière fondue, qu'on appelle *matte de plomb*, est reçue dans le bassin concave qui est au pied du fourneau. C'est un mélange de plomb, de soufre, d'arsenic, etc., en un mot, de toutes les substances contenues dans le minerai qui a été fondu, et que le grillage n'a point dû entièrement débarrasser : on prend une portion de cette matte pour en faire l'essai en petit, afin de s'assurer de ce qu'elle contient.

On donne alors de l'inclinaison à la tuyère qui dirige le vent du soufflet ; on joint à ces mattes grillées, de nouvelles scories, du minerai de plomb grillé, de la litharge et des crasses, et on procède à une nouvelle fonte en faisant des couches alternatives de différentes matières avec du charbon : on laisse fondre le tout pendant quinze heures la première fois, et pendant huit heures seulement pour les fontes suivantes. Au bout de ce temps on laisse couler le plomb fondu dans le bassin qui est au bas du fourneau ; on referme l'œil ou le trou aussitôt qu'on s'aperçoit qu'il se forme de la matte ou du laitier au-dessus du plomb qui a coulé ; on enlève cette substance avec un crochet de fer, après quoi l'on verse le plomb fondu, qui est chargé d'argent, et que l'on nomme *plomb d'œuvre*, dans des bassines de fer enduites d'un mélange de glaise et de charbon. Alors l'essayeur prend des échantillons de ce plomb d'œuvre pour en faire l'essai et pour savoir combien il contient d'argent.

Pour enrichir encore ce plomb d'œuvre, on le remet de nouveau en fonte dans un fourneau à manche ; on y joint des mattes de plomb, des scories encore chargées du métal et des scories vitrifiées ou du laitier, de la litharge, etc., et on fait fondre ce mélange de la manière qui a été décrite en dernier lieu.

Lorsque le plomb est suffisamment enrichi, c'est-à dire, chargé d'argent, on le sépare au fourneau de grande coupelle, où l'on réduit le plomb en litharge; l'argent reste pur et dégagé de toutes substances étrangères.

Comme par cette opération le plomb a perdu la forme métallique, on est obligé de le faire fondre de nouveau par les charbons, dans le fourneau de fusion ; par ce moyen, la litharge (protoxyde de plomb) qui s'était faite dans l'opération de la grande coupelle, se réduit en plomb ; mais comme ce métal n'est pas parfaitement pur, vu qu'il est chargé des substances métalliques qui étaient jointes à l'argent qui a coupellé, on le refond de nouveau.

Cette fonte se fait à l'air libre, dans un foyer entouré de murs peu élevés ; on y forme des lits de fagots ou de charbon de bois, et l'on y jette le plomb, qui ne tarde pas à se fondre et à couler dans le bassin destiné à le recevoir ; c'est dans ce bassin qu'on le puise avec des cuillers en fer pour le verser dans des moules, et lui donner la forme des saumons qui circulent dans le commerce.

La facilité avec laquelle le feu dissipe ce métal, est cause qu'il éprouve du déchet dans chaque opération par laquelle il passe. Cette perte est inévitable, mais c'est à l'intelligence du métallurgiste à faire en sorte qu'elle soit la moindre possible.

Lorsque le minerai de plomb se trouve joint avec du minerai de cuivre assez riche en métal pour qu'on veuille le retirer, le plomb uni avec l'argent se séparera du cuivre par la liquidation. Si la mine de cuivre ne contenait point de plomb par elle-même, on serait obligé de lui en joindre, afin qu'il se chargeât de l'argent qui pourrait y être contenu.

Cette opération (liquidation), comme on sait, repose sur les qualités de fusibilité que possède chaque métal en particulier, qualités qui l'obligent à fondre avant celui avec lequel il est allié, et par conséquent à s'en séparer.

On traite encore la galène d'une autre manière, en la plaçant dans un fourneau à réverbère, et en conduisant le feu d'abord lentement, et en ne commençant à remuer et mélanger la masse que quelque temps après, quand le feu prend de l'activité.

Mais le sulfure de plomb ou la galène, ayant la propriété de se décomposer par le moyen du fer et d'une température suffisamment élevée, on a eu aussi l'idée de profiter de cette propriété pour en obtenir un moyen d'extraction.

On place alors la galène dans un fourneau à manche, si on opère en grand ; dans un creuset si on opère en petit, et on mêle avec elle du fer en grenailles à peu près le tiers ou le quart du poids numéraire sur lequel on opère.

Le plomb que l'on obtient ainsi, et qui contient presque toujours plus ou moins d'argent, s'appelle, ainsi que nous l'avons déjà dit, *plomb d'œuvre*. Pour le séparer de l'argent on le passe à la coupelle.

Les coupelles sont des vases d'une forme indéterminée, que l'on fabrique avec des os calcinés jusqu'au blanc, réduits en poudre et ensuite en pâte.

On place le plomb mêlé d'argent dans cette coupelle, et on le soumet ensuite au feu d'un fourneau convenablement disposé pour cette opération, c'est-à-dire, de manière que la tuyère du soufflet soit dirigée au-dessus du bain, afin que le vent puisse enlever inopinément la petite pellicule d'oxyde qui se forme au-dessus du métal. D'un côté, cette pellicule et la litharge sont chassées et recueillies dans un espace ménagé à dessein ; d'un autre côté, le plomb fondu se fait issue par les pores de la coupelle, s'écoule dans un canal disposé à cet effet, tandis que l'argent seul reste en dedans de cette même coupelle.

L'argent fondu se retire de la coupelle au moyen de longues verges froides en fer (ringards) qu'on y plonge ; l'argent s'y attache par couches plus ou moins épaisses ; on le sort, on le plonge dans l'eau, et on recommence ensuite de la même manière ; après l'avoir enlevé du bout de la tige du ringard.

La séparation de l'argent contenu dans le plomb d'œuvre, par la méthode de la coupellation, entraîne de grandes pertes, et est fort coûteuse On y substitue quelquefois un autre procédé dit *le Patinsonnage* dans lequel on évite la production de grandes quantités de litharge qu'il faut ensuite redécomposer pour obtenir le plomb métallique.

Voici en quoi consiste ce procédé. Si on fond dans une chaudière une certaine quantité de plomb déjà riche en argent, et qu'on l'abandonne à lui-même, il se forme des cristaux qu'on épuise avec une écumoire. Or, on trouve que ces cristaux se sont appauvris en argent, qui se concentre dans la partie liquide, restée au fond de la chaudière. En répétant cette opération plusieurs fois de suite, on arrive à obtenir la plus grande masse du plomb ne contenant plus qu'une proportion d'argent négligeable, et à concentrer tout l'argent dans une petite quantité de plomb, que l'on passe à la coupellation.

L'on a employé aussi un procédé entièrement différent des précédents, pour séparer l'argent du plomb, et qui est basé sur la propriété qu'a le zinc, de s'allier à l'argent et non au plomb. En fondant du zinc avec un plomb argentifère, il se forme des crasses dans lesquelles l'argent et le zinc disparaissent. En soumettant le plomb obtenu à l'affinage on sépare la partie du zinc entraîné dans la première opération.

Nous ne donnerons pas de plus grands détails sur la métallurgie du plomb, que l'on trouvera exposée complètement dans le manuel spécial de l'Encyclopédie.

§ 3. — DES FOURNEAUX ET DES CHAUDIÈRES EMPLOYÉS A LA FONTE DU PLOMB.

Le plomb est livré au commerce sous la forme de lingots appelés *Saumons*, que l'on doit soumettre à une nouvelle fusion pour couler le plomb dans les moules, où il recevra la forme convenable aux usages auxquels il est destiné. Souvent aussi on soumet à cette opération des vieux plombs provenant de démolitions. Voici la description des appareils employés dans ce travail :

Les fourneaux se construisent en briques réfractaires et en mortier de terre grasse, capables de supporter une assez forte chaleur sans se détériorer sensiblement. On donne ordinairement à ces fourneaux une forme ronde, comme à la chaudière destinée à contenir le métal à mettre en fusion ; et pour en consolider le revêtement, qui peut avoir 217 à 271 millimètres d'épaisseur, on le garnit, tant en dedans qu'en dehors, de cercles de fer dont l'objet principal est d'opposer une résistance à l'action de feu, qui a la propriété de dilater sensiblement la maçonnerie, et par conséquent de la désunir.

La bouche du fourneau doit être de niveau avec le sol de l'usine, elle sert à introduire le bois dans le foyer ou la chauffe, et donne aussi entrée à l'air qui doit alimenter la combustion. On peut lui donner depuis 325 millimètres jusqu'à 487 millimètres en hauteur et en largeur, selon l'importance du fourneau.

Dans l'intérieur du foyer, et à 650 millimètres du sol, on fixe, dans la maçonnerie, des barreaux pour supporter la chaudière, afin de prévenir la poussée que le poids du métal pourrait exercer contre les parois latérales, et pour que la flamme du foyer puisse s'élever et circuler librement tout autour ; mais elle doit être scellée dans la maçonnerie du fourneau, à sa partie supérieure, pour forcer la fumée à s'échapper par la cheminée.

Les dimensions générales de ces sortes de fourneaux varient depuis 1 mètre de hauteur, jusqu'à 2 mètres, et cela à raison des circonstances. Nous aurons occasion de les faire connaître par la suite.

Leur emplacement dans les usines dépend aussi des besoins et des localités ; on les place quelquefois au milieu de l'atelier ou à peu de distance des murs ; quelquefois aussi, on les y adosse complètement : dans les deux premiers cas, on établit, au-dessus, une hotte en forme de cône pour donner issue à la fumée, dont on détermine la direction au moyen d'un tuyau en fer implanté dans le fourneau et dirigé dans l'axe de la hotte. On peut aussi faire usage de deux tuyaux ; on leur donne ordinairement 108 à 189 millimètres de diamètre.

Dans le second cas, la cheminée est adossée, comme à l'ordinaire, contre le mur.

Quant aux chaudières, elles doivent être en fer fondu, et proportionnées à la quantité de métal en fusion qu'il est nécessaire d'avoir pour couler une masse de plomb d'une dimension donnée. Mais comme le plomb en fusion occcupe moins de place que celui qui est froid, parce qu'il contient alors moins d'aspérités, et qu'il ne reste aucun vide entre les morceaux, on devra avoir égard à cette observation, et en tenir compte pour ne pas donner à la chaudière une dimension plus grande qu'il n'est nécessaire.

Des ustensiles employés à la fonte du plomb.

Les ustensiles nécessaires à la fonte du plomb, sont : un arrosoir, un labour, une batte, un râble, une plane, une truelle, une écumoire, plusieurs cuillers, une serpette et un levier.

Comme nous aurons souvent occasion de parler de ces instruments, au fur et à mesure que nous décrirons les diverses opérations relatives à la fonte du plomb, pour les différentes applications industrielles qu'il reçoit dans la confection d'objets variés, nous n'entrerons ici dans aucun détail en ce qui les concerne.

De la fonte du plomb.

Cette opération consiste simplement à mettre le métal dans un vaisseau quelconque et à le présenter ensuite au feu jusqu'à ce qu'il devienne liquide ; mais quand on opère sur des quantités un peu notables, on emploie des chaudières et des fourneaux semblables à ceux dont nous avons parlé plus haut, et dont les capacités et les dimensions varient suivant l'importance des ateliers ou des usines.

Cependant, pour bien fondre toutes sortes de plomb et rendre ce métal propre à être employé dans les arts, il ne suffit pas précisément de le jeter dans un vase pour le mettre en fusion et le couler de suite, il faut aussi apporter à sa préparation quelques soins particuliers, qui consistent principalement à le bien *écumer*, lorsqu'il est fondu, pour le purifier ; à savoir le *revivifier* lorsqu'il est décomposé ou oxydé ; enfin, à observer qu'il ne contienne aucune humidité dans ses pores avant d'être jeté dans la chaudière, surtout lorsqu'il s'agit de mettre du plomb vieux dans du plomb en fusion. Nous verrons ci-après ce qui motive ces diverses opérations.

Lorsque l'on fait fondre du plomb en saumon dans la chaudière, on l'y place indifféremment ; mais lorsqu'on a du vieux plomb, on doit commencer par y mettre les plus petits morceaux, parce qu'ils s'y disposent mieux que les gros et qu'ils se fondent plus facilement, ce qui provoque en même temps la fusion des autres.

Pour accélérer l'opération, on peut établir un second foyer sur la chaudière même, avec des bûches enflammées, et recouvrir, en outre, celles-ci avec plusieurs saumons de plomb ou autres morceaux vieux.

Lorsque le plomb est fondu, on cesse d'entretenir le feu supérieur, mais on le laisse se consumer de lui-même. Les charbons qui résultent de cette combustion, tombent alors dans la chaudière, mais loin d'être préjudiciables à la fonte et à la bonne qualité du plomb, ils accélèrent l'une et rendent l'autre infiniment supérieure. Ce dernier effet tient à ce que le charbon incandescent a la propriété de purifier ce métal et de le *revivifier*, c'est-à-dire, de lui rendre toute la fluidité dont il est susceptible. On peut même en prendre à pleines pelletées dans le foyer, et le jeter sur le plomb, tant que durera la fonte : ils s'y consommeront complètement ; mais, pour purifier le métal, on enlèvera immédiatement après, au moyen d'une écumoire, les cendres qui en proviennent, et, en même temps, les *crasses* qui surnagent toujours à la surface du plomb fondu.

Le sable non terreux est également très propre à revivifier le plomb ; pour l'employer, il suffit de le jeter dans la chaudière, et il ne tarde pas à entrer en incandescence ; mais, lorsqu'il est vitrifié, il s'attache aux parois de la chaudière ; alors, on doit l'enlever avant de couler le métal.

Pour purifier le plomb, on se servait aussi autrefois de graisse ou de résine, et quelques personnes prétendent même que le métal devient plus doux et plus coulant lorsqu'on en fait usage ; mais ces auxiliaires ont l'inconvénient de produire une odeur désagréable durant l'opération de la fonte, ce qui fait que les plombiers ne les emploient jamais.

Avant de mettre le plomb dans la chaudière, il faut avoir soin d'examiner s'il est bien sec, car s'il se trouvait de l'eau introduite dans les aspérités nombreuses qu'on observe, surtout dans le vieux plomb, elle se réduirait bientôt en vapeur et pourrait occasionner des explosions dangereuses pour les ouvriers ; car on sait que l'eau réduite en vapeur produit des effets comparables et même supérieurs à ceux qu'on obtient par la poudre à canon.

Lorsqu'on fait fondre du vieux plomb, il faut y ajouter une quantité égale de plomb neuf pour rendre le premier plus doux et moins cassant.

Il faut surtout éviter, dans la fonte, de mélanger l'étain au plomb, parce que ce dernier deviendrait alors aigre, cassant et de mauvaise qualité.

Il faut aussi avoir la précaution de distraire des

vieux plombs tout ce qui s'y trouve de mélangé en régule ou tout autre demi-métal; car, sans cette précaution, il serait impossible de couler avec précision.

Les cendrées, qui sont un mélange de plomb et de charbon, provenant de l'écumage de la matière en fusion, se conservent pour être lavées et soumises, ensuite, à l'action d'une forte chaleur dans un fourneau à réverbère. On en extrait ainsi le plomb qui peut être encore employé. Ces cendrées se vendent aux *raffineurs*.

C'est aussi des cendrées qu'on extrait la litharge (protoxyde de plomb).

Le bois de chêne écorcé est celui que l'on doit préférer pour fondre le plomb, parce qu'il produit une flamme vive et qu'il s'allume promptement.

Avec cinq stères de bois, on peut en fondre jusqu'à 30,000 pesant, en dix-huit heures de temps. Mais, à cet égard, il serait très difficile d'indiquer des résultats très positifs, attendu qu'ils dépendent toujours de la qualité du bois, des dimensions de la chaudière et de la plus ou moins bonne disposition du fourneau et de la cheminée.

Le temps humide est celui qu'on doit préférer pour couler le plomb, parce qu'il est alors plus doux que lorsqu'on le coule par un temps sec.

Lorsqu'on a besoin de le conserver longtemps en fusion, ou qu'il est nécessaire de le transporter d'un lieu dans un autre, on renferme le vase qui le contient, dans un autre un peu plus grand. (Ce second vase s'appelle *pollastre*). On place du combustible (charbon) entre lui et le vaisseau qui contient le métal, et cette disposition, favorable à la concentration du calorique et à l'économie du combustible, s'oppose au refroidissement de la matière.

§ 4. — PLOMB DE CHASSE.

C'est ordinairement le plombier qui fabrique le plomb de chasse, bien qu'aujourd'hui cette fabrication ait été annexée dans de grandes usines, à des préparations diverses du plomb. Nous ne citerons comme exemple que la Cie de Pontgibeau et de Couërnon qui concurremment à la fabrication du plomb en feuilles ou en tuyaux livre au commerce de grandes quantités de plomb de chasse.

Pour procéder à cette fabrication, les uns font tomber d'une très grande hauteur du plomb fondu, qui s'écoule en goutelettes d'une passoire. Pendant sa chute ce plomb se fige en grains ronds qu'on reçoit dans l'eau et qu'on assortit ensuite avec le crible. Les autres coulent le plomb sur des balais, où il se divise en goutelettes qui tombent dans un baquet rempli d'eau qu'on agite sans cesse.

Il est évident à première vue que tous ces procédés un peu primitifs doivent avoir pour conséquence une grande irrégularité dans la fabrication, et par suite une perte de temps et de grandes difficultés, pour obtenir un bon classement des grains en sortes de grosseurs.

De nombreux perfectionnements ont été apportés dans cette fabrication. Nous allons en citer quelques-uns.

On a cherché en Carinthie, à simplifier le passage au crible, et l'assortiment des grosseurs. On y est arrivé à l'aide d'une disposition ingénieuse, où le travail se fait automatiquement.

Le plomb en grains recueilli, est disposé dans

une trémie, qui s'ouvre à l'aide d'une porte placée au bas de l'une des parois, et de là tombe d'une certaine hauteur sur un plan incliné qui reçoit un mouvement de translation alternatif. Chaque grain de plomb qui vient tomber sur le plan incliné, vient y rouler en décrivant une parabole dont l'amplitude varie avec la masse du grain, il en résulte que les grains se divisent en plusieurs filets sur ce plan incliné, et que chacun d'eux est formé de grains de même grosseur. Des tasseaux mobiles disposés sur le plan permettent de séparer ces divers filets les uns des autres, et de les recevoir à la partie inférieure de la table dans des rigoles, d'où on les conduit dans des vases de réception.

Le docteur Smith, de New-York, a proposé une invention qui permet de réduire notablement la hauteur des tours, par lesquelles on verse le plomb fondu.

Le caractère spécial de l'invention consiste à faire passer le métal fondu à travers un courant d'air animé d'une grande vitesse d'ascension, de manière que le métal, qui tombe en gouttes à l'intérieur d'une tour peu élevée, soit, dans sa descente, en contact avec une aussi grande quantité d'air que dans l'intérieur des hautes tours employées ordinairement. Par ce moyen, on fabrique le plomb granulé avec une moindre mise de fonds et à moins de frais qu'on ne l'a fait jusqu'ici, tout en obtenant un produit d'une qualité supérieure.

Fig. 1, coupe verticale d'un cylindre en tôle, monté en guise de tour dans l'intérieur d'un bâtiment ; il peut avoir 30 centimètres de diamètre interne pour une hauteur de 15 mètres, et cette proportion environ pour des hauteurs plus considérables.

Fig. II, coupe suivant la ligne E F.
Fig. III, coupe suivant la ligne G H.
Fig. IV, coupe suivant la ligne A B de la figure 1.

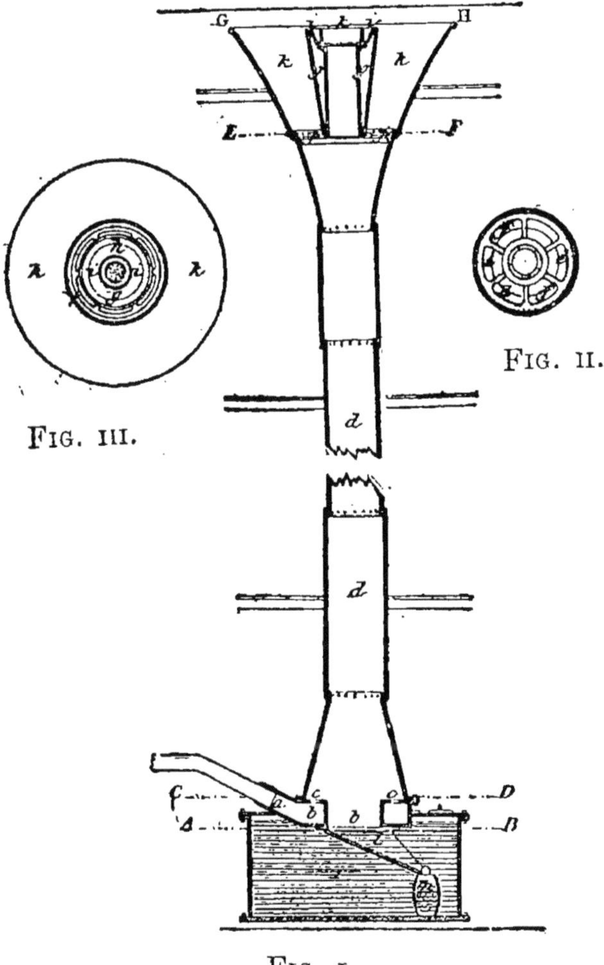

FIG. III.

FIG. II.

FIG. I.

Fig. V, coupe suivant la ligne C D.

I est une bâche pleine d'eau, placée au bas de la tour.

a est un tuyau communiquant par un bout avec une machine soufflante ou ventilateur, et, par l'autre, avec une chambre annulaire *b*, dont le fond est supporté d'une manière convenable au-dessus de la cuve ou bâche d'eau I ; la place intérieure forme une portion du passage pour le plomb qui descend. La face supérieure est percée de trous pour laisser passer, en le dispersant, l'air qui entre et qui monte, et la partie de l'anneau *b*, qui est près de l'eau, forme la base d'un cône tronqué, qui supporte un tour cylindrique en métal *d d*, qui, en *e e*, augmente de diamètre pour faire passer le courant d'air qui remonte

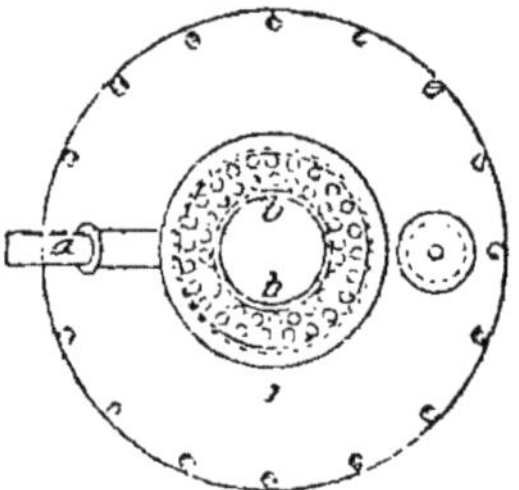

Fig. iv.

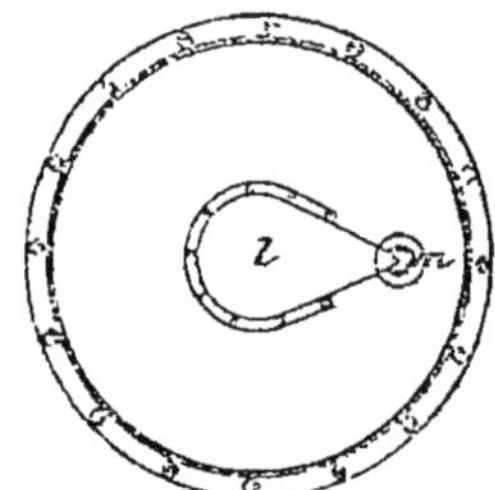

Fig. v.

à travers le cadre *f f*. Ce cadre *f f* supporte une colonne creuse *g*, dont la partie centrale reçoit la passoire *h*, qui peut être changée pour chaque grosseur de plomb, le diamètre de celui-ci étant déterminé par le calibre des trous dans le fond de la passoire, comme à l'ordinaire: et autour de la passoire *h*, règne une auge circulaire *i*. La tour, qui se termine en cet endroit, entoure ces pièces en prenant la forme d'un pavillon de trompette *k*.

Le but et l'effet de cet arrangement, est qu'en faisant passer le métal liquide à travers la passoire *h* dans le courant d'air ascendant, dans une tour haute de 15 mètres, et quand l'air remonte dans cette tour avec une vitesse double de celle du métal qui descend, l'air agit sur le plomb avec autant d'énergie, et même avec plus d'énergie que si celui-ci traversait l'air stagnant contenu dans une tour haute de 45 mètres ou même plus, dont la construction est si coûteuse. On règle la vitesse du courant d'air sur la hauteur de la tour.

Les gouttes de métal tombent à travers le centre ouvert de l'anneau *b*, dans l'eau de la bâche I ou, pour plus de commodité un plan incliné *i* porte les grains de métal dans une cuve qui est placée vide et retirée aussitôt qu'elle est pleine, à travers une porte pratiquée à cet effet dans le couvercle de la bâche..

Le docteur Smith a encore proposé une simplification à ce système. Il n'y aurait qu'à faire le vide partiel dans le tuyau en aspirant l'eau par la partie supérieure et on supprimerait la couronne annulaire.

On utilise aussi pour cette fabrication les propriétés de la force centrifuge, au moyen de l'appareil suivant. Un disque horizontal est monté sur un arbre creux vertical, tournant avec une vitesse de 350 mètres par minute. Ce disque est disposé avec une paroi verticale en laiton percée de trous correspondants à la grosseur des grains qu'on veut obtenir. Le plomb fondu est versé à l'aide de la passoire par l'arbre creux et sort à travers la paroi. Ce système offre un excellent mode de fabrication, les gains obtenus sont tous bien sphériques et bien égaux, deux qualités difficiles à obtenir et à réunir.

Un autre procédé encore consiste à employer l'appareil suivant.

On prend une plaque percée de trous coniques disposés en série suivant des lignes parallèles, la face inférieure de cette plaque est parfaitement dressée, et est pourvue de tasseaux sur ses bords extrêmes, de façon à déterminer un vide exactement calibré entre elle et une autre plaque, percée de trous ou plutôt de fentes parallèles correspondantes aux trous sur la première. Entre les deux plaques on peut en faire glisser une troisième, à la façon d'un tiroir. Cette troisième plaque est à son tour percée de trous ronds exactement de la grosseur des grains que l'on veut obtenir. Tout le système est enfermé dans un bâti, et la plaque intermédiaire reçoit un mouvement de va et vient.

On verse le plomb fondu sur la plaque supérieure, il pénètre dans les trous coniques, et de là passe dans ceux de la plaque intermédiaire, lorsque la coïncidence s'établit dans le mouvement de va et vient. Comme cette coïncidence ne se produit pas en même temps entre le tiroir et la plaque inférieure, il en résulte que le grain de plomb formé a le temps de se solidifier et que lorsque les ouvertures de ces deux plaques se placent en regard, il tombe par la rainure dans la boîte à eau disposée au-dessous.

Cet appareil est d'un emploi commode, il donne des produits de bonne qualité sans pertes,et, comme le précédent, simplifie le travail, par la suppression du criblage et classage après la fabrication.

CHAPITRE II

De l'Étain et de ses Propriétés.

§ 1. — PROPRIÉTÉS CHIMIQUES.

L'étain est un métal blanc, très brillant, se ternissant lentement à l'air humide. Il a une saveur et une odeur caractéristique rappelant un peu celle du poisson gâté, surtout s'il a été échauffé par le frottement entre les doigts.

Il est ductile, malléable, assez tenace, noir et dépourvu de toute élasticité. Lorsqu'on plie un barreau d'étain, il fait entendre un craquement particulier désigné sous le nom de cri d'étain dù au frottement des parties cristallines les unes sur les autres.

La densité est d'environ 7,285.

Il fond à 288°, c'est le plus fusible de tous les métaux usuels, il n'est pas notablement volatil, et cristallise par un refroidissement lent.

L'air à la température ordinaire est sans action sur l'étain, à la chaleur blanche ce métal y brûle avec une flamme blanche en produisant de l'acide stannique.

En général les acides ont peu d'action sur lui à la température ordinaire, et l'attaquent plus ou moins vivement à chaud.

L'étain que l'on trouve dans le commerce est rarement pur ; le meilleur est celui qui provient de Malacca. Un des moyens empiriques employés pour reconnaître ce degré de pureté, consiste à couler une goutte de métal sur une surface inclinée et à juger du degré de pureté par la forme et la limpidité de la larme métallique obtenue. Cette vérification a une certaine importance, en ce qu'elle permet de rejeter, pour les usages domestiques où son emploi est si fréquent, les étains contenant de l'arsenic.

L'étain s'il n'est pas employé directement comme métal dans l'industrie, n'en reçoit cependant pas moins de nombreuses applications, par son alliage avec d'autres métaux ou pour préserver les surfaces métalliques des actions oxydantes extérieures.

Le fer blanc si employé, le bronze, les différents alliages connus sous le nom général de potins, les soudures etc., n'existent que grâce à l'étain.

§ 2. — EXTRACTION DE L'ÉTAIN.

Le seul minerai qu'on exploite est le bioxyde. Il est accompagné généralement de sulfure et d'oxydes de fer, avec un peu de blende ou minerai de zinc, et toujours mélangé avec une forte proportion de gangue très siliceuse.

Le point de départ de cette métallurgie, est un enrichissement du minerai par les procédés mécaniques. On commence d'abord par un grillage, qui n'agit pas sur le bioxyde d'étain, mais oxyde les sulfures et arsénisulfures en les désagrégeant.

La matière est alors soumise à un traitement mécanique, consistant en un bocardage et un lavage dans lequel les minéraux étrangers sont réduits seuls en poussière que les lavages entraînent. On peut arriver ainsi à obtenir un nouveau produit contenant environ 70 0|0 de bioxyde d'étain.

Arrivé à ce point, on opère la réduction de cet oxyde par le charbon. Pour cela on emploie générament un four à cuve dans lequel on charge le minerai et le charbon couche par couche. Ce fourneau st pourvu d'un appareil soufflant par lequel on nvoie de l'air à très faible pression. Dans un preier creuset placé immédiatement devant le four, on eçoit le métal fondu avec les gangues entraînées, on le décante dans un second creuset placé sous premier, pour le séparer de ces gangues. On l'y gite avec des ringards de bois vert, lesquels en brûant donnent lieu à des gaz qui brassent la matière et ont monter à la surface les crasses encore entraîées. Quand la température s'est abaissée près du oint de solidification, on puise le métal avec des oches en fer et on le coule dans des moules.

L'étain ainsi obtenu exige généralement pour être mployé, une nouvelle opération qui consiste en une quation par fusion dans un four à reverbère où l'on joute à la surface un peu de charbon de bois pour chever la désoxydation.

§ 3. — APPLICATIONS INDUSTRIELLES DE L'ETAIN. TUBES EN ÉTAIN. ETAIN EN FEUILLES.

Ainsi que nous l'avons déjà dit, l'étain s'emploie arement à l'état de métal isolé dans l'industrie. Ceendant ses applications sont fort nombreuses.

La fabrication des tubes en étain a pris un assez grand développement, depuis qu'on s'en est servi our renfermer les couleurs à l'usage des peintres.

Autrefois on employait pour cela des vessies, qui si elles étaient compressibles et permettaient d'extraire facilement la couleur qu'elles renfermaient, présentaient deux grands défauts : leur peu de solilité, et surtout la tendance à se dessécher. La substitution des tubes en étain tout en conservant le premier avantage, a complètement détruit les défauts de l'ancien système.

Cette fabrication a pris son origine en Angleterre et a été perfectionnée en France en 1868 par M. Richard. Voici comment il se pratique.

On coule d'abord dans une lingottière vide au centre, une petite rondelle d'étain suivant le diamètre qu'on veut donner intérieurement au tube, et dont la hauteur est calculée proportionnellement à la longueur du tube. Puis on se sert d'un outil composé de deux pièces (figure VI). Une rondelle ou flan dont le diamètre est égal au diamètre intérieur du tube que l'on veut fabriquer. Une matrice correspondante dont on voit la forme par la section présentée par la figure. La différence entre le diamètre du creux de la matrice, et celui du flan est très légèrement plus petite que l'épaisseur que l'on veut donner au tube. On place la rondelle d'étain dans la matrice où elle vient se loger dans la partie supérieure du creux, on dispose par dessus le flan, et celui-ci reçoit l'action d'un balancier qui vient le presser par une tête d'un diamètre un peu plus petit que celui du flan. L'étain s'élève verticalement, suivant un tube d'une épaisseur parfaitement continue, pendant que l'extrémité inférieure vient se loger dans le bas du creux de la matrice, et reçoit la forme indiquée dans la fig. VII.

On pratique alors un petit filetage sur cette partie terminale du tube, sur laquelle vient se visser un petit bouchon d'étain, fabriqué de la même façon et le tube est livré aux marchands de couleur, (fig. VIII). Ceux-ci après l'avoir rempli n'ont plus qu'à le refermer à son extrémité en repliant la feuille sur elle-même ainsi qu'on le voit dans la fig. IX.

Les qualités des perfectionnements apportés par M. Richard, consistent dans les qualités de son outillage, et le degré de précision obtenu dans le cintrage du flan et de la matrice, qui lui permettent d'obtenir des tubes où l'épaisseur présente une régularité extraordinaire, et enfin dans le procédé de fermeture employé.

On arrive ainsi à obtenir des cylindres de 50 millimètres de diamètre sur 0m30 de hauteur.

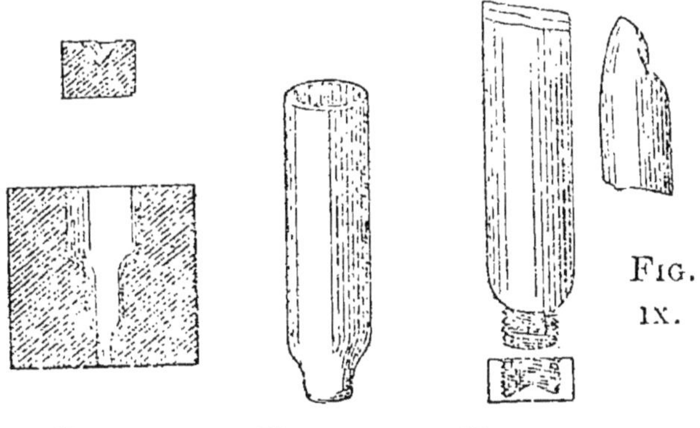

Fig. vi. Fig. vii. Fig. viii. Fig. ix.

M. Richard fabrique par un procédé analogue des viroles coniques pour garniture de pinceaux. On peut citer comme dépendant de cette fabrication, celle des capsules en étain pour le bouchage des bouteilles.

On fabrique encore des tuyaux d'étain pour divers usages. Les procédés employés sont identiques à ceux que nous aurons à décrire pour le plomb.

Nous donnerons seulement ici, les poids de ces tuyaux au mètre, pour divers diamètres et épaisseurs.

Tuyaux en étain.

Poids du mètre aux épaisseurs ci-après.

Diamètres intérieurs en millimètres	2	3	4	5	6	7	8	9	10	12 et plus
3	0.25	0.40	0.65	0.90	1.25	1.60	2.00	2.50	3.00	4.90
6	0.35	0.60	0.90	1.25	1.70	2.10	2.55	3.10	3.70	5.00
9	0.50	0.85	1.20	1.60	2.10	2.60	3.15	3.80	4.40	5.70
12	.65	1.00	1.50	2.00	2.50	3.10	3.70	4 40	5.00	6.60
14	0.75	1.20	1.70	2.20	2.80	3.45	4 05	4.75	5.50	7.20
17	0.90	1.40	1.90	2.55	3.20	3.85	4.60	5.40	6.20	8.00
20	1.00	1.60	2.20	2.85	3.60	4.25	5.15	6.00	7.00	8.90
24	1 20	1 80	2 60	3.35	4.10	5.00	5.90	6.80	7.75	9.80
27	—	2.10	2.90	3.70	4.60	5.50	6.70	7.50	8.50	10.75
30	—	2.40	3.20	4.10	5.00	6.05	7.00	8.05	9.20	11.60
33	—	2.50	3.40	4.40	5.40	6.40	7.50	8.65	9.90	12.40
37	—	2.75	3.80	4.80	5.90	7.10	8.25	9.50	10.80	13.70
40	—	2.95	4.05	5.15	6.35	7.60	8.80	10.10	11.50	14.30
45	—	3.30	4 59	5.70	7.00	8.40	9.80	11.20	12.60	15.70
50	—	—	4.95	6.30	7.70	9.20	10.70	12.20	13.80	17.00
55	—	—	5.50	7.00	8.50	10.10	11.80	13.35	15.00	18.50
60	—	—	5.90	7.50	9.10	10.80	12.50	14 30	16.10	19.80
67	—	—	6 50	8.30	10.10	11.85	13.80	15.70	17.70	21.80
73	—	—	7.30	9.20	11.10	13.20	15.20	17.40	19.50	23.40
80	—	—	7.70	9 90	11.90	14.00	16.10	18.40	20.70	25.30
90	—	—	8.60	10.90	13 25	15.60	18.00	20 50	23.00	28.10
100	—	—	9.60	12 10	14.60	17.20	19.80	22.50	25.30	30.90
109	—	—	10.40	13.20	15 90	18.60	21.50	24.30	27.30	33.30

L'étain en feuilles se fabrique par un procédé analogue à celui que nous verrons employé pour le plomb, et connu sous le nom de coulage sur table.

Autrefois il fallait laminer le métal, puis le battre jusqu'à ce qu'on eût obtenu les feuilles si minces qu'il procure. Le procédé du coulage a beaucoup simplifié ce travail. On a un châssis sur lequel est tendu un drap recouvert d'une toile fine, sur laquelle on fait couler d'une façon régulière et sur toute la largeur à la fois une couche d'étain à l'aide d'une sorte d'auget de la largeur du châssis.

La maison Masson a même disposé cette opération d'une façon continue, en disposant les augets sur une courroie sans fin qui marche parallèlement au châssis, et qui porte deux récepteurs, de telle sorte que la manœuvre consiste à remplir le récepteur, à retirer la feuille, remplir le second récepteur qui a pris la place du premier et ainsi de suite.

Un homme et un enfant peuvent ainsi faire 300 feuilles pesant 1 k. 700 à 1 k. 800 chacune, ce qui revient à 740 grammes au mètre carré.

Ces feuilles sont portées sur une table de fonte, où un piéton vient les battre et les réduire à une épaisseur telle qu'elles ne pèsent plus que 600 grammes environ au mètre superficiel.

Dans cette machine l'étain est fixé à une sorte de cadre que l'on déplace sur la table de fonte, de façon à faire passer successivement tous les points de la feuille sous le marteau.

M. Dardel a perfectionné cette machine. La feuille d'étain reste immobile sur la table, et c'est le marteau pilon qui se déplace dans deux directions perpendiculaires. La feuille d'étain est ainsi battue sur toute sa surface ; quant aux amplitudes des déplacements du marteau, il peut être réglé dans l'appareil de telle sorte que le travail s'exécute tout seul.

Le Paillon ou feuille d'étain dont l'intérieur est en plomb ou mieux en alliage de plomb et d'étain, se fabrique de la façon suivante. L'alliage est coulé dans une lingottière et y vient avec des appendices latéraux, qui permettent de le placer dans une seconde lingottière où il se trouve suspendu et isolé dans tous les sens, on coule alors dans cette seconde lingottière l'étain pur, et on obtient une feuille de paillon qu'on bat.

Si les tuyaux d'étain, à cause de leur prix élevé, dû à celui de la matière première, sont peu utilisés dans l'industrie, les applications des feuilles d'étain reçoivent un plus large développement, par suite de sa malléabilité qui permet de le réduire en feuilles aussi minces et aussi maniables que des feuilles de papier.

Une autre application non moins connue est celle de l'étamage des glaces, qui a pris à ce métal son propre nom. La propriété qu'ont les miroirs de réfléchir les images, est due en effet, à l'application contre la lame de verre, d'une mince couche d'un amagalme d'étain et de mercure dans la proportion de 1 partie du premier pour 3 du second. Cet amagalme qui est à l'état presque liquide, peut être facilement appliqué, et le mercure chassé par la chaleur à cause de sa solubilité, il reste une mince feuille d'étain parfaitement adhérente, et qui rend le verre réfléchissant. On confectionne des miroirs employés spécialement pour les instruments d'optique, avec un alliage de cuivre et d'étain, qui acquiert par le polissage un éclat très vif.

Le bronze des canons, des objets d'art, des robinets, d'une quantité de pièces fondues pour organes de machines, des cloches, est un alliage de cuivre et d'étain.

L'étain forme la base de tous les alliages connus sous le nom de soudure, et c'est à ce point de vue que nous aurons à nous en occuper spécialement au cours de ce volume.

Enfin, bien que cette matière fasse l'objet d'un traité spécial contenu dans l'encyclopédie, et que nous n'ayons pas à nous en occuper ici, nous ne pouvons terminer ce chapitre sur l'étain sans mentionner les deux plus grandes applications de ce métal. La confection de la poterie d'étain, l'étamage en général, et en particulier la fabrication du fer blanc.

L'étamage en lui-même est une opération des plus simples. Il est pratiqué pour préserver certains métaux de l'action destructive de l'air atmosphérique, ou bien à cause de l'inertie des acides sur l'étain, pour éviter la formation de produits toxiques dans les vases de métal et en particulier de cuivre destinés aux usages domestiques. D'une façon générale, pour étamer un métal, il faut bien en nettoyer la surface, la purifier de toutes les impuretés qui s'y trouvent, soit par adhérence, soit par combinaison, opération connue sous le nom de *décapage* ; puis chauffant cette surface à un degré convenable y verser de l'étain liquide, en maniant l'objet de façon à ce que la couche qui y adhère par refroidissement, soit d'une épaisseur égale. Cette opération fort simple, et que quelques mots suffisent à décrire, réside toute entière, pour être bien exécutée, dans ce qu'on

2.

appelle en terme de métier *le tour de main*, que la pratique peut seule enseigner.

Nous aurons à revenir sur quelques-unes de ces applications, lorsque nous étudierons les produits industriels obtenus avec le plomb.

CHAPITRE III

Fabrication des feuilles de plomb.

Le plomb livré en saumons par les usines métallurgiques où on l'extrait du minerai, est ensuite traité soit dans ces mêmes usines, soit dans des établissements spéciaux par différents procédés suivant l'usage auquel on le destine.

Nous allons nous occuper dans ce chapitre de la préparation des feuilles de plomb, qui sont employées dans l'industrie, soit pour couvrir des bâtiments, soit pour garnir l'intérieur de bassins, réservoirs destinés à conserver l'eau, ou les chambres dans lesquelles se prépare l'acide sulfurique, ainsi que les vases où se conserve quelquefois cet acide.

Le plomb en feuilles, nappes ou tables, s'obtient en fondant les lingots et les coulants de trois manières différentes : 1° sur sable, 2° sur pierre, 3° sur toile.

§ 1. — COULAGE SUR LE SABLE.

Pour couler le plomb sur le sable, on se sert d'une table qu'on appelle *moule de table*, dont les dimensions varient pour la longueur de 2m60 jusqu'à 4m35, et pour la largeur de 1m30 jusqu'à 1m95. On lui donne ordinairement 650 à 975 millimètres de hauteur ; elle est faite en madriers jointifs de bois de chêne de 31 à 41 millimètres d'épaisseur, posés sur des tréteaux solides avec une inclinaison d'environ 27 à 34 millimètres pour 1m95 afin de faciliter l'écoulement du métal liquide suivant la pente.

Le pourtour de la table est bordé d'un châssis de 27 à 34 millimètres d'épaisseur et 27 à 40 centimètres de champ. Il est compris dans la hauteur totale du moule en sable, mais lorsqu'on veut couler des nappes de plomb, d'une forte épaisseur, soit 54 millimètres, il faut le revêtir d'une plaque de fer pour empêcher le métal en fusion d'y mettre le feu.

Ce châssis se nomme *éponge* ; il est destiné avec la table à contenir une couche de sable préparé, sur lequel on coule le plomb fondu ; mais l'un des côtés, celui qui est au bas de la table, doit être mobile pour faciliter la manœuvre qui a lieu lorsqu'il s'agit de retirer la nappe de plomb après qu'elle a été coulée.

Le moule de table se place toujours à 1 mètre de la chaudière, et de manière que l'axe et le centre de l'un et de l'autre se trouvent dans une même ligne, ce qui est indispensable pour la facilité de la manœuvre de coulage.

Le sable employé pour cette opération doit présenter les qualités ordinaires des sables de moulerie. offrir assez de consistance pour prendre l'empreinte des pièces qu'on y coule, sans que cette consistance aille jusqu'à la viscosité de l'argile. Il ne doit donc être ni trop gras ni trop maigre, on dit qu'il doit avoir du corps. On en trouve dans un grand nombre de localités, celui dont on fait usage à Paris, se tire des sablonnières de Belleville. Il arrive souvent qu'on n'a pas immédiatement sous la main le produit convenable, et qu'on est obligé de former artificiellement le mélange.

Il résulte de nombreuses analyses faites sur les meilleurs sables naturels de moulerie, qu'on peut considérer comme convenable un sable dont la composition moyenne serait la suivante :

93 sable quartzeux fin
2 oxyde rouge de fer,
5 argile sans chaux.

Il doit avoir une parfaite homogénéité, pour éviter de voir se produire en séchant des retraits inégaux, donnant lieu à des fissures ; et être d'un grain régulier.

Ces conditions s'obtiennent, en soumettant le sable à un premier tamissage grossier, puis à un malaxage au moyen d'un appareil trop connu pour que nous nous étendions beaucoup à ce sujet ; il se compose d'une cuvette en fonte, dans laquelle tournent deux cylindres en fonte cannelée, réunis par un arbre horizontal relié à un arbre vertical qui reçoit la transmission de mouvement, ou bien un seul cylindre muni d'une paire de couteaux ramassant le sable écrasé vers le milieu de la cuve, où il est relevé par une roue à godet remplaçant le second cylindre, d'où il passe par une trémie et un crible, ne laissant sortir que les parties convenablement triturées.

Le même sable peut servir pendant longtemps, mais il est cependant bon de le renouveler souvent, car lorsqu'il est trop calciné, il ne vaut rien.

Pour préparer le sable à recevoir le plomb fondu, on l'humecte avec de l'eau, on le masse avec une batte en bois ; on le dresse ensuite en passant dessus une règle qu'on appelle *râble*, et que deux hommes appuient sur les éponges pour que la couche de sable ait une même hauteur dans toutes ses parties. On répète plusieurs fois cette manœuvre, après quoi on polit la surface au moyen d'une truelle chauffée et graissée pour lui donner plus de consistance ; et, si dans le cours de l'opération, on aperçoit quelques petits défauts, on les corrige en y portant des pincées de sable, qu'on aplanit ensuite avec la truelle.

Cette règle doit avoir en longueur 216 millimètres environ de plus que la largeur du moule de table ; sa hauteur 81 millimètres environ, et son épaisseur 27 millimètres au plus. Elle s'applique toujours de champ ; il faut surtout qu'elle soit bien dressée, car sans cela la surface du sable ne serait pas plane. Enfin, elle doit avoir à ses deux extrémités des échancrures d'une profondeur égale à l'épaisseur que l'on veut donner à la feuille de plomb, augmentée de la différence qui doit exister entre le dessus de cette feuille et les bords de l'éponge (4 à 6 millimètres au plus), pour que le métal ne s'échappe pas du moule, et cela pour qu'en l'appliquant sur les éponges, la différence des échancrures à l'arrête inférieure de la règle puisse enlever à la couche de sable la quantité qu'il est nécessaire d'en ôter pour former le vide que doit occuper la matière. Ces échancrures sont ordinairement garnies de petites plaques de fer.

Avant de couler le plomb sur la surface du sable, on le transvase d'abord, lorsqu'il est en fusion, dans une *auge* placée en tête du moule, auquel elle est fixée par des charnières, et on le verse ensuite sur le moule. Quand on n'opère que sur de petites quantités, le métal en fusion peut se prendre à la cuiller pour être mis dans l'auge ; mais lorsqu'il s'agit de grandes quantités, ce moyen ne suffit pas. Il faut alors mettre l'auge en communication avec la chaudière, au moyen d'un tuyau à robinet, pour y faire arriver la matière. Dans le premier cas, le fourneau peut être fort petit et sans beaucoup plus de hauteur que le moule de table, tandis que dans le second il doit avoir beaucoup plus de hauteur non-seulement que le moule, mais encore que l'auge elle-même, afin de pouvoir établir une communication convenable entre elle et le fond de la chaudière, de manière à ce que tout le plomb que celle-ci contient puisse complètement en sortir.

Comme l'auge, qui d'ailleurs doit occuper toute la largeur de la table, est fort pesante, surtout lorsqu'elle est remplie de plomb, on doit la faire supporter par un socle en maçonnerie placé en tête du moule, et conséquemment entre lui et le fourneau.

D'une autre part, comme cette auge est trop chaude pour pouvoir être manœuvrée à la main, indépendamment de son poids, qui est quelquefois fort considérable, puisqu'elle peut contenir jusqu'à 7 milliers de kilogrammes de plomb, on la renverse pour couler la matière sur le moule, en la soulevant dans la partie postérieure par le moyen de deux chaînes attachées à des leviers ou à un treuil placé au-dessus, et auxquelles sont fixés deux bras de leviers avec des cordes, dirigés dans le sens de la table. Deux hommes suffisent pour opérer cette manœuvre : ils doivent agir simultanément.

Au reste, quel que soit le moyen employé pour erser le plomb dans l'auge, il faut, dans tous les ıs, que la quantité de matière en fusion soit tou-urs un peu plus grande que celle qu'on présume re nécessaire, et l'auge doit la contenir entièrement our qu'elle puisse être coulée d'un seul jet. On mé-age, d'ailleurs, à l'extrémité la plus basse du sable, ne espèce de rigole appelée *fossé*, pour y faire écou-r l'excédant du métal, qui est ordinairement d'un inquième.

Le plomb étant coulé, deux hommes saisissent un ıble ayant des échancrures moindres que celles ont nous avons parlé plus haut, font couler la ma-ère avec une vitesse égale, mais rapide, en faisant lisser la règle sur les éponges, et aplanissant ainsi ı surface supérieure de la table ; ensuite on sépare excédant du métal qui s'accumule dans la partie ıférieure du moule, même avant qu'il ait eu le temps e se figer.

Cette séparation est nécessaire, car le plomb en se roidissant prend du retrait, et un effet de ce retrait erait d'entraîner l'excédant dont il s'agit, qui, par a résistance que son poids lui opposerait, pourrait aire gercer et même fendre la table de plomb dans oute sa largeur.

Pour retirer le plomb qui tombe dans les fossés t qu'on appelle *rejet*, on a soin d'y implanter, de listance en distance, lorsqu'il est encore chaud, des *ıâches* ou demi-cercles en fer qui servent alors de poignées.

Le retrait est évalué à 27 millimètres environ pour 4m54.

Lorsque la feuille de plomb est suffisamment re-froidie, on la retire du moule en ouvrant l'un des côtés du châssis, et, avec des leviers, on la transporte dans un lieu convenable, pour procéder ensuite à une opération semblable; mais on doit toujours commencer par mouiller et labourer le sable pour le rafraîchir et l'aplanir.

Il faut observer que le meilleur ouvrier et le plus intelligent ne l'est jamais assez pour cette opération: trop de hardiesse et de témérité seraient nuisibles; mais beaucoup de précaution, de prudence et surtout de pratique, sont les qualités essentielles qu'il doit posséder, et qui lui assureront toujours de bons résultats.

La méthode de couler le plomb sur sable est la plus ancienne de toutes; mais aujourd'hui on n'en fait usage que pour former des tables d'une certaine épaisseur, attendu qu'on n'obtient que très difficilement, même jamais, par ce moyen, des feuilles également épaisses. Mais lorsqu'il s'agit de couler de fortes tables, c'est-à-dire épaisses, auxquelles on ne donne d'ailleurs que peu de longueur et de largeur, elle est sans contredit la meilleure, parce que, lorsque la table est coulée, il devient plus facile de l'enlever du moule, que si par exemple, elle se trouvait posée sur pierre, à raison de ce qu'on peut miner le sable par dessous, ce qui permet de la soulever plus commodément.

Pour cela faire, on emploie différents moyens; mais le plus simple de tous consiste à réserver une espèce d'œillet dans la table même, à sa partie inférieure et en dehors de l'arête. On y parvient facilement en implantant un boulon de fer dans le sable et dans l'alignement du fossé. Ensuite, lorsque le plomb est refroidi, on fait sauter le boulon avec une pince en fer, et le vide qui reste forme un œillet, dans lequel on passe un crochet fixé à un câble qui lui-même est attaché à une grue placée dans le voisinage du moule pour faciliter l'opération.

Si les tables n'ont qu'une épaisseur moyenne, on peut les rouler sur un cylindre au moyen d'un tour ; et lorsqu'enfin elles sont très minces, cette opération peut se faire à la main ; mais dans ces deux derniers cas, il ne faut pas attendre que le plomb soit entièrement refroidi, parce que, dans cet état, il se plie moins facilement.

Enfin, lorsqu'on a cessé de couler, on doit couvrir le sable avec de fortes planches pour mieux le conserver, et cette couverture peut aussi servir de plancher pour couper les tables de plomb ou pour être employée à quelque autre usage.

§ 2. — DU PLOMB COULÉ SUR PIERRE.

La méthode par laquelle on coule le plomb sur pierre est la plus nouvelle de toutes celles usitées jusqu'à ce jour, elle ne diffère de la première qu'en ce que le sable s'y trouve remplacé par un lit de pierre auquel on donne 22 centimètres environ d'épaisseur. La manœuvre est absolument la même que la précédente, excepté qu'on emploie une lingotière pour recevoir l'excédant de la matière, qui, dans l'autre méthode, s'écoule dans le fossé pratiqué dans dans le sable.

Les pierres employées à former le fond des moules à table ne doivent point être sujettes à éclater par la chaleur. Elles s'unissent avec du mortier de terre glaise, peuvent avoir d'assez grandes dimensions en longueur et en largeur, et doivent principalement former une seule et même surface bien unie et bien plane.

Le plomb coulé sur pierre peut donner, sans in convénient, des tables d'un demi-millimètre jusqu 6 millimètres d'épaisseur ; et cela avec une précisic toute particulière qui le rend infiniment supérieur celui coulé sur le sable. On en coule rarement d plus épaisses, parce qu'on risquerait de faire fend les pierres en les mettant en contact avec une tro grande masse de métal en fusion, lequel dégag toujours une grande quantité de calorique.

Ce plomb est d'ailleurs d'une aussi bonne qualit que celui coulé sur le sable. Il est en général plu blanc, mais cela tient à ce que celui coulé sur le sable reçoit une impression particulière de l'humidit du sable, qui lui communique la couleur foncée e terne qu'ont la plupart des plombs, tandis que celu coulé sur pierre n'éprouve pas cet effet, en ce que la pierre échauffée ne lui porte aucune humidité. Seulement il faut remarquer que la première feuille, et quelquefois la deuxième, sont rarement propres à être mises en œuvre, parce que tant que la pierre n'est point suffisamment échauffée, elle absorbe le calorique contenu par la matière en fusion, la refroidit trop spontanément, et provoque ainsi de nombreuses fissures.

§ 3. — DU PLOMB EN TABLE, COULÉ SUR TOILE.

La troisième manière de couler le plomb en table est de le couler sur toile, pour en faire des tables aussi minces que le papier.

Cette espèce de plomb en table est fort difficile à bien faire, et d'un usage assez rare ; aussi est-il beaucoup plus cher : on ne s'en sert que pour des couvertures très légères ou pour des objets qui n'ont pas besoin d'une longue durée ni d'une grande solidité. Les facteurs d'orgues sont ceux qui en consomment le plus pour leurs tuyaux.

Lorsqu'on veut couler le plomb sur toile, il faut se fabriquer une table ou planche d'environ 49 centimètres de largeur, sur 3m 24 de longueur. On la couvre avec une toile de coutil bien serré, et cette toile doit être tendue au moyen de petits clous fixés à l'entour et de manière qu'elle ne fasse et ne puisse faire aucun pli, car sans cela l'opération manquerait, ce qui est facile à concevoir ; on la garnit ensuite de chaque côté d'un rebord pour empêcher que le plomb fondu ne s'échappe.

Il faut aussi que cette toile soit graissée, soit avec du suif, soit avec de la poix-résine grasse. On obtient, par ce moyen, un plomb beaucoup plus doux, moins aigre, et moins sujet à se casser.

Cette planche, ainsi préparée, se pose sur deux tréteaux, dont l'un est plus élevé que l'autre, afin de lui donner une pente d'environ 325 millimètres par 1 m. 95, pour que le plomb, conduit par le râble, puisse couler promptement, ce qui fait aussi qu'on obtient des tables très minces. L'excédant de la matière est également reçu dans une lingottière placée au bas du moule.

Cette opération doit être faite avec beaucoup de célérité, car sans cela on courrait risque de brûler la toile.

Il faut encore observer que c'est non-seulement de l'inclinaison de la table que dépendent l'épaisseur et l'égalité de la feuille de plomb, mais encore du degré de chaleur du métal en fusion. C'est aussi de l'intelligence de l'ouvrier que dépend la bonne qualité de l'ouvrage, qui, quoique fait avec beaucoup de précaution et d'adresse, n'en est pas moins difficile, et ne réussit pas toujours aussi bien qu'on peut le désirer.

§ 4. — DEGRÉ DE CHALEUR QUE LE PLOMB DOIT AVOIR POUR ÊTRE COULÉ.

Il est important que le plomb ait le degré de chaleur convenable pour être coulé, car sans cela toutes les opérations auxquelles on le soumettrait ensuite, manqueraient ou ne réussiraient que très imparfaitement. Si on le laissait trop longtemps au feu, il se calcinerait, deviendrait sec et cassant, après avoir été jeté en moule. S'il était trop chaud au moment d'être coulé en table, il creuserait le sable, s'éraillerait ou brûlerait la toile sur laquelle on peut le couler, ainsi que nous venons de le voir ; si, au contraire, il était trop froid, il se coagulerait, s'amoncellerait sous le râble et ne coulerait pas jusqu'au bout du moule. Pour apprécier le degré de chaleur dont il s'agit, on remarquera le moment où il commencera à s'attacher aux bords de la chaudière, et ce sera un indice certain qui dénotera le point où il doit être. On peut encore se servir d'un morceau de papier et le jeter dans la matière en fusion. Si elle est arrivée au degré convenable, le papier jaunira fortement ; tandis que si elle est trop chaude, celui-ci s'enflammera. Mais il est facile de le refroidir en peu de temps, en y jetant quelques livres de plomb froid, et jusqu'à ce que les effets dont nous venons de parler se soient manifestés.

§ 5. — PLOMB (CHINOIS).

La réduction du plomb en feuilles se fait en Chine par deux ouvriers : l'un est assis à terre, ayant devant lui une large pierre plate, bien unie, et tenant à la main une autre pierre plate, espèce de molette. A côté se trouve un fourneau dans lequel est placé un creuset rempli de plomb ; aussitôt que le métal entre en fusion, le second ouvrier en verse sur la pierre une quantité proportionnée à la grandeur et à l'épaisseur de la feuille qu'on veut obtenir. L'autre, en appuyant fortement avec la molette sur le plomb, produit une feuille aussi mince qu'il veut et d'une égale épaisseur partout. On l'enlève immédiatement et l'on répète l'opération qui se poursuit avec une rapidité extraordinaire. Quand on a une certaine quantité de feuilles, on rogne les bords, qui sont toujours ductiles, et on les soude ensemble.

M. Wadel qui a vu pratiquer ce procédé en Chine l'a appliqué avec succès à la préparation des plaques de zinc pour les appareils galvaniques.

§ 6. — DU PLOMB LAMINÉ.

Le plomb laminé s'obtient en passant les feuilles de plomb au *laminoir*, après l'avoir coulé préalablement en tables de 1ᵐ30 à 1ᵐ62 de largeur, sur 1ᵐ95 à 2ᵐ60 de long, et 40 à 54 millimètres d'épaisseur.

Cette opération a pour objet, 1° l'économie sur le temps qu'il faut pour couler les feuilles de plomb un peu minces, par les méthodes que nous avons décrites plus haut ; 2° d'obtenir des tables qui peuvent avoir jusqu'à 8ᵐ22 à 9ᵐ84 de longueur ; et 3° rendre celles-ci également épaisses et unies dans toutes leurs parties.

Le plomb coulé, quelle que soit sa qualité, est sujet à une infinité de pores très ouverts, que le laminoir seul peut resserrer ; ce même plomb est aussi plus raide et beaucoup plus cassant lorsqu'il n'y a point passé.

Mais si le plomb qui a passé au laminoir est beaucoup plus liant que le précédent, il a l'inconvénient d'être beaucoup plus feuilleté, et d'être moins capable, selon le sentiment des chimistes, de résister au soleil, à la gelée et aux intempéries des saisons ; la raison en est que la masse du plomb que l'on destine à passer au laminoir est sujette, comme toute espèce de plomb qui vient d'être coulé à une épaisseur assez forte, à contenir une infinité de bulles d'air plus grandes les unes que les autres : plus la masse passe de fois au laminoir, plus ces globules s'élargissent par l'effet de l'air comprimé, s'aplatissent et se croisent les uns au-dessus des autres ; c'est ce qui produit les feuilles superposées et des cavités susceptibles de s'agrandir par l'effet des rayons solaires ou d'une chaleur quelconque, ou de diminuer suivant que le froid ou la gelée resserrera les molécules d'air intercalées.

D'après cela, beaucoup de constructeurs ont conclu que le plomb laminé, malgré les avantages qu'il procure, à de certains égards, ne doit point être employé indifféremment dans toutes les circonstances ; et qu'il doit être principalement rejeté lorsqu'il s'agit de couvrir des toits, des terrasses ou autres constructions semblables.

D'autres constructeurs, au contraire, pensent que ce plomb est préférable à celui non laminé, et appuient leur assertion sur ce que le métal étant plus resserré après avoir passé entre les cylindres, contient moins d'aspérités capables de laisser pénétrer les eaux à travers.

Dans l'intention de mieux fixer les idées à cet égard, nous avons consulté plusieurs plombiers, mais il nous a été impossible de rien conclure de positif des réponses diverses qu'ils nous ont faites : toutes nous ont parues dictées par l'intérêt personnel, et cela à raison des procédés employés par chacun d'eux pour former les tables de plomb qu'ils livrent au commerce.

Quoi qu'il en soit, notre opinion est que le plomb laminé est en effet moins propre à former des couvertures, et nous la basons, non-seulement sur le sentiment des chimistes, mais encore sur les résultats désavantageux qu'ont produits les diverses applications qu'on en a faites; et d'ailleurs il est évidemment prouvé que ce plomb est moins compact que celui non laminé, puisque dans le poids de 32 centimètres carrés à 2 millimètres d'épaisseur, ce dernier pèse 2 kilogrammes 75 décagrammes ; tandis que le laminé ne pèse que 2 kilogrammes 69 décagrammes ; différence qui ne peut être causée que par les distances des lits de crasse qui se trouvent entre chaque feuillet de plomb ; d'où il suit nécessairement que le plomb coulé sur table ou sur pierre, est infiniment supérieur au plomb laminé. Il est cependant des circonstances où il peut être préféré à l'autre à raison de son épaisseur constante.

§ 7. — DES LAMINOIRS.

Les laminoirs sont des machines composées de cylindres qui sont destinés à étirer et à réduire en lames, en tables, en feuilles, etc., les divers métaux malléables.

Ces machines sont également propres à fabriquer toutes sortes de moulures, lorsqu'on y introduit des cylindres taillés à cet effet dans toute leur circonférence.

Elles ont, à raison de a continuité et de l'uniformité de leur action, et relativement à l'économie et à la célérité qu'elles procurent, une supériorité marquée sur le marteau et autres instruments analogues.

On peut les faire mouvoir à bras d'homme, par des chevaux, des roues hydrauliques, ou enfin par des machines à vapeur.

Le laminoir représenté par les figures 1, 2, 3, pl. I, est mû par une roue hydraulique; mais celle-ci pourrait être remplacée par tout autre agent. On en a fait usage en Angleterre dès l'année 1700. Voici la description qui en a été donnée par M. Borgnis, dans son *Traité complet de Mécanique appliquée aux arts*, page 140 et suivantes.

La figure 3 représente le laminoir vu de face ; les cylindres *a b* qui le composent sont en fer fondu et tourné ; ils ont de 1m30 à 1m62 de longueur, et leur diamètre ne doit point être moindre de 33 centimètres, afin qu'ils puissent résister à la grande pression qu'ils doivent produire, sans prendre aucune courbure, et il est indispensable qu'ils soient solidement affermis, qu'ils conservent constamment leur parallélisme, et que néanmoins on ait des moyens faciles et expéditifs de les rapprocher ou de les éloigner, et de les faire tourner en sens contraire.

Le mécanisme qui sert à rapprocher plus ou moins ces deux cylindres, sans leur faire perdre leur parallélisme s'appelle *régulateur* ; il est représenté fig. 1 et 2. La figure 1 en est le plan horizontal, la figure 2 une vue latérale. On voit, fig. 2, que les tourillons du cylindre supérieur *b* sont soutenus par deux étriers *m m m m*. Ces mêmes étriers, vu de profil en *m m*, *n n*, fig. 3, sont terminés dans une partie supérieure par des chaînes qui s'enveloppent sur le treuil *r r*, qui est muni d'un levier *q*. On conçoit facilement qu'en agissant sur le levier *q*, on pourra élever plus ou moins le cylindre *b*, et que son propre poids tendra à le rapprocher du cylindre inférieur *a*. Mais ce poids, suffisant pour faire coïncider ces deux cylindres, lorsque la machine est inactive, et lorsqu'une lame métallique n'est pas engagée entre les deux ; ce même poids, dis-je, serait incapable à lui seul de produire le rapprochement progressif nécessaire pour un prompt laminage ; mais on obtient cet effet d'une manière très satisfaisante en faisant usage du *régulateur*.

Le régulateur (fig. 1 et 2) est destiné à comprimer simultanément et exactement de la même manière, les collets *q q q*, superposés aux tourillons du cylindre *b*. Chacun de ces collets a deux oreilles *q q* (fig. 2), percées d'un trou dans lequel passent les colonnes de fer *b' b'* qui forment la cage du laminoir. Le collet inférieur (fig. 2) mobile, a également des oreilles traversées par les mêmes colonnes. Ces colonnes sont, dans leur partie supérieure, taillées en forme de vis ; les écrous *o o* de ces vis sont garnis de roues dentées *s s s s* (fig. 1 et 2), extrêmement semblables ; elles engrènent avec deux pignons *t t*, chacun desquels est surmonté par une roue d'angle *v*, qui engrène avec des vis sans fin *u u* ; l'axe *x x* de ces vis sans fin porte à son extrémité une croix *y*.

Voici comment on fait agir ce régulateur : il suffit de faire tourner la croix *y* ; alors les vis sans fin *u u* font tourner simultanément et d'une même quantité les roues d'angle *v v*, et conséquemment les pignons *t t* qui leur sont annexés, et qui mettent en mouvement les quatre roues *s s s s* toutes à la fois. Ces roues font partie des écrous qui surmontent les oreilles *q q* des collets *q q q*, de sorte qu'elles font descendre ces collets lorsqu'on agit dans un sens sur la croix *y*, et qu'elles les relâchent lorsqu'on agit en sens contraire; dans ce cas, on peut, en agissant sur le levier *y* (fig. 3), soulever le cylindre *b*, comme nous l'avons déjà dit.

Il nous reste maintenant à examiner de quelle manière on peut, à volonté, faire tourner les cylindres, tantôt dans un sens, et tantôt dans le sens contraire. Cet effet est produit par un double engrenage et par un verrou. Le premier engrenage est composé de deux seules pièces, c'est-à-dire d'une roue *c* et d'une lanterne *d*, le second est composé de deux lanternes *e*, *f*, et d'un pignon intermédiaire *g*. Ces deux engrenages sont indépendants l'un de l'autre, et les lanternes *d* et *f*, qui ont un axe commun, sont tellement placées sur cet axe, qu'elles peuvent tourner sans qu'il se meuve, et réciproquement, que l'arbre peut tourner sans que l'une de ces lanternes, ou même toutes les deux, participent à ce mouvement. Pour obtenir cet effet, il faut que l'axe soit carré, et que le trou des lanternes soit circulaire.

Un verrou *h*, à trou carré, enveloppe l'axe entre les deux lanternes. Ce verrou est composé de deux anneaux 1 et 2, garnis de dents saillantes 33, 44; un levier coudé *k k* sert à pousser le verrou à droite ou à gauche. S'il le pousse à droite, les dents 33 entrent dans des cavités correspondantes pratiquées dans la lanterne *d*, et ils la fixent. C'est, au contraire, la lanterne *f* qui est fixée lorsque le verrou est poussé vers la gauche.

Comme les tables de plomb acquièrent beaucoup le longueur par le laminage, il suffit, lorsqu'on veut es soumettre à cette opération, de les couler dans les moules de 1^{m}95 seulement ; ou bien on peut les liviser avant de les introduire sous le cylindre, orsqu'on en a qui dépassent de beaucoup cette dinension.

Les tables que l'on coule dans la fabrique de plomb laminé, située rue de Bercy, n° 20 à Paris, ont 2^{m}60 de longueur, 1^{m}54 de largeur, et 54 millimètres l'épaisseur, ce qui équivaut à 7,000 kilogrammes pesant.

Lorsqu'une table est suffisamment refroidie, on 'enlève par le moyen d'une grue placée dans l'axe lu moule, à 3^{m}90 environ de distance de la table. A a grue est attaché un cable muni de son crochet, que 'on passe dans l'œillet dont nous avons parlé plus haut. On la pose à terre pour l'ébarber et la nettoyer du sable et des bavures qui y restent attachés ; après quoi on la soulève de nouveau par l'intermédiaire de la grue, pour la diriger vers les cylindres entre lesquels elle doit passer.

Après avoir introduit l'une des extrémités de la table de plomb dans le laminoir décrit ci-dessus, on abaisse, au moyen du régulateur, le cylindre supérieur autant qu'il convient pour la faire mordre, le verrou étant attaché à la lanterne *f*, après quoi l'on met en mouvement la machine, et la table, convenablement comprimée, passe entre les deux cylindres. Quand toute la longueur de la table est passée, on change le verrou pour l'attacher à la lanterne *d*, et, sans changer la position des cylindres, on la fait revenir d'où elle était partie : alors on resserre un peu les cylindres ; on attache le verrou à la lanterne *f*, et la table reçoit une nouvelle pression. Il arrive souvent qu'on est obligé de répéter cette opération jusqu'à deux cents fois pour réduire la table à l'épaisseur qu'elle doit avoir, n'augmentant la pression au moyen du régulateur que quand la lanterne *f* travaille; l'autre, *d*, ne sert qu'à rappeler la table en sens contraire.

Mais pour obtenir des feuilles extrêmement minces, telles, par exemple, que celles dont on se sert spécialement pour envelopper le tabac, on opère d'abord comme nous venons de l'indiquer, et jusqu'à ce que la table soit parvenue à peu près à l'épaisseur à laquelle on veut la réduire; ensuite on la repasse au laminoir, mais en la posant d'abord sur une table de plomb épaisse et déjà laminée. Par ce moyen, elle peut encore diminuer d'épaisseur, attendu qu'il n'y a que la feuille de dessus qui se lamine.

On place deux châssis d'une largeur égale à celle du laminoir même, devant et derrière les cylindres du laminoir; leur objet est de porter les tables de plomb pendant le cours de l'opération. L'une des parties de ce châssis est recouverte en planches, et sert d'établi pour rouler le plomb lorsqu'il est laminé, ce qui se fait au moyen d'un treuil placé à son extrémité.

C'est aussi du côté où cet établi se trouve que l'on introduit la nappe de plomb entre les cylindres. L'autre partie de châssis est à jour, mais est garnie de cylindres en bois, à 54 ou 81 millimètres environ de distance les uns des autres. Ces cylindres tournent sur leur axe, et facilitent, par leur rotation, la marche de leur table de plomb, qui avance au fur et à mesure qu'elle s'allonge en passant par le laminoir.

Si la table de plomb était placée simplement sur un plancher, l'opération serait infiniment plus difficile qu'elle ne l'est en raison de la disposition dont nous venons de parler, parce que les frottements seraient trop considérables, et feraient refouler la nappe de plomb sur elle-même. Ce sont aussi les frottements qui font tourner les cylindres ; mais loin de s'opposer à la manœuvre dont il s'agit, ils la facilitent. On peut donner à chacune des parties du châssis jusqu'à 9m75 de longueur, ce qui dépend, au reste, de l'importance de l'établissement et des dimensions que l'on veut donner aux tables de plomb. Quant à la hauteur, elle doit toujours être à peu près la même : on lui donne ordinairement 1 mètre environ.

Le laminoir dont nous venons de donner la description exige un moteur très vigoureux, et nécessite un espace assez vaste pour son emplacement ; aussi, ne convient-il qu'à de grandes usines.

Celui représenté par les figures 4, 5 et 6, pl. I, est d'une moins grande dimension ; l'invention en est due à M. Droz. C'est l'un des meilleurs en ce genre que l'on ait imaginés. Les orfèvres, les plombiers, etc., auxquels il peut être d'une très grande utilité, le fixent ordinairement sur un établi au moyen de quelques boulons.

Il est composé de deux petits cylindres *a*, *b* (fig. 6) travaillés au *tour*, entre lesquels passent la table de métal que l'on veut laminer ; ces cylindres sont appuyés sur deux colliers ou coussinets de cuivre ; les coussinets inférieurs sont fixes, et les supérieurs sont mobiles, de manière qu'on peut rapprocher les cylindres plus ou moins, selon l'épaisseur que l'on veut donner à la table de plomb.

Pour hausser et baisser le cylindre supérieur *a* (fig. 6 et 5), on a vissé deux tringles verticales *x x* aux coussinets *r*, *s* ; celles-ci traversent le chapiteau *t* qui réunit les parties supérieures des jambages *u*, *u*, entre lesquelles les colliers se trouvent placés, et sont fixées par le haut avec des écrous aux quatre angles, à une plate-bande *v*, *v*, qui, elle-même, est assujettie à monter et à descendre, suivant qu'on tourne ou détourne les vis qui la traversent, et dont les écrous, placés au-dessus des colliers qui supportent le cylindre, sont fixés aux jambages qui maintiennent le collier. Ces vis portent, près de leurs têtes (fig. 6), des pignons *m* et *n*, assez espacés pour qu'on puisse placer et fixer entre deux une clef portant un troisième pignon *o*, qui engrène les deux premiers ; de sorte que, en tournant la clef d'un côté ou de l'autre, on fait élever ou baisser le cylindre supérieur sans que son parallélisme soit dérangé.

Les cylindres sont mus par des manivelles à la main, au moyen de l'engrenage *f f*, *g g*, et c'est le cylindre inférieur qui mène le supérieur. Enfin, pour conserver le parallélisme du cylindre supérieur, lorsqu'on le fait hausser ou baisser deux articulations *m* et *n* sont pratiquées à l'axe ou le tourillon qui le supporte, et permettent en outre, de l'élever et de le descendre sans qu'il cesse d'être mené par les engrenages *f f* et *g g*, attendu que les parties de l'axe du cylindre s'emboîtent l'une dans l'autre.

La figure 5 est une coupe qui représente la disposition des coussinets qui supportent les tourillons.

Quant à la marche à suivre pour opérer au moyen de ce deuxième laminoir, elle est à peu près semblable à celle que nous avons décrite plus haut ; nous ferons seulement remarquer que la manœuvre doit en être plus simple et plus facile en raison de sa dimension qui est moins grande, et qu'il est d'ailleurs possible de faire varier suivant les circonstances qui pourront nécessiter son emploi.

Laminoir à trois cylindres perfectionné.

M. Roden, maître de forges, a proposé un perfectionnement aux laminoirs à trois cylindres, qui permet d'y travailler des pièces de grands poids.

La première partie de ce perfectionnement consiste à rendre le cylindre du milieu parfaitement fixe tandis que l'on peut mouvoir et ajuster les extrêmes et à appliquer la force sur celui du milieu.

Pour cela, l'axe du cylindre intermédiaire est supporté par deux coussinets portant des garnitures en laiton, qui sont établis dans des mortaises percées dans le corps des montants et maintenus fermement en place par des écrous. Les deux cylindres extrêmes sont ajustés de position à l'aide de vis passant dans les montants et réglant leur hauteur.

Dans les trains de laminoirs ordinaires, la masse de métal présentée et appelée maquette, est suspendue à un crochet que manœuvrent un nombre plus ou moins considérable d'ouvriers, et cela toujours avec assez de difficulté.

Voici la disposition de M. Roden :

En avant du train se trouve une traverse sur laquelle est monté un cylindre à vapeur dont la tige commande par un système de cadres verticaux, une plate-forme horizontale qui sert à transporter la maquette d'un étage à l'autre de laminoirs. On voit combien il sera facile de disposer de cette plate-forme soit pour recevoir la pièce à la sortie du laminoir, soit pour la transporter à tel étage qu'il conviendra.

On peut proportionner les dimensions et par suite la force du cylindre de façon à agir sur n'importe quel poids de matière, plus économiquement et convenablement qu'on ne l'a fait par les procédés ordinaires.

Enfin un ingénieur anglais, Th. Burr, a montré qu'en employant des cylindres creux, légèrement chauffés par de la vapeur d'eau à 3/4 d'atmosphère de pression, on obtenait un travail plus économique, dans lequel il y a moins de déchet, et qui s'exécute en beaucoup moins de temps.

Laminoir de M. Kinder.

Il arrive souvent dans le laminage du plomb et de l'étain, que le métal adhère aux cylindres, ce qui apporte des difficultés dans le travail qu'on doit interrompre, et des pertes dans le produit fabriqué. Pour remédier à ces inconvénients, M. A. Kinder a proposé plusieurs modifications au train ordinaire de laminoir. Il dispose en avant des cylindres et tout près d'eux un petit rouleau de guide qui sert à conduire la feuille régulièrement au moment où elle s'engage dans les cylindres ; et plus en avant, une série de guides ou de plaques de façon à obtenir l'effort de tension nécessaire, au moyen du passage tortueux de la feuille à travers ces obstacles. Du côté de la sortie, une ou plusieurs rasettes fixes ou rotatives, sont établies ainsi qu'un couple de grattoirs montés sur un arbre à mouvement alternatif, et dont les bords tranchants sont maintenus sur les deux surfaces tournantes par l'action d'un ressort attaché au sommier qui soutient les grattoirs. La feuille, après es grattoirs, rencontre un rouleau guide et s'engage sous une paire de cylindres qu'on peut disposer en cylindres étireurs, suivis d'une paire de cylindres polisseurs, et enfin, de là, découpée par un outil quelconque en tables, ou bien enroulée sur un rouleau récepteur.

Les cylindres de guide peuvent être cannelés diagonalement, ou filetés de droite à gauche en partant du milieu, ou enfin on peut disposer leur axe sous un certain angle afin de rendre plus efficace l'étendage de la feuille latéralement.

Afin de maintenir toujours la propreté des cylindres lamineurs, M. Kinder propose aussi de se servir de cylindres nettoyeurs recouverts d'une étoffe de laine et roulant en contact avec les laminoirs. Pour rendre encore cette action plus énergique, on peut en outre donner un léger mouvement de translation suivant leur axe à ces cylindres nettoyeurs.

On peut avec avantage munir le premier rouleau récepteur d'un frein qui sert à régler la tension, au moment où la feuille se présente aux cylindres lamineurs.

§ 8. — MACHINES A FABRIQUER LES FEUILLES DE PLOMB.

Machine hydrostatique de M. Weems.

La fabrication des tuyaux dont nous nous occuperons dans le prochain chapitre a donné lieu à l'invention de nombreuses machines.

L'un de ces inventeurs, M. Weems en a imaginé une pour fabriquer les feuilles de plomb ou autres métaux. En voici la description (fig. 8, pl. I) :

Elle se compose d'un cylindre A dans lequel la pression se transmet à l'aide d'une presse hydraulique, et recevant un plongeur B sur le sommet duquel une pièce de centre C est serrée et retenue solidement entre ce plongeur et le récipient du métal D, au moyen de rainures, de languettes, ainsi qu'à l'aide d'une couronne de boulons qui traversent un collet ménagé sur le récipient, et une grosse bague à moitié encastrée dans une rainure sur le sommet du plongeur. On forme ainsi un espace annulaire destiné à recevoir le métal qui se modèlera entre la face extérieure du mandrin C et l'intérieur du récipient D.

Le récipient est alésé sur le diamètre extérieur qu'on donne au tuyau que l'on produira, tandis que l'intérieur est produit par une pièce fixe et tubulaire F insérée sur la pièce centrale G et maintenue par un collier H composé de deux pièces, et enchassant une gorge près de la tête de la barre centrale qui traverse tout le système et est retenue sous la chambre A par un autre collier analogue H.

On laisse descendre le plongeur, on introduit le métal fondu dans le récipient, où on le laisse se solidifier, puis on exerce la pression. Le piston B fait en montant refluer le métal qui s'élève sous la forme d'un gros tuyau I ; ce tuyau est fendu par un couteau fixe, puis ouvert progressivement par un coin, rejeté par un tambour de guide, de là saisi par une paire de cylindres K qui régularisent sa forme plane, et enfin enroulé sur un cylindre L sous forme d'une feuille sans fin.

En changeant à volonté les deux pièces qui règlent les épaisseurs du tuyau on peut obtenir des feuilles de différentes épaisseurs. M. Veems a imaginé diverses combinaisons pour les formes des récipients et des pistons, permettant d'obtenir directement des pièces plates, mais le principe est toujours le même, concentrer toute la force employée sur le point de formation de la feuille sans que la matière soit exposée au plus léger frottement dans aucun autre endroit.

Machine à fabriquer les feuilles de métal, de M. Wimshurst.

Cette fabrication des feuilles métalliques est basée sur un principe différent des précédentes. Jusqu'ici l'on prenait une masse de métal, et la soumettant à une pression énergique, par l'intermédiaire de divers appareils, on la réduisait à l'état d'une feuille de mince épaisseur. Ici nous allons voir abandonner entièrement l'action de la pression. L'idée de la fabrication réside dans l'application du tour où l'on peut à l'aide d'un outil tranchant obtenir des copeaux aussi minces que l'on désire.

On coule donc un cylindre de plomb, que l'on dispose sur un tour, où un couteau de la largeur de la feuille à fabriquer la découpe d'une façon continue (fig. 9 et 10, pl. I).

Sur un banc A sont disposés deux paliers B, soutenant un arbre C sur lequel on coule un cylindre de plomb D.

Cette opération se fait en entourant l'arbre C d'un moule en coquilles, et en faisant passer dans C un courant d'eau froide, de telle sorte que la solidification du plomb commence vers le centre, et s'étend jusqu'à la périphérie, en donnant une matière bien homogène.

Le couteau X qui est monté en avant du cylindre, devra s'avancer progressivement avec la diminution du diamètre du cylindre D, d'autre part, la vitesse de rotation de ce cylindre devra varier aussi dans les mêmes circonstances, afin que l'épaisseur découpée soit toujours la même. Ces diverses combinaisons sont réalisées à l'aide des organes suivants.

Le mouvement général à la machine est transmis au moyen d'une roue E, tournant dans deux appuis F, montés sur le banc et portant un cône de poulie et transmettant le mouvement à l'arbre C par une roue dentée à filet hélicoïdal I, qui engrène avec une vis sans fin H sur l'arbre du cône G. Une disposition spéciale assure l'impossibilité de tout mouvement de recul.

Au moyen de la poulie M montée sur le prolongement de l'arbre C, et de la courroie N, le mouvement est transmis à un cône O monté sur un arbre P parallèle à C, et par une nouvelle courroie Q, à un autre cône R monté sur un arbre S, qui porte une vis sans fin engrenant une seconde roue U analogue à I, montée sur l'arbre V qui, par un système analogue, commande la marche du charriot W qui porte l'outil X.

La feuille est reçue sur un arbre enrouleur Y.

Bien que d'apparence compliquée, à cause des variations de vitesse qu'on doit obtenir dans la transmission, cette machine donne d'excellents résultats, elle permet de produire économiquement des feuilles de toutes les épaisseurs, de plomb, étain, etc.

Spécialement pour la fabrication du papier de plomb, elle a reçu une très grande application, et fabrique d'une façon toute spéciale le papier de plomb pour l'emballage du thé, d'un si grand débit et qui était jusqu'ici fabriqué presqu'exclusivement en Chine, avec du plomb expédié par les Anglais.

§ 9. — POIDS DU PLOMB EN FEUILLES.

Nous donnons à titre de renseignement les poids au mètre carré de feuilles de plomb pour des épaisseurs déterminées.

Les plus employées dans le commerce sont les suivantes : 2 millim., 2 1/2, 3 et 3 1/2.

Les largeurs maxima ordinaires sont de 3 mètres, et les longueurs 10 mètres. Cependant quelques usines pourraient livrer des tables de 5 mètres de largeur sur 15 et même 20 mètres de longueur. Elles sont livrées au commerce en rouleaux.

Epaisseurs en millimètres. — Poids au mètre carré.

1 m/m	1 1/2	2	2 1/2	3	3 1/2	4	5	6	7
kil.	kil.	kil.	kil.	kil.	kil.	kil.	kil.	kil.	kil.
11 35	17	22 70	28 40	34 05	40	45 50	56 70	68 10	80

CHAPITRE IV

Fabrication des tuyaux.

Les tuyaux de plomb, dont on fait un si grand emploi, tant pour les conduites d'eau que de gaz, sont fabriqués par deux procédés bien distincts. Ils sont ou fondus dans des moules, ou obtenus par le passage d'une masse annulaire de plomb au travers d'une filière sous une grande pression, ce qui forme une sorte d'étirage.

Les tuyaux se fondent de deux manières, d'un seul jet ou en plusieurs fois. Les premiers auxquels on donne le nom de tuyaux ordinaires, ont 98 centimètres à 1m30 de longueur, et se soudent les uns aux autres lorsqu'on veut avoir une suite de tuyaux qui dépassent ces premières dimensions.

Les autres se nomment tuyaux sans soudure, et on leur donne ordinairement 3m90 à 4m88 de longueur.

§ 1. — MOULAGE DES TUYAUX ORDINAIRES.

Les tuyaux ordinaires se coulent dans des moules de cuivre composés d'un cylindre creux, et d'un noyau intérieur nommé *boulon*, dont le diamètre est plus petit que celui du cylindre, et tel, que l'intervalle qui le sépare des parois intérieures de l'enveloppe, soit égal à l'épaisseur qu'il convient de donner à la matière qui doit former le tuyau que l'on veut avoir (1). L'enveloppe, ou cylindre extérieur, est divisée en deux parties, dans le sens de la longueur du tube : ces deux parties ou demi-cylindres s'appellent *côtières*, et on les réunit par des charnières ou brides en fer, lorsqu'il s'agit de couler le plomb. L'appareil est en outre surmonté d'un entonnoir, et porte, dans le haut, de petites ouvertures pour donner issue à l'air déplacé par le métal en fusion, ce qui est indispensable : car, sans cette précaution, l'air se mêlerait à la matière, et il en résulterait des soufflures qui seraient contraires à la solidité du tuyau.

Pour faciliter la manœuvre du moule, on l'adapte par son milieu, au moyen d'une charnière, à une

(1) En général, le calibre d'un tube se mesure par le diamètre intérieur.

;averse en fer fixée au bord d'une fosse d'environ nètre de côté, sur 650 millimètres de profondeur, tout disposé de manière que le moule puisse basler, soit pour lui faire prendre la situation vertile qu'on doit lui donner, afin d'y couler la matière, it pour le coucher horizontalement, afin de séparer s côtières, pour en retirer le tuyau après son refroissement.

Avant de couler le plomb, on bouche le bas du lindre avec un *tampon* de métal, percé au centre un trou circulaire d'un diamètre égal à celui du de intérieur que l'on veut donner au tuyau, pour y itroduire le bout du boulon, qui doit toujours sorr hors du moule.

Comme le métal, en se refroidissant, se retire par on milieu, il faut avoir soin de ménager la coulée de ianière à remplir le vide occasionné par le retrait, à iesure qu'il se prononce. Ensuite, on le laisse se efroidir suffisamment pour que le plomb ne se rompe as en le remuant.

Les tuyaux fabriqués de la sorte se soudent, ainsi ue nous l'avons déjà dit, les uns à la suite des aures, lorsqu'on veut en avoir de plus longs.

§ 2. — MOULAGE DES TUYAUX SANS SOUDURE.

Ces tuyaux se coulent dans un moule semblable à elui dont nous venons de parler; mais l'appareil loit être placé plus au-dessus du sol de l'atelier que orsqu'il s'agit de couler des tuyaux ordinaires, atendu qu'ils sont beaucoup plus longs.

Pour couler ces tuyaux, on opère d'abord comme nous l'avons décrit ci-dessus; mais l'on ne retire le boulon que de 162 millimètres seulement, et l'on verse ensuite de nouveau plomb fondu sur l'ancien, auquel il se joint de manière à ne former qu'un seul et même tout, et, cela, en fondant le bout du tuyau avec lequel il entre en contact.

Le boulon se retire toujours avec un cric, attendu qu'il faut une certaine force pour vaincre l'adhérence du tube coulé avec le noyau.

Avant de couler un tuyau, on doit avoir l'attention de graisser toutes les pièces du moule. Il faut aussi que toutes ces parties soient bien ajustées, car si le moule n'était pas bien arrondi, le tuyau serait mal fait ; ou, si le noyau ne se trouvait pas au milieu du cylindre, le tuyau serait plus épais d'un côté que de l'autre, et prendrait une mauvaise forme. Ainsi, toutes ces précautions sont utiles pour bien opérer.

Enfin, il faut encore avoir la précaution de bien épurer le plomb avant de l'introduire dans le moule, et il est surtout indispensable qu'il soit assez chaud lorsqu'on le coule pour faire fondre l'ancien, afin qu'il puisse, par là, se lier plus intimement avec lui. Cependant, il ne faut pas qu'il soit trop chaud, car, en général, le plomb trop échauffé se calcine ou s'affecte de tubercules ou pores par lesquels l'eau se perd quelquefois, surtout lorsqu'elle se trouve forcée par des réservoirs élevés ; c'est encore un défaut qui donne lieu à la réparation continuelle des tuyaux de conduite.

§ 3. — FABRICATION DES TUYAUX ÉTIRÉS.

Les tuyaux étirés sont ceux qui, après avoir été coulés dans des moules ordinaires de 98 centimètres à 1m30 de longueur, sont allongés, au moyen d'un procédé mécanique, qui les rend capables de produire des tubes d'une très grande longueur, comparativement à leur dimension première ; mais, dans cette opération, le vide intérieur du tube reste toujours le même ; ce n'est que l'épaisseur du métal qui s'amincit au fur et à mesure que le tuyau s'allonge. On donne ordinairement à ces tuyaux 4m88 à 6m50 de longueur.

Pour opérer cette métamorphose, on passe d'abord le tuyau, muni de son mandrin, entre deux cylindres cannelés, et ceux-ci produisent sur le métal un effet analogue à celui du cylindre du laminoir sur les tables de plomb. Toutefois, comme l'effort obtenu par ces cylindres est insuffisant, lorsqu'il s'agit d'opérer sur des tubes dont l'épaisseur des parois est très petite, on soumet ensuite les tubes à une deuxième opération, fort ingénieuse en elle-même.

Pour cela, on fait usage d'une poutre très forte, et très longue, qu'on appelle *banc à étirer*. Ce banc porte une coulisse, creusée dans sa surface supérieure, et celle-ci est garnie de petits cylindres de bois, susceptibles de tourner sur leur axe au moindre frottement : elle est, en outre, partagée transversalement en deux parties par une lunette en fer, contre laquelle on applique les diverses filières qui doivent faire refouler le plomb sur lui-même, afin qu'il puisse diminuer d'épaisseur.

Lorsqu'on veut étirer un tuyau, on y introduit préalablement un long mandrin énarbré à une vis dont l'écrou tourne sur lui-même, et que l'on accroche à une forte sangle qui s'enroule sur un treuil placé à l'extrémité du banc à étirer. On fait ensuite passer ce même tuyau par la filière, au moyen de la force motrice qui doit le faire marcher. Il glisse ainsi sur les petits cylindres à coulisse, sur lesquels on doit le poser ; et, par l'effet qu'il éprouve en passant par l'œil de la filière, la matière qui le forme se refoule sur elle-même, parce que le diamètre de l'œil du calibre est plus petit que celui du tuyau, mais seulement d'un côté, attendu qu'il a la forme d'un cône tronqué. Enfin, les filières qui succèdent à la première, diminuant toujours de diamètre, il en résulte, à chaque passage, une dépouille d'une couche de plomb, qui profite d'autant à l'allongement du tuyau. Cette opération se renouvelle quatre, cinq et six fois, selon que l'on veut allonger le tuyau ou diminuer l'épaisseur de ses parois, et l'on change à cet effet les calibres autant de fois qu'il est nécessaire. La lunette et les calibres peuvent avoir 18 à 20 millimètres environ d'épaisseur.

Dans l'établissement de la rue de Bercy, que nous avons déjà cité plus haut, on a étiré des tuyaux, de cette manière, jusqu'à 16m25 de longueur, et on a employé, à cet effet, des tubes de 98 centimètres à 1m30 de longueur, et dont les parois n'avaient que 18 millimètres d'épaisseur. Le mécanisme de ce vaste établissement était mû par des chevaux, qui sont remplacés maintenant par une machine à vapeur.

Les tuyaux étirés sont généralement préférés aux tuyaux soudés ou sans soudure, parce qu'ils sont mieux faits, et qu'ils sont tout aussi solides. On a prétendu que l'étirage affaiblissait le métal; mais des expériences nombreuses ont suffisamment démontré le contraire. Ils sont même, en quelque sorte, écrouis par cette opération.

Les tuyaux soudés, ou sans soudure, ont aussi, d'ailleurs, leur inconvénient : les uns dépérissent toujours par la soudure, et les autres, qui se soudent également dans de certains cas, sont aussi parfois défectueux dans les parties où se fait la jonction lorsqu'on les coule.

§ 4. — FABRICATION DES TUYAUX PHYSIQUÉS.

Les tuyaux physiqués se font avec du plomb en table, roulé sur un mandrin, et dont les bords, faits à feuillures, sont ensuite réunis par une soudure plus fine et moins apparente que la soudure à côte, dont nous parlerons plus bas.

Les tuyaux formés de cette manière ne s'emploient guère que pour les tubes d'un diamètre très grand, et qui ne sont pas susceptibles d'être coulés, ils offrent peu de solidité : on en fait cependant usage dans la plupart des circonstances où ils n'ont aucun effort à supporter.

§ 5. — MACHINES A FABRIQUER LES TUYAUX EN PLOMB.

On a imaginé un assez grand nombre d'appareils pour fabriquer les tuyaux en plomb par divers procédés mécaniques. Un aperçu de ces tentatives sera peut-être agréable au lecteur.

On a essayé, depuis longtemps, de fabriquer des tuyaux au moyen de la compression produite par des machines fonctionnant d'une manière plus ou moins satisfaisante; celui qui paraît s'en être occupé le premier, est M. Thomas Burr, de Shrewsburg, en Angleterre. Sa patente, qui date du 11 avril 1820, a pour objet l'emploi d'une presse hydraulique puissante dont le piston refoule le plomb, à l'état pâteux, dans un cylindre épais et solide placé verticalement, en faisant passer le métal à travers une bague ou filière qui détermine le diamètre extérieur du tuyau. Le diamètre intérieur est formé par un mandrin attaché à la tige du piston ; mais on n'obtenait ainsi que des bouts de tuyaux d'une longueur correspondant à celle du cylindre. La spécification de la patente a été publiée dans le premier volume du *London journal of arts*.

D'après le rapport du Jury de l'exposition de 1844, ce serait M. Lagoutte, de Paris, qui aurait le premier introduit en France la fabrication des tuyaux de plomb par pression : une médaille de bronze lui fut accordée alors. Mais, M. Simon, également de Paris, obtint une médaille d'argent pour le même objet.

M. Sieber, de Milan, entreprit, en 1826, la construction d'une grande presse hydraulique qu'il appliqua à la fabrication des tuyaux de plomb sans soudure. Cette industrie qui eut à lutter contre de nouveaux obstacles, fut enfin adoptée, et, quatre ou cinq ans après, les tuyaux soudés avaient entièrement disparu du commerce.

Le 23 mai 1822, MM. Grosley et Heywood, de Londres, ont pris un brevet d'importation de quinze ans, pour une machine propre à faire des tuyaux et cylindres métalliques d'une manière continue.

Le métal en fusion est versé dans un réceptacle ou cylindre, où il est refoulé par un piston attaché à une longue vis qu'on fait tourner à l'aide d'une manivelle. A mesure que le plomb sort du cylindre sous forme de tuyau continu, il passe dans un réservoir rempli d'eau froide, où il se solidifie ; le tuyau est ensuite enroulé sur un tambour vertical tournant par l'effet d'un contre-poids attaché à une corde. (*Voyez* tome XXXVI, page 108, des *Brevets d'invention.*)

Le 18 mai 1827, M. Moisson de Vaux, de Paris, a pris un brevet d'invention pour la fabrication des tuyaux de plomb, au moyen de la force de comprestion. (*Voyez* tome XXXV, page 295, des *Brevets d'invention.*)

Le 25 novembre 1837, M. Falguière, de Marseille, a obtenu un brevet d'invention de quinze ans pour des procédés nouveaux dans la fabrication des tuyaux de plomb ou d'autres métaux, et reposant sur l'emploi d'une presse à vis mue par un manège; cette presse agissait directement sur la matière qu'elle obligeait à passer par un cylindre creux traversé par un autre plein, d'un diamètre correspondant à celui qu'on voulait donner au tuyau.

Le 16 février 1838, il fut délivré à MM. Lambry et Lagoutte un brevet de cinq ans, pour une machine à fabriquer les tuyaux par compression, construite sur le même principe de la pression continue. (*Voyez* volume XLVII, page 203, des *Brevets d'invention.*)

Le 14 mars de la même année, MM. Mentzel et Compagnie, de Cologne, s'assuraient le privilège d'exploitation d'une machine propre à la fabrication des tuyaux d'étain, de plomb, etc., au moyen de la pression. C'est une pression à vis semblable à celle que nous avons déjà mentionnée. (*Voyez* tome LXVII, page 262, de la *collection des Brevets d'invention.*)

Le 19 octobre 1840, M. Deconclois prit un brevet d'invention pour une machine perfectionnée, propre à la fabrication des tuyaux sans soudure, consistant principalement dans une nouvelle disposition des sommiers à charnières qui permettait de manœuvrer ceux-ci sans les enlever, et dans de nouveaux mandrins à deux calibres pour donner la forme aux tuyaux. Un renflement conique, placé à la partie inférieure du mandrin, fortifie celui-ci et oppose

4.

une plus forte résistance pendant la pression ; de plus, comme il entre, à la fin de l'opération, dans l'œil ou rondelle qui sert à donner le diamètre extérieur du tuyau, il produit, par sa base, un tuyau élargi. Par ce moyen, la fin du tuyau qui est plus large que le mandrin, tombe d'elle-même, et celui-ci peut à l'instant même être remis en activité. (*Voyez* tome LX, page 194 des *Brevets d'invention.*)

Le 2 décembre 1842, M. Gruat, de Paris, a pris un brevet d'invention de cinq ans, pour des appareils propres à la fabrication des tuyaux de plomb sans soudure. Ces appareils consistent : 1° dans un cylindre horizontal portant un godet ou entonnoir par lequel on introduit le métal en fusion ; 2° dans un écrou mobile, mû par une vis de rappel et qui maintient le piston, et par suite, le mandrin dans une direction parfaitement horizontale et au centre de la filière que ce dernier traverse ; 3° dans la disposition de plusieurs mandrins sur le piston et de filières correspondantes, ce qui permet de fabriquer trois tuyaux à la fois ; 4° dans la possibilité de fabriquer ainsi, d'une manière continue, des tuyaux d'une longueur indéfinie. Le moteur de la presse se compose d'une longue vis mue par un engrenage. (Tome LXV, page 461, de la *Collection des Brevets d'invention.)*

Nous décrirons d'une façon plus détaillée quelques-unes des machines employées dans cette fabrication.

Machine de M. Cornell.

Cette machine apporta pour la première fois un perfectionnement notable, en supprimant la traverse de jonction, qui, dans les presses hydrauliques, porte le mandrin intérieur du tuyau, laquelle traverse a l'inconvénient de diviser la matière qui doit ensuite se

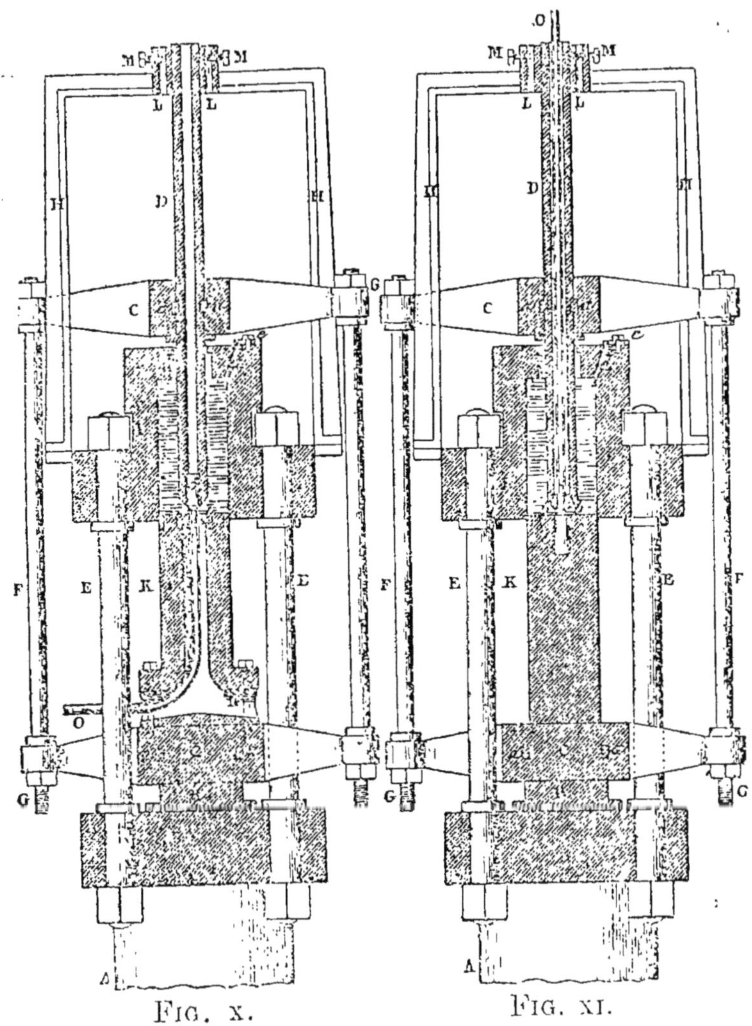

Fig. x. Fig. xi.

souder pour former le tuyau. A cet effet, il munit sa presse de deux pistons reliés et guidés rigidement à l'extérieur sans se rejoindre complètement à l'intérieur, dont les axes se confondent parfaitement et qui occupent une position invariable, l'un par rapport à l'autre ; ils sont animés d'un mouvement uniforme dans le même sens lorsque la presse fonctionne. L'un des pistons porte la bague qui détermine le diamètre extérieur du tuyau, et l'autre est armé de la tige ou calibre qui sert de mandrin pour le diamètre intérieur du tuyau. Ces deux pistons ont un diamè-

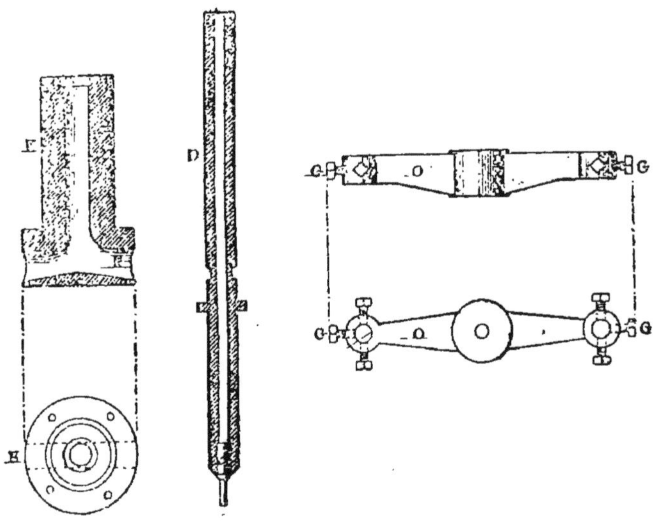

Fig. xii. Fig. xiii. Fig. xiv.

tre différent, et c'est dans l'espace annulaire réservé entre les parois du cylindre et le petit piston, qu'est placée la matière à convertir en tuyaux.

Le tuyau fabriqué, au lieu de sortir par le fond du cylindre, sort au travers du gros piston, à mesure que celui-ci pénètre dans le cylindre à plomb.

La figure x est une section verticale de la presse de M. Cornell, montée de toutes ses pièces, et dans laquelle le tuyau fabriqué sort par le bas après avoir traversé le piston creux.

Fig. XI, section verticale d'une modification de la presse précédente, dont le piston est plein et le mandrin creux. Le tuyau formé sort par le haut.

A, corps de pompe de la presse hydraulique. B, piston agissant dans la pompe. C, C, traverses fixées par des clavettes *a a*, l'une au bas du piston qui refoule le plomb, l'autre au petit piston ou porte-mandrin D. Ce piston est assez solide pour résister à l'effort de la pression sans être courbé ou brisé. EE, piliers ou grosses colonnes de fer serrés par des écrous et réunissant la presse hydraulique avec le cylindre à plomb. FF, tiges de fer dont les bouts taraudés reçoivent les écrous GG, pour assembler entre elles les traverses C,C. HH, cadre du châssis destiné à guider la course de la traverse supérieure C. I, cylindre très épais pour pouvoir résister à la forte pression qu'il éprouve ; il renferme le plomb destiné à être converti en tuyau.

K', piston creux poussé par la traverse C servant à refouler le plomb dans l'intérieur du cylindre I.

K, piston plein de la presse (fig. XI).

LL, collier entourant l'extrémité supérieure du piston D, pour maintenir sa verticalité et l'assujettir fortement au centre de l'appareil.

MM, vis de pression pour serrer le collier.

N, cavité pratiquée au bas du piston creux K, et par où sort le tuyau O, tel qu'il est formé dans l'appareil.

a, *a*, clavettes pour assujettir les traverses C C, sur les pistons D et K.

b, bague ou filière à travers laquelle passe le tuyau et qui détermine son diamètre extérieur.

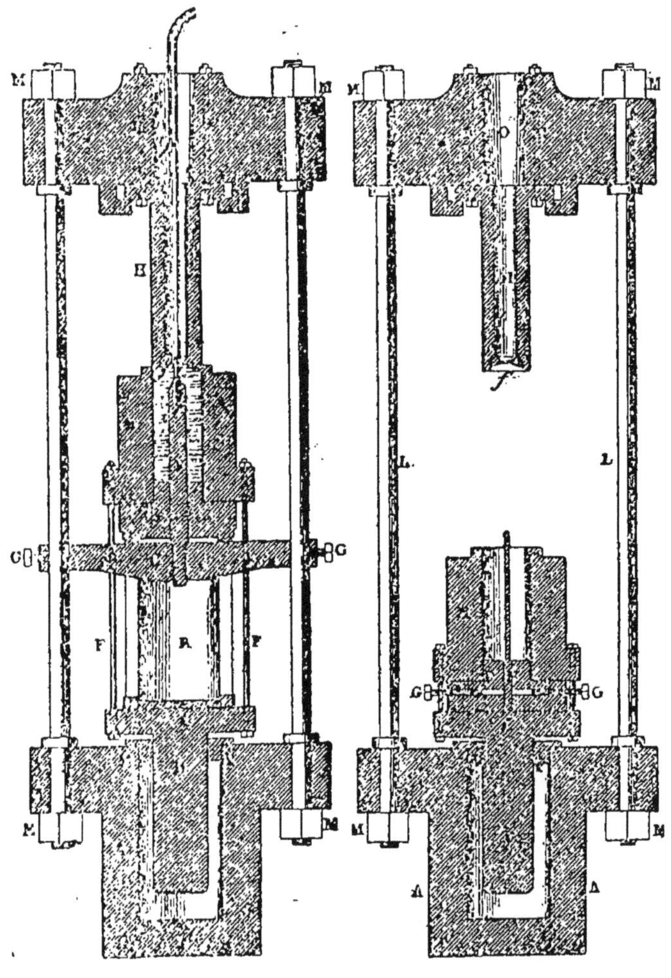

FIG. XV. FIG. XVI.

c, mandrin conique engagé dans le piston D et servant à déterminer le diamètre intérieur du tuyau.

d, canal par lequel on fait couler le plomb fondu dans le cylindre I.

e, bouchon à vis pour former ce canal.

La figure XII montre le piston creux K vu en coupe en élévation et en plan.

La figure XIII est la section du petit mandrin D.

La figure XIV représente en plan et en élévation la traverse avec ses vis de pression.

Enfin les figures XV et XVI représentent en coupe verticale une modification du présent appareil.

Le cylindre contenant le plomb; au lieu d'être fixe comme dans les figures X et XI, est mobile, et le piston est stationnaire et solidement attaché au sommier de la presse. Dans cette figure, le cylindre est au bas de sa course, et le mandrin est porté par une longue tige, tandis que dans la figure XV, qui est une section verticale du même appareil, le cylindre est plein et le petit piston est au moment de s'y engager.

A, corps de pompe de la presse hydraulique. B, piston engagé dans cette pompe. C, seuil ou support poussé par le piston B. D, pièce formant le fond du cylindre mobile E, contenant le plomb. F F, tringles serrées par des écrous, réunissant le support C avec le cylindre. H, petit piston creux, solidement fixé au sommier I par des boulons à écrous K. L L, forts pilliers en fer assemblant le sommier I avec le corps de la presse hydraulique. M M, écrous pour serrer ces piliers. N, porte-mandrin, dont le talon est réuni à une traverse O solidement fixée aux piliers L L par des vis de pression G G, comme le montre la figure XV. P, ouverture percée dans le sommier I, et correspondant avec celle du petit piston H : elle livre passage au tuyau à mesure qu'il est formé. Q, anneau métallique solidement fixé sur le corps de pompe et entourant le piston B. R, fig. XV, colonne creuse placée sur le seuil C et supportant le fond D du cylindre.

f, filière à travers laquelle passe le tuyau à mesure qu'il est formé ; *g*, mandrin.

Fonction de l'appareil. — Le cylindre E ayant été rempli de plomb fondu qu'on introduit par le canal *d*, ce plomb s'y fige aussitôt. Alors en faisant agir la presse hydraulique le gros piston monte, comprime le plomb, lequel passe dans la tige creuse D, où se forme le tuyau à l'aide du mandrin *c*, pour sortir ensuite soit par le bas, soit par le haut de l'appareil.

Lorsque le cylindre E est épuisé de plomb, on fait descendre le piston K, on verse de nouveau du métal dans le cylindre et on recommence l'opération.

Cet appareil procure l'avantage de pouvoir changer la filière et le mandrin et de le remplacer par d'autres d'un calibre plus fort ou plus faible, suivant la grosseur des tuyaux à fabriquer.

L'auteur assure que, au moyen des dispositions par lui employées, sa presse fonctionne avec facilité, sans avoir besoin d'un grand développement de force.

Machine à fabriquer les tuyaux de plomb étamés à l'intérieur, par M. Newton.

L'inventeur s'est proposé de construire une machine remplissant un double but : fabriquer des tuyaux de plomb, et en même temps les étamer intérieurement pour les rendre aptes à servir de conduites d'eau dans tous les cas possibles.

La machine dans son ensemble est assez semblable à toutes celles analogues destinées à la fabrication es tuyaux contenus. Mais afin d'en faire bien saisir es détails, nous en donnerons une description complète.

La figure 21, pl. I, est une section longitudinale et verticale de l'appareil, les figures 22 à 27 se rapportent à des détails.

Les tuyaux en plomb sont produits par l'application de la pression hydrostatique, qui contraint le plomb, à l'état liquide, à passer autour d'un moule ou mandrin, inséré au sein d'une petite chambre, entre lui et une filière, et le chasse à travers la filière à mesure qu'il se fige. Le mandrin étant creux laisse échapper de l'étain en fusion par des ouvertures latérales qui distribuent cet enduit du métal protecteur sur toute la surface intérieure du tuyau à mesure qu'il sort de la machine.

Le bati extérieur de la machine est formé par deux plaques de fonte A, A', reliées par des tirants en fer forgé B munies d'écrous.

Chaque plaque est percée au centre d'une ouverture ayant 23 à 24 centimètres de diamètre. Il soutient solidement deux cylindres en métal C, M, dont le premier, qui sert de presse hydraulique, peut avoir 1m50 de longueur, sur 0m80 de diamètre avec un canal intérieur cylindrique de 0m36 de diamètre.

Le second qui sert à recevoir le plomb, doit avoir alors 1m25 de longueur, 0m60 de diamètre avec un canal cylindrique intérieur de 0m15 de diamètre.

Le cylindre C vient s'adapter exactement dans une cavité conique pratiquée sur la face interne de la plaque A', et l'autre extrémité de ce cylindre est portée par de fortes traverses avec siège allant d'une barre d'assemblage à l'autre.

Le piston L L' est en acier, de 0m15 de diamètre environ légèrement plus petit que le canal intérieur du cylindre M. La tête qui doit circuler dans le cylindre C est muni d'une garniture empêchant tout passage de l'eau qui le presse.

L'extrémité pénétrant dans le cylindre M porte une pièce *m* formant tête et exactement alésée sur le cylindre où elle circule. Cette pièce est en même métal que le cylindre M afin que suivant celui-ci dans ses dilatations, le joint reste toujours étanche. La face de cette pièce est concave, et il existe une gorge autour de la surface convexe pour éviter la nécessité d'une garniture étanche.

Le fond du cylindre C opposé à la tête du banc est fermé par une plaque circulaire E solidement fixée par des vis, avec garniture étanche pour le passage du piston.

L'eau est comprimée dans le cylindre de pression, par un petit tube de cuivre *b*, *b*, rodé au centre de la plaque A, qui le fait communiquer avec une pompe foulante F, réglée par un volant G mis en mouvement par un moteur quelconque.

L'extrémité de la chambre à plomb, voisine de la plaque de fond, n'y est pas directement fixée, mais attachée à une plaque intermédiaire H, épaisse de 0m10, beaucoup plus étendue en surface que le cylindre et qu'on nomme plaque des filières, elle est placée contre la plaque de fond et soutenue par deux tasseaux vissés sur cette plaque dans lesquels s'insèrent deux oreillons C' C', fig. 22 et 23. Cette plaque est maintenue invariablement en place par deux rainures circulaires dans lesquelles entrent des languettes disposées et sur la plaque de fond et sur la chambre à plomb. Un détail annexé à la vue principale montre cette disposition.

Grâce à cette disposition, on est assuré de l'invariabilité de tout le système.

C'est dans cette plaque, dite des filières, que se trouve ajustée la filière proprement dite I représentée à part fig. 23, qui peut être changée à volonté en démontant l'appareil. La filière est creusée du côté de la chambre de plomb au centre d'une cavité mesurant 0m10 de diamètre, laissant une épaisseur de 18 à 20 millimètres du côté de sa face extérieure, dans laquelle est percée une petite ouverture de 0m075 de diamètre seulement. Enfin, elle est pourvue d'un large collet de 0m020 sur le bord interne qui vient se loger dans une rainure pratiquée sur la plaque des filières H.

La filière porte un support en saillie *g*, du côté de la plaque de fond, sur lequel on visse le mandrin *c* qui sert à former le vide intérieur du tuyau. On peut lui donner telle longueur qu'on désire et le changer à volonté du dehors sans rien démonter dans l'appareil.

A ce support, on en ajoute quelquefois deux autres qui se prolongent jusqu'à la surface concave interne de la filière. Les figures 24 donnent une idée des moyens qu'on peut employer pour fixer ainsi à vis le mandrin ou noyau. Il doit s'étendre au-delà de la filière dans le cylindre de 0m025 ou plus et être adapté de telle sorte qu'il laisse un espace libre de 0m050 d'épaisseur entre lui et la face interne de la petite filière dont il sera question plus loin.

La figure 26 présente les vues de face et en coupe d'une forme de support avec tige, on y voit le mode distinct d'insertion dans la grande filière I, en comparant avec la figure 29.

Le mandrin *e* ayant été inséré, l'ouverture de 0m75 sur la face intérieure de la filière, à travers laquelle il passe, est ramenée à la dimension de la face interne du tuyau par une petite filière *h*, qu'on insère sur le mandrin, qui s'adapte exactement sur l'ouverture de la grande filière. Cette petite filière *h* est mince, évasée et maintenue en place par un petit tube en fer *h'*, dont une extrémité s'appuie sur *h* et l'autre sur une forte virole en fer N assujettie à l'extrémité de la plaque de fond par quatre fortes vis. On assure ainsi le libre passage du tuyau et l'ajustement de la petite filière sur le mandrin, de façon à se préserver de toute inégalité pour les divers diamètres des tuyaux.

La plaque des filières est percée d'un petit canal *i*, communiquant avec une chambre *k* assez grande pour contenir quelques kilos d'étain en fusion. (fig. 25.) Cette chambre communique par un autre petit conduit traversant la grande filière I et qui vient déboucher à travers ces diverses pièces, dans l'intérieur du mandrin, qui lui-même est creux et percé de trous, en un point situé au-delà de celui où se forme le tuyau où sa surface extérieure est creusée en gorge. La fig. 27, à une plus grande échelle, permet de se rendre compte de la marche de l'étain que nous venons de décrire.

Voici maintenant comment cet appareil fonctionne. Le cylindre M est chauffé par un petit fourneau qui l'enveloppe, à un point voisin de la liquéfaction du plomb. Il est alors rempli, par un petit canal voisin de la plaque des filières, de plomb fondu et élevé à une température bien supérieure à celle de son point de fusion. Ce canal se ferme par un bouchon en fer.

La presse hydraulique est mise aussitôt en mouvement. Le plomb est forcé de s'écouler entre la filière et le mandrin, avant d'avoir pu se solidifier ; mais dès qu'il rencontre la chambre creusée dans la grande filière, qui est fixée sur la plaque du fond, il trouve une différence de température qui amène sa solidification et il sort de la machine à l'état solide.

Le point délicat dans l'appareil, c'est le maintien de la température à un degré convenable, pour que le plomb ne se solidifie pas trop tôt, ni qu'il sorte de la machine encore liquide.

Etant donné que les conditions sont satisfaites convenablement, on voit que lorsque les diverses parties du tuyau atteignent l'extrémité du mandrin, elles se trouvent en contact avec une couche d'étain liquide, et qu'elles en reçoivent par suite un enduit qui forme un étamage continu pour l'intérieur du tuyau.

Lorsque l'on a épuisé le chargement de plomb, on ramène le piston à son point de départ au moyen d'une pompe de retour, que l'on voit disposée au sommet de l'appareil, et qui fait repasser l'eau à la tête du piston.

On voit facilement qu'avec cette machine on peut obtenir aisément des tubes de différentes grosseurs. Il suffit pour cela de dévisser le mandrin, et de le remplacer par un autre, ou de démonter la chambre et de changer la filière.

Machine à fabriquer des tuyaux de plomb doublés d'étain, de M. Hamon.

Les longues controverses qui ont eu lieu sur les effets malsains du plomb employé aux conduites d'eau, ont rendu très intéressante la solution pratique du problème de la fabrication des tuyaux de plomb doublés d'étain à l'intérieur.

Nous allons en décrire un second procédé, dû à M. Hamon. (Voir fig. 11 à 17, pl. I.)

On procède d'abord au coulage dans la lingottière, d'un gros tuyau de plomb, revêtu intérieurement d'un tuyau concentrique d'étain. Voici comment on opère :

La lingottière (fig. 15) est placée verticalement, et formée de deux coquilles s'assemblant dans un plan diamétral au moyen de boulons de serrage.

Le plomb liquide versé par le canal B, s'introduit dans la lingottière par le petit orifice C.

Elle reçoit un mandrin parfaitement concentrique D sur lequel un second d'un diamètre inférieur E vient s'y visser. Entre ces deux mandrins, et correspondant à leur point de jonction se trouve disposée une lame circulaire F formant rabat pour mettre à nu la surface du plomb. Le premier mandrin est creux et la jonction des deux s'opère de façon à laisser communiquer l'intérieur du premier mandrin et de la lingottière. Le plomb fondu ne se verse pas directement dans la lingottière, il y arrive par un canal qui débouche dans le bas, de telle sorte qu'il remonte dans la lingottière, et que toutes les crasses sont expulsées dans le haut du lingot. L'appareil est commandé par une petite presse hydraulique G dont la tige du piston H commande le mandrin.

Voici comment on opère : Le premier mandrin étant descendu au fond de la lingottière, on coule le plomb fondu. Quand il s'est suffisamment refroidi et que le lingot est solidifié, on relève le mandrin, à l'aide de la presse, en même temps que l'on coule par son canal intérieur l'étain fondu. Le mandrin en e relevant entraîne le couteau et le second mandrin ui vient prendre la place du premier. Ce couteau a our but de rafraîchir la surface intérieure du ıyau de plomb, de telle sorte que l'étain liquide qui ient déboucher au-dessous de ce couteau et s'écoule ntre le tuyau de plomb et le second mandrin, adhère 'autant mieux après le plomb, en se solidifiant.

Ce lingot est ensuite passé à la presse hydrostatique, pour en obtenir le tuyau. L'opération est facilièe en chauffant la masse de métal vers 120° (fig. 16).

Voici la description et l'emploi de cette seconde nachine : J colonnes d'acier formant les montants de a presse, K cylindre d'acier qui reçoit le tuyau ondu de plomb doublé d'étain. Ce cylindre est ntouré par une cloche en fonte L dans laquelle on oit les carneaux M donnant passage aux gaz d'un our voisin qui vient porter la masse du tuyau à une empérature de 120° environ. O est le cylindre de ression fermé par un couvercle boulonné, dans equel se meut un piston composé de deux parties P,P'. Ils sont traversés tous deux par une broche entrale Q, qui se termine par une pièce mobile en orme de nez, et qui sert de mandrin mobile calibré sur le diamètre intérieur à donner au tuyau.

Le haut de l'appareil vient se coiffer par un sommier S, percé à jour au milieu pour le passage du tuyau, et qui porte la filière.

Ce sommier S peut être facilement serré sur le cylindre K, pour cela, il porte des écrous entaillés agissant sur les colonnes J, de telle façon qu'à l'aide d'un levier V,W, par une rotation de 60°, on le dégage ou l'engage à volonté.

L'appareil étant disposé comme nous venons de le décrire, on fait agir la presse Z et le tuyau s'élevant par la partie supérieure est reçu sur une bobine et enroulé.

Lorsque l'on est arrivé vers la fin du lingot, avant qu'il soit tout entier transformé en tuyau, mais alors que cependant toute la matière est expulsée du cylindre K, on décharge et relève le sommier S, on redescend le piston, on recharge le cylindre, puis ramenant les pièces dans leur première position, on recommence l'opération, et l'on obtient un tuyau qui fait corps avec le précédent.

Les figures 11, 12, 13, 14 et 15 montrent les détails de l'appareil.

Figure 11, demi-section horizontale partielle suivant la ligne IX, X, de la fig. 16.

Figure 12, mode d'assemblage des pièces désignées par S et K,L.

Figure 13, section horizontale suivant la ligne III, IV, V, VI, de la figure 16, avec le levier du serrage.

Fig. 14, section horizontale suivant la ligne VII, VIII, de la figure 16, avec l'arrivée des gaz N du four à échauffer.

Fig. 17. Vue prise au niveau de la ligne XV de la figure 14.

Les mêmes lettres représentant les mêmes parties dans toutes ces différentes figures, il est facile de suivre leur correspondance.

Les épaisseurs du tuyau définitif sont proportionnelles en étain et en plomb, à celles que présentaient ces métaux dans le lingot. D'où inversement, des données indiquant les épaisseurs suivant lesquelles il faudra couler dans la lingottière, pour arriver à un tuyau dans des conditions déterminées.

Dans l'appareil de M. Hamon, la filière n'est pas unie, elle porte des entailles déterminant des sortes de canelure sur la surface extérieure du tuyau qui forment la marque de fabrique.

Un des inconvénients que présentent ces tuyaux par rapport à ceux en simple plomb, ce sont les difficultés de soudure en chauffant les deux extrémités de plomb ; on risque, si on ne prend pas certaines précautions, de faire couler l'étain qui est à l'intérieur.

De même l'opération du piquage d'un tuyau sur un autre est-elle plus délicate. Pour obvier à ces difficultés pratiques, M. Hamon livre sans augmentation de prix, des pièces de raccords et d'embranchement toutes préparées.

Tuyaux de plomb étamés sur les deux faces,
de M. Sebelle, de Nantes.

Nous signalerons ces tuyaux qui ont rendu de grands services, notamment pour les conduites dans les établissements d'eaux minérales sulfureuses. Ils offrent des épaisseurs d'étain variant de 1/4 à 1 millimètre ; et, avec ces épaisseurs faibles, ils ne présentent pas une grande augmentation de prix ; car pour un revêtement de 1/4 de millimètre, pour un tuyau de diamètre intérieur de 0^m054 sur 13^m de longueur, on n'emploie que 2^k d'étain.

Préparation du lingot pour la fabrication des tuyaux de plomb étamés, de M. Girard.

Le plomb fondu est coulé dans une lingottière tournant horizontalement autour d'un axe central. En vertu de la force centrifuge, le liquide se porte sur les parois ; on coule alors l'étain avant que le plomb soit solidifié, les mêmes raisons le font se porter sur le plomb. Les deux matières se solidifient en même temps, il se forme un alliage, et l'adhérence est beaucoup plus certaine.

Machine à pression hydrostatique, de M. Weems.

Nous avons déjà décrit une machine de ce genre appliquée à la fabrication des feuilles de plomb ; la construction est à peu près la même (fig. 7, pl. I). Ce cylindre de pression reçoit un piston plongeur qui le traverse par l'intermédiaire de garnitures assurant le système contre toute perte. La partie supérieure du cylindre porte un gros boudin, venu à la fonte avec lui, que traversent des tirants en fer reliant ce cylindre avec le sommier supérieur. Cette liaison est encore assurée à l'aide de piliers latéraux, butant sur eux ; de telle sorte que tout le système est rendu parfaitement solidaire.

Le métal en bloc dont on veut faire un tuyau, est contenu dans une chambre mobile G, placée sur le piston plongeur auquel elle est rendue adhérente par des boulons.

La barre cylindrique du noyau S, sert comme mandrin pour façonner la face intérieure du tuyau, la pièce tubulaire K porte la filière ou anneau qui façonne la face extérieure. Cette pièce est boulonnée sur la traverse supérieure.

Voici maintenant comment on fait fonctionner cette machine. On descend le plongeur qui entraîne le récipient *b*, on le charge de métal et on remonte le piston avec la pompe foulante. Le métal sous la pression qu'il supporte, s'échappe entre le mandrin et la filière et s'élève dans le vide central du sommier sous la forme d'un tuyau. Le caractère de cet appareil comme celui déjà décrit est qu'il ne s'exerce de pression sur le métal qu'au point où il s'échappe et se transforme en tuyau.

A l'aide d'un courant d'eau amené à l'intérieur

.e J, on peut combattre l'élévation de température roduite dans la transformation.

Observation de l'ingénieur Gardner sur la fabrication des tuyaux.

M. Gardner a fait observer que dans la fabrication rdinaire des tuyaux en pressant à froid un métal u travers d'une filière, le tuyau sort avec la fibre ouchée sur sa longueur, d'où une tendance à éclater orsqu'ils supportent une pression intérieure, ou nieux à se fendre longitudinalement.

Cet inconvénient pourrait facilement être évité. Il 'y aurait qu'à faire recevoir à la filière sur le côté, t dans le point où le tuyau se forme et s'étire, l'action d'une matrice rotative. L'intervention de cette natrice aiderait à l'étirage du plomb, et la fibre serait ouchée transversalement en spirale, ce qui augmenerait considérablement la résistance du tuyau.

Presse américaine à faire les tuyaux.

Cet engin diffère complètement de tous ceux que nous avons pu décrire. Il enveloppe et presse de tous côtés l'objet qu'on veut travailler. Pour cela, les plateaux hauts et bas sont fixes, mais ceux de côté sont mobiles et agissent en avançant vers le centre du corps sur lequel on opère mais en l'enveloppant toujours de toutes parts.

Veut-on avec cet appareil faire un tuyau de plomb, on ouvre les côtés, on verse le métal fondu dans la sorte de chambre ainsi formée par ces côtés mobiles et les deux fonds fixes; on assujettit le noyau du centre aux plateaux fixes, et l'on fait avancer les plateaux mobiles, qui compriment peu à peu le métal et le moulent en un tuyau.

§ 6. — Poids des tuyaux en plomb.

Tuyaux pour eau.

DIAMÈTRES intérieurs.	Poids d'un Mètre courant aux Épaisseurs suivantes en millimètres.								
	2	2 1/2	3	3 1/2	4	4 1/2	5	6	7
m/m	kil. déc.	kil. déc.	kil. déc.	kil. déc.	kil. déc.	kil. déc.	kil. déc.	kil. déc.	kil. déc.
10	» 85	1 »	1 40	1 65	2 »	2 30	2 65	3 40	» »
12	» 90	1 03	1 60	2 »	2 20	2 60	3 »	3 85	» »
13	1 »	1 40	1 80	2 05	2 50	2 80	3 22	4 »	5 »
14	1 10	1 50	1 90	2 15	2 70	3 »	3 60	4 30	5 30
16	1 30	1 65	2 »	2 40	3 »	3 25	3 70	4 70	5 70
18	1 35	1 80	2 20	2 60	3 10	3 55	4 »	5 10	6 20
20	» »	2 »	2 45	3 »	3 40	4 »	4 45	5 70	6 75
25	» »	» »	3 »	3 55	4 15	4 70	5 35	6 65	8 »
27	» »	» »	3 15	3 80	4 40	5 10	5 65	7 »	8 40
30	» »	» »	» »	4 20	4 90	5 60	6 25	7 70	9 25
35	» »	» »	» »	4 80	5 55	6 25	7 15	8 75	10 50
40	» »	» »	» »	» »	6 25	7 »	8 »	9 85	11 75
45	» »	» »	» »	» »	» »	7 50	8 90	10 95	13 05
50	» »	» »	» »	» »	» »	» »	10 »	12 »	14 10
55	» »	» »	» »	» »	» »	» »	10 50	13 05	15 35
60	» »	» »	» »	» »	» »	» »	11 60	14 10	16 70
70	» »	» »	» »	» »	» »	» »	13 35	16 25	19 20
80	» »	» »	» »	» »	» »	» »	15 15	18 »	21 70
90	» »	» »	» »	» »	» »	» »	17 »	20 »	24 »
95	» »	» »	» »	» »	» »	» »	18 »	21 60	25 45
100	» »	» »	» »	» »	» »	» »	19 »	23 »	27 »
110	» »	» »	» »	» »	» »	» »	20 50	24 50	29 20

Tuyaux pour gaz.

DIAMÈTRES intérieurs	ÉPAISSEURS	POIDS du mètre	DIAMÈTRES intérieurs	ÉPAISSEURS	POIDS du mètre
millim.	millim.	kil. déc.	millim.	millim.	kil. déc.
10	1 1/2	0 65	30	3 »	3 20
12	1 1/2	0 75	35	3 »	4 »
13	1 1/2	0 85	40	3 1/2	5 »
14	1 1/2	0 90	45	4 »	7 »
16	1 1/2	1 10	50	4 1/2	8 »
18	1 1/2	1 30	55	4 1/2	9 »
20	2 »	1 70	60	4 1/2	10 25
25	2 1/2	2 40	70	4 1/2	12 »
27	2 1/2	2 75	»	» »	» »

Les tuyaux de plomb sont livrés au commerce, enroulés en couronne, qui ont, en général, les longueurs suivantes :

10 mètres pour les diamètres de 10 à 40 mill.

7 à 8 mètres pour les diamètres de 45 à 50 mill.

4 mètres pour les diamètres de 50 à 110 mill.

On en trouve dans le commerce aux diamètres intérieurs de 6 à 65 mill. échelonnés de millimètres en millimètres; et de 65 à 110 mill. échelonnés de 5 mill. en 5 mill.

Les épaisseurs peuvent varier de demi-milimètre en demi-millimètre à partir de 1 mill. 1/2.

§ 7. — DES TUBES EN FER.

Bien que nous nous occupions du plomb, nous allons dire un mot des tuyaux en fer et fonte de fer; l'emploi en est tellement répandu pour les conduites d'eau et de gaz, que le plombier aura autant à s'occuper de leur réunion, soit entre eux, soit en raccordement avec des tuyaux de plomb, que de ceux-ci en particulier.

Les tuyaux de *fonte de fer* sont employés le plus communément pour les grandes conduites d'eau et de gaz.

Ces tuyaux sont fondus dans des moules en sable à noyau, et ce travail ne présente aucune particularité sur la fonte ordinaire, pour laquelle on trouvera tous les renseignements utiles dans le *Manuel du Fondeur*, par MM. Gillot et Lockert, faisant partie de l'*Encyclopédie-Roret*.

Tableau du poids des tuyaux de conduite en fonte de Paris, suivant leur longueur, diamètre et épaisseur.

Diamètre interr. des tuyaux.	Poids d'un tuyau.	Epaisseur.	Longueur.	Diamètre moyen.	Poids utile.	Différence du poids total au poids utile
mèt.	kil.	mèt.	mèt.	mèt.	kil.	kil.
0.06	43.5	0.009	2.50	0.06450	32.842	10.608
0.08	60	0.0095	2.50	0.08475	45.550	14.450
0.10	78	0.0100	2.50	0.10500	59.404	18.596
0.15	120	0.0105	2.50	0.15525	92.224	27.776
0.20	170	0.0115	2.50	0.20575	133.863	36.137
0.30	270	0.0130	2.50	0.30650	225.423	44.577
0.35	335	0.0140	2.50	0.35700	282.762	52.238
0.40	390	0.0145	2.50	0.40725	334.082	55.918
0.50	530	0.0160	2.50	0.50800	459.841	70.159
0.60	710	0.0180	2.50	0.60900	620.175	89.825

Ces tuyaux sont supposés à emboîtement ordinaire ; le poids utile de fonte, c'est-à-dire celui qui sert niquement à la conduite, et non compris celui des imboîtures, y varie, comme on le voit, de 10 à 89 kilorammes.

Les joints à emboîtement se font à l'aide d'une orde goudronnée, matée jusqu'au refus au fond de emboîtement et recouverte de plomb fondu que l'on atroduit par une ouverture laissée à la partie supéieure du bourrelet de terre glaise dont on entoure la ouche de l'orifice. Voici, d'après M. Darcy, le prix n matière des joints de différents diamètres.

Prix de revient des joints et assemblage des tuyaux.

Diamètre des tuyaux.	Poids de la corde.	Poids du plomb.	Valeur en argent.	Temps employé.	Valeur en argent travail compris.
mèt.	kil.	kil.	fr. c.	heures.	fr. c.
0.081	0.15	2.22	1.34	1.15	2.26
0.108	0.19	2.96	1.78	1.35	2.86
0.135	0.24	3.31	2.02	1.55	3.26
0.162	0.30	4.18	2.53	1.85	4.01
0.190	0.35	5.09	3.08	2.15	4.80
0 216	0.38	5.73	3.46	2.50	5 46
0.350	0.55	10.06	6.04	3.90	9.16

Le plomb est compté à raison de 58 centimes le kilogramme, la corde de 38 centimes, et le prix de l'heure de travail de 40 centimes.

Les tuyaux en fonte enterrés en terre sont sujets à une détérioration assez rapide, aussi faut-il pour les préserver de cet effet destructif, les bien enduire de goudron.

Le système de l'emboîtement, s'il est simple et facile à établir, offre aussi des inconvénients, et on a présenté, pour le remplacer, bien des systèmes que nous aurons lieu d'étudier dans le chapitre suivant.

Quand il s'agit de déboîter les tuyaux, on en sacrifie une partie, en en cassant un de distance en distance, et on les sépare en faisant fondre le plomb.

Les tuyaux en fer sont classés en deux catégories principales, établies d'après leur mode de soudure.

Les uns destinés aux conduites à basses pressions sont soudés par rapprochement, les autres, destinés aux travaux où une plus grande résistance est nécessaire, sont soudés à recouvrement ou à joints superposés.

L'origine de cette fabrication est anglaise. Voici comment elle est pratiquée.

Pour les premiers tuyaux, on forme avec des fers des bandes ou maquettes, qui sont portées dans un four à réchauffer, et de là passées, quand elles ont atteint la température convenable, dans un appareil d'étirage qui leur donne la forme d'un tuyau.

Amené dans cet état, on les reporte dans un four à réchauffer qui doit présenter la grandeur des tuyaux, 6 mètres de longueur. Au-devant de ce four est disposé le banc d'étirage et un appareil à tenailles pour saisir le tuyau chauffé par la porte du four, pour l'amener en prise avec l'appareil et l'étirer; opération dans laquelle les deux joints se trouvent mis en présence et soudés l'un contre l'autre par la pression qu'ils ont à supporter en traversant l'appareil.

Outre que ce mode de soudure ne peut évidemment pas donner des tuyaux capables de résister à une grande pression, il est encore souvent imparfait par suite des difficultés qu'il présente dans l'exécution. Le four où l'on réchauffe est difficile à conduire à cause de ses dimensions, l'opération pour saisir le tuyau chauffé présente, elle aussi, de grandes difficultés. Aussi a-t-on cherché à modifier cette fabrication, en pratiquant la seconde opération en deux fois, et au lieu de passer dans un appareil à étirer, passer dans un à étamper.

Lorsque le tuyau est terminé, on le redresse entre deux plaques de fonte rabotées, où on le roule en faisant couler un mince filet d'eau, qui fait détacher les écailles d'oxyde formées à la surface du tuyau. Ce nouveau procédé offre lui-même un inconvénient, le milieu du tuyau doit être chauffé et travaillé deux fois, ce qui peut y déterminer des défauts.

Quant au joint à recouvrement, voici commment il s'obtient. On emploie des bandes façonnées en biseau sur les bords, et on les roule au cylindre ; on obtient ainsi un tuyau ébauché, que l'on réchauffe au four, et qu'on passe ensuite aux cylindres à cannelures circulaires, y disposant un mandrin intérieur sur lequel les deux parties du tuyau sont soudées par la pression qu'elles supportent. M. Kesseler, ingénieur à Greisfwald, a apporté à cette fabrication, de notables perfectionnements.

Il opère d'abord en employant directement des fers bruts auxquels on donne une forme courbe, que l'on coupe à la longueur voulue et avec lesquels on forme des trousses creuses, liées avec du fil de fer. Chaque trousse présente deux points que l'on dispose croisés, c'est-à-dire que le joint d'une des bandes correspond à la partie pleine de l'autre.

On passe ensuite au four à réchauffer, en opérant comme pour des barres de fer à laminer, et ensuite au laminoir sur un mandrin entre deux cylindres à cannelures circulaires.

La mandrin a un diamètre légèrement plus petit que le diamètre intérieur du tuyau, il se termine par une tête conique, dans laquelle on visse un tourillon, qui sert à la saisir pour l'amener dans le laminoir. Le tuyau passe ainsi sur une série de mandrins et de cannelures dont les diamètres décroissent succes sivement jusqu'au diamètre voulu.

Pour les tuyaux de petit calibre, le passage sur les mandrins deviendrait impossible ; là, M. Kesseler a imaginé un procédé fort ingénieux, qui est d'ailleurs d'une application générale dans la fabrication des tuyaux. Le tuyau est passé sans mandrin, dans des cylindres à cannelure, en l'ayant rempli d'une matière réfractaire pulvérisée comme du quartz. Le tuyau est fermé à son extrémité par un bouchon vissé, l'autre est tenue naturellement fermée. Ce procédé donne d'excellent résultats. Il est devenu non seulement un moyen de fabrication des tuyaux de fer de petit calibre, mais encore des tuyaux de cuivre, de laiton, etc.

Ces tuyaux en fer sont devenus d'une application des plus fréquentes comme conduites d'eau et de gaz.

L'usine de Montluçon de MM. Mignon, Rouart et Delignières, et la maison Gandillot, ont monté cette fabrication sur une très grande échelle.

Les tubes s'assemblent l'un sur l'autre par un emboîtement à vis, tout préparé sur les tubes livrés. De plus, ils fabriquent une série de pièces dispoéées pour l'emploi de ces tuyaux, soit comme coudes, comme bifurcation, comme brides pour autre moyen d'assemblage.

Le groupe représenté fig. XVII, montre les pièces principales de cette fabrication.

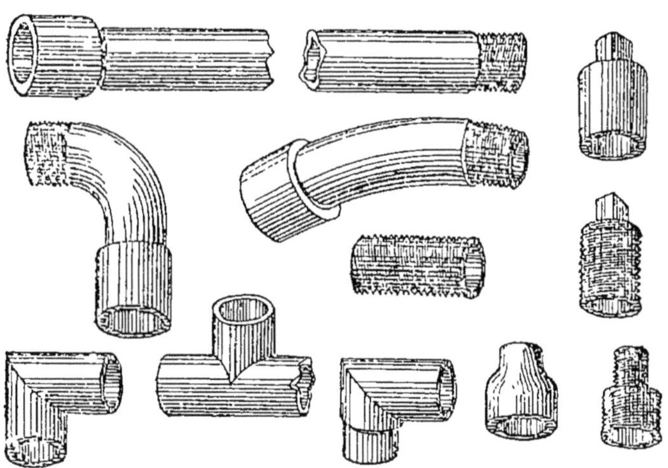

FIG. XVII.

On voit d'abord des fragments de tuyaux droits ou courbes, dont une extrémité se termine par un manchon faisant saillie sur le corps du tuyau, taraudé à l'intérieur, et dont l'autre extrémité porte un pas de vis pris sur le corps même du tuyau. On voit immédiatement comment avec cette disposition, on peut, à l'aide d'une série de tronçons, former une conduite continue, droite ou courbe.

De plus, on remarque une série de bouchons taraudés, soit à l'intérieur, soit à l'extérieur, servant à boucher l'extrémité d'un tuyau, que la partie libre soit l'emmanchement femelle à manchon, ou bien l'emmanchement opposé ou mâle.

Enfin, on y voit des pièces de raccord, pour réunir deux emmanchements mâles ou deux femelles entre eux, d'autres pièces de raccord pour coudes à angle droit, et un manchon de raccord portant avec lui le départ d'une conduite qui vient se brancher sur la première.

Les longueurs ordinaires des tubes livrés sont de 6 mètres. Les diamètres indiqués correspondent toujours au diamètre intérieur, qui varie pour les numéros de fabrication courante de 5 mill. à 80 mill, et 100 mill., les diamètres extérieurs correspondants variant de 10 mill. à 90 mill. et 114 mill.

L'emploi de ces tubes est des plus simples et très utile pour des installations provisoires, la pose s'en opérant facilement et sans déterminer de perte.

Une couche de goudron aura le bon effet de les préserver de l'attaque de la rouille; on peut aussi les revêtir d'une couche d'étain, de zinc ou de cuivre.

Tuyaux en tôle bituminés.

Nous venons de dire que pour les grandes conduites à eau ou à gaz on employait communément les tuyaux en fonte, et que les tubes en fer étaient réservés soit pour des petites conduites extérieures, soit pour des canalisations intérieures, ou enfin et surtout pour des installations provisoires.

Il existe une autre sorte de tuyaux en tôle bituminée, qui remplace avantageusement les tuyaux de fonte ; et la Cie du Gaz de Paris, par exemple, les emploie aujourd'hui exclusivement pour tous ses grands travaux de canalisation. Voici la description qu'en donne le Dictionnaire des Arts et Manufactures :

Les tuyaux dits en bitume fabriqués par M. Chameroy, sont faits en tôle bien décapée dans un bain

bride, étamée au plomb sur les bords, puis courbée dans un laminoir à trois cylindres, dont elle sort avec la forme et la dimension du tuyau qu'on veut fabriquer.

Son épaisseur varie depuis 1^{mm} pour les tuyaux de 27 millimètres de diamètre jusqu'à 2 et 3 millimètres, suivant le diamètre employé, qui aujourd'hui est poussé à 1 mètre.

On écarte les lèvres du tuyau, et, au moyen d'un appareil ingénieux, on perce à la fois sur les deux bords, des trous destinés aux rivets. Les trous ainsi obtenus se superposent parfaitement lorsque le tuyau vient à se refermer. Les rivets en fer étamés sont placés au marteau.

A l'une des extrémités du tuyau, on pratique, au moyen de deux cylindres en fonte portant des cannelures inverses l'une de l'autre à leur extrémité et roulant l'un sur l'autre, une gorge évasée dont nous verrons l'emploi tout à l'heure.

Enfin l'on soude avec soin le joint du tuyau.

Nous arrivons maintenant à la série d'opérations qui constitue réellement l'invention de M. Chameroy.

Nous avons vu qu'une des extrémités du tuyau présentait une gorge évasée. Dans cette gorge, on coule, au moyen d'un moule intérieur en fonte soutenu par un bouchon de sable, un écrou en métal dur, inoxydable, assez semblable pour sa composition à celui des caractères d'imprimerie ; (alliage de plomb et d'antimoine contenant environ 15 °/₀ de ce dernier métal, et qui jouit de la propriété essentielle de se gonfler par la dilatation), mais cependant plus résistant par l'addition d'un peu de cuivre rosette.

A l'autre extrémité, on coule de même, mais extérieurement, un pas de vis ; de telle sorte que les tuyaux s'assemblent en se vissant l'un au bout de l'autre ; mode d'assemblage supérieur à tous ceux employés jusqu'à ce jour. Le joint est rendu encore plus intime, et s'exécute rapidement, lors de la pose, au moyen d'un enduit composé d'huile et de minium.

Des doutes pourraient être conçus sur l'adhérence de ce métal coulé ainsi à la surface de la tôle étamée. Voici un fait de nature à convaincre les plus incrédules :

Pour fondre les écrous des gros diamètres, M. Chameroy emploie aujourd'hui un moule en fonte et une vis modèle brisée en trois parties qui s'enlèvent isolément avec la plus grande facilité après le refroidissement. Mais avant cette invention, il se servait d'un moule d'une seule pièce, qu'il s'agissait ensuite de dévisser de dedans l'écrou qu'on venait de fondre. Il ne fallait pas moins de l'effort de six hommes manœuvrant à l'extrémité d'un levier de 3 mètres. Jamais sous un pareil effort, la pièce fondue ne s'est séparée du tuyau, et cependant il n'était pas rare que le levier vînt à se rompre.

Dans cet état, le tuyau est rempli d'eau et essayé à la presse hydraulique sous une pression de 15 atmosphères. On conçoit que le plus léger défaut de soudure devient apparent sous une telle pression.

Si le tuyau résiste, il est goudronné ; puis on enroule autour une corde d'étoupes pour faciliter l'adhérence de la couche bitumineuse dont on va l'entourer. Ce bitume préparé avec soin est composé de bitume, de terre calcaire, de sable et d'un peu de résine.

Un mandrin traverse le tuyau, et sert à le manœuvrer sur une table, où l'on étend la composition le bitume sortant de la chaudière. En faisant rouler le tuyau, le bitume s'attache autour de lui, et telle est l'adresse des ouvriers employés à ce travail, que non seulement tous les tuyaux ont identiquement le même diamètre, mais que leur poids ne varie pas entre eux de 1/2 kilog.

Le tuyau n'est pas encore achevé ; il reçoit intérieurement une couche de bitume plus fin, qui a tout le poli et le brillant d'un vernis.

De nouveaux perfectionnements ont été apportés à cette fabrication. La tôle est étamée au plomb sur ses deux faces. Cette opération se fait de la manière suivante :

On décape les tôles à l'eau acidulée par 1/6 de son poids d'acide chlorhydrique.

On les laisse dans ce bain 5 à 6 minutes, on les retire et les plonge dans l'eau pour qu'elles soient à l'abri du contact de l'air ; puis on les plonge dans un bain de plomb, dont la surface est couverte d'un flux préservateur, formé de 2 parties de chlorure de zinc, et 3 de sel ammoniac ; on les y laisse jusqu'à ce qu'elles aient pris la température du bain, on les retire doucement et les plonge dans l'eau.

Le bain est formé non de plomb pur, mais de plomb additionné de 15 % d'étain.

La température du bain est déterminée de la façon suivante. Elle est au degré voulu, lorsqu'un petit barreau formé d'un alliage de zinc et d'étain dans la proportion de 5 % commence à entrer en fusion.

On a enfin perfectionné aussi l'ajustage de ces tuyaux ; on les fabrique à joints dits à emboîtements précis. L'une des extrémités du tuyau qui forme le bout mâle, n'est pas recouvert de bitume sur une hauteur de 10 à 12 centimètres. Le plomb y est apparent et renforcé, et l'on y a pratiqué des cannelures comme à un pas de vis. Le bout mâle vient s'enfoncer dans le bout femelle, l'alliage s'écrase et forme une fermeture hermétique.

Voici au sujet de l'emploi de ces tuyaux quelques-unes des prescriptions recommandées par M. Chameroy lui-même :

On nettoie bien les deux extrémités du tuyau, on entoure l'épaulement du joint mâle de cinq à six tours de corde goudronnée passée au minium, puis on remplit les rainures de fil de trame imprégné de suif.

On enduit ensuite les joints avec une composition de plombagine, saindoux et muciligne en parties égales. On emmanche les tuyaux en plaçant toujours en dessus les rivures longitudinales, et en ayant la précaution de bien les présenter en ligne droite. A l'aide de tampons en bois, et d'outils plus ou moins puissants, suivant les diamètres employés, on frappe l'extrémité libre, de façon à forcer le bout mâle à pénétrer dans l'extrémité femelle du tuyau, en regard duquel il se trouve.

Pendant longtemps, la Cie du Gaz employait comme plus grosses conduites, des tuyaux mesurant 0m70 de diamètre intérieur. Aujourd'hui, on emploie de 1m. Des expériences ont été faites pour comparer les résistances que présentaient les tuyaux de ces deux calibres.

On pratiquait deux tranchées dans des conditions identiques, on recouvrait les tuyaux et on faisait passer sur les tranchées recouvertes, une sorte de wagon truc, dont les roues correspondaient aux deux plans diamétraux verticaux des tuyaux. Ces wagons chargés de saumons de plomb, représentaient des charges considérables.

A l'intérieur de chaque tuyau, on avait placé un appareil ingénieux destiné à indiquer les déformations produites, et conçu de la façon suivante :

Un disque en métal placé suivant une section droite du tuyau portait une série de tiges de fer, glissant entre deux coulisseaux et dirigées suivant les rayons de la section. Ces tiges étaient pourvues d'un ressort à boudin qui les maintenait tendues et assurait leur contact avec les parois du tuyau. Une vis à violon permettait de les fixer immobiles dans une position déterminée. Le centre du disque était à jour et doublé par une plaque sur laquelle était tendue une feuille de papier, qui, par le moyen de ressorts et de vis, pouvait être plus ou moins rapprochée du disque.

Deux des tiges dirigées vers la partie inférieure du tuyau et pourvues de semelles, assuraient la fixité de l'appareil.

Toutes les autres tiges étaient armées vers leur extrémité intérieure d'une pointe en acier. L'appareil bien centré et ajusté, on déterminait la position du système, en faisant approcher le disque de papier, et prenant le repère de chacune des pointes d'acier ; on écartait le disque, on chargeait le truc, et par une manœuvre analogue à la précédente, on prenait le repère des pointes d'acier aux divers moments choisis dans l'expérience. La comparaison entre les déplacements de ce repère, donnait à chaque fois le déplacement du point situé à l'extrémité du rayon correspondant, et permettait de construire l'épure des déformations subies.

Voici les résultats de ces expériences :

Un tuyau de 1^m^ de diamètre extérieur, et d'une épaisseur de 0^m^005 fléchissait verticalement de 0^m^0285, alors que celui de 0^m^70 de diamètre, et de 0^m^004 d'épaisseur fléchissait de 0^m^0331 :

Soit 2,85 % pour le premier, et 4,43 % pour le second.

Tableau donnant les diamètres, épaisseurs de tôle, et poids correspondants pour les tuyaux en bitume, avec joints à emboitements précis, de M. Chameroy.

Diamètre intérieur en millim.	Epaissrs de la tôle en millim.	Poids en kilogr. par mètre.	Diamètre intérieur en millim.	Epaissrs de la tôle en millim.	Poids en kilogr. par mètre.
0.035	0.9	4.00	0.297	1.8	39.00
0.542	0.9	5.00	0.324	2.1	45.00
0.054	0.9	6.00	0.350	2.3	52.00
0.068	0.9	7.50	0.400	2.5	70.00
0.081	1.0	8.50	0.450	2.7	78.00
0.108	1.1	11.00	0.500	2.9	90.00
0.135	1.2	14.00	0.550	3.2	95.00
0.162	1.3	17.00	0.600	3.4	100.00
0.189	1.4	22.55	0.700	4.0	125.00
0.216	1.5	25.00	5.800	4.4	155.00
0.244	1.6	28.00	1 mèt.	5.0	210.00
0.271	1.7	33.00			

Tuyaux en papier bituminé.

Bien que nous nous occupions ici de tuyaux dont l'âme n'est même plus en métal, nous ne pensons pas devoir terminer ce chapitre sans en dire un mot, afin que le plombier soit à même de connaître tous les matériaux qu'il pourra avoir à mettre en œuvre, soit pour des conduites d'eau ou de gaz.

Ces tuyaux sont fabriqués par MM. Laboureau, en fragments d'environ 1m50 de longueur. Ils sont formés de papier enroulé enduit de bitume sur les deux faces, qui forme la soudure sur le joint longitudinal. Les deux bouts se raccordent au moyen de douilles en fonte, légèrement conique à l'intérieur et à l'extérieur, formant brides et maintenues par trois boulons.

On assure l'étanchéité du joint avec du bitume. Les coudes et les embranchements sont en fonte.

On pourrait au premier abord être tenté de douter des qualités de pareils matériaux au point de vue de la résistance qu'ils présenteront. Des expériences très précises ont été faites sur ces tuyaux par M. Tresca, et l'on pourra juger par les résultats consignés dans le tableau ci-joint, que loin d'être d'un emploi douteux, ils sont capables de résister à des efforts bien supérieurs à ceux que dans la pratique, on aura généralement à leur faire supporter.

Le défaut de ce système réside non dans le tuyau lui-même, mais bien dans le joint, et c'est en effet là le point faible qu'ont révélé toutes les expériences faites sur eux. Les limites qu'on s'était imposé pour ne pas augmenter le poids et par suite le prix de cet engin, ont conduit à établir des joints de beaucoup inférieurs comme qualité aux tuyaux eux-mêmes.

Longueur des Tuyaux.	Diamèt. Extérieur	Intérieur.	Épaisseur	Rapport entre l'épaisseur et le diam. intérieur	Poids avec brides	Poids sans brides	Épaiss' de la douille à la naissance	Pression	Observations.
m.	m/m	m/m	m/m		k.	k.	m/m	ath.	
1.50	75	50	12.5	0.250	7.0	5.0	1.5	24	Fuite au joint.
1.50	105	80	12.5	0.156	12.3	9.1	2.5	25	d°
1.50	135	100	17.5	0.175	21.7	16.3	3.0	25	Rupture de la bride
1.50	200	160	20.0	0.125	41.6	27.0	3.0	28	d°

On fabrique de ces tuyaux depuis 0m05 de diamètre intérieur jusqu'à 0m30. On les double intérieurement en plomb, à l'usage du gaz, moyennant une augmentation légère.

CHAPITRE V

Assemblage des Tuyaux.

§ 1. — DES DIVERS PROCÉDÉS D'ASSEMBLAGE DES TUYAUX MÉTALLIQUES.

Nous avons vu dans le précédent chapitre comment on fabriquait les tuyaux en plomb, nous avons dit un mot des tuyaux en fer et en fonte, qui sont employés concurremment avec les premiers pour les conduites d'eau, de vapeur et de gaz. Ces tuyaux sont fabriqués par bouts offrant plus ou moins de longueur; nous allons nous occuper maintenant de la façon dont ces tuyaux sont assemblés les uns avec les autres pour former des conduites continues.

Bien que nous n'ayons encore rien dit des tuyaux de cuivre, laiton et zinc, comme ils s'emploient dans beaucoup de travaux avec les précédents et que d'ailleurs l'on trouvera plus loin les renseignements nécessaires sur leur fabrication, nous allons considérer d'une façon toute générale l'assemblage des tuyaux pour les divers cas qui se peuvent présenter.

Les procédés d'assemblage des tuyaux sont fort nombreux, mais on peut les classer en quelques groupes principaux dépendant de la nature des extrémités des tuyaux qu'on doit réunir. Dans chacun de ces groupes se présentent une variété infinie de procédés, soit par la variation de forme donnée aux pièces supplémentaires venant faire l'assemblage, soit par celle de la matière employée pour rendre le joint étanche. Nous allons d'abord examiner ces procédés pris d'une façon générale, puis nous décrirons parmi toutes les variétés employées, celles qui ont reçu la sanction de la pratique.

Les tuyaux sont ou à section nette et franche et se présentant nettement bout à bout, sans que leur forme ait reçu aucune modification à leurs extrémités, ou bien à emboîtement, généralement conique, et alors les deux extrémités à joindre se présentent avec des formes différentes : l'une de plus grand diamètre dit bout femelle et l'autre au contraire simplement pourvue d'un petit bourrelet dit bout mâle, qui s'introduit dans le premier jusqu'à ce que le cordon qu'il porte vienne appuyer contre la tubulure du premier.

On voit que dans le second cas le principe de l'assemblage est toujours le même, que les variations qu'il présente ne peuvent différer que par l'addition d'une pièce au droit du joint et surtout de la matière et du mode d'application de cette matière pour assurer que le joint sera étanche.

Ces divers procédés feront l'objet des descriptions contenues dans la section suivante, et nous n'avons pas à en parler ici ; toutefois, nous dirons en quoi consiste le joint au plomb maté, le plus anciennement employé et qui sert de type de comparaison pour estimer les qualités des procédés usités. On

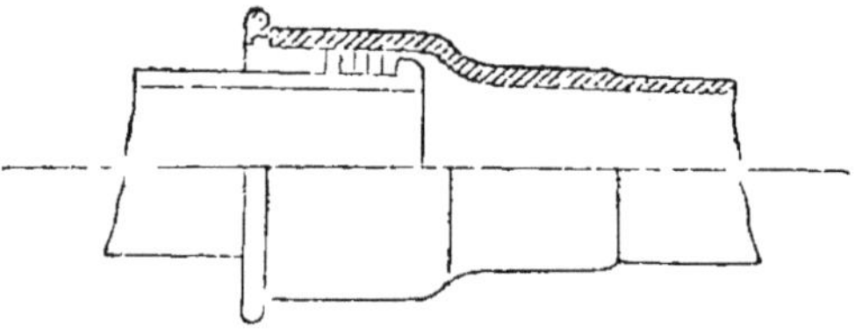

Fig. xviii.

remplit jusqu'au refus au matoir, la moitié du vide qui existe dans l'emboîtement à l'aide de corde goudronnée ou de toute autre préparation analogue, et on coule du plomb fondu par-dessus qu'on foule aussi au matoir.

Voici généralement comment l'on opère. On fait avec de la terre glaise un colombin qu'on applique à l'entrée de la tubulure, tout autour, en réservant au-dessus une sorte d'entonnoir par lequel on verse le plomb fondu. On retire ensuite ce colombin et on mate solidement le plomb coulé par dessus la corde goudronnée. La figure XVIII montre en coupe l'exécution d'un pareil assemblage.

Dans certains cas, comme pour les conduites de scente des eaux sur les bâtiments, on emploie des bes à emboîtement, que l'on se contente d'enfiler s uns dans les autres, sans autre disposition au nt ou avec l'addition d'un mastic particulier.

L'extrémité du tuyau peut aussi avoir été préparée fféremment : elle porte une sorte de disque annuire d'un diamètre plus grand que celui du tuyau i-même. C'est ce qu'on appelle les *assemblages à ides*, la partie qui se trouve ajoutée à l'extrémité tuyau étant quelquefois désignée spécialement us le nom de *collet* ou *collerette*.

Ces parties doivent avoir une résistance proporonnée à celle des tuyaux. On les renforce souvent ur éviter les ruptures provenant soit des points appui qui viennent à manquer, soit d'une dilatan trop forte des tuyaux et de l'effort qui, par suite, reporte sur les collerettes.

L'assemblage proprement dit se fait de deux fans. Ou les collerettes elles-mêmes sont percées de ous, convenablement disposés, de sorte que, mises regard, on peut les traverser par un boulon qui rt à les presser l'une contre l'autre. Il n'y a plus, ur assurer l'étanchéité du joint, qu'à insérer avant serrage, entre les deux collerettes, une rondelle 'une matière cédant un peu sous la pression, comme u cuir, du plomb, du cuivre ou du caoutchouc, ce ue montre la figure XIX.

Ou bien les collerettes servent simplement d'épauement à une pièce formant la véritable bride. Cette ièce s'enfile sur le tuyau, et, par conséquent, il en aut deux par assemblage, c'est elle qui porte les rous de passage des boulons. Le joint se garnit comme dans le cas précédent. La fig. XX montre les détails de cet assemblage.

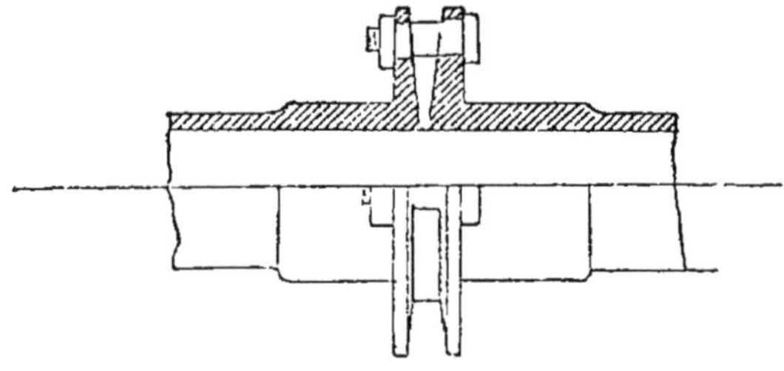

Fig. xix.

Les procédés d'assemblage sont un peu plus nombreux dans le premier cas, celui où les tuyaux n'ont reçu aucune disposition spéciale à leurs extrémités.

Ils peuvent être réunis bout à bout au moyen d'une soudure, opération dont nous nous occuperons en

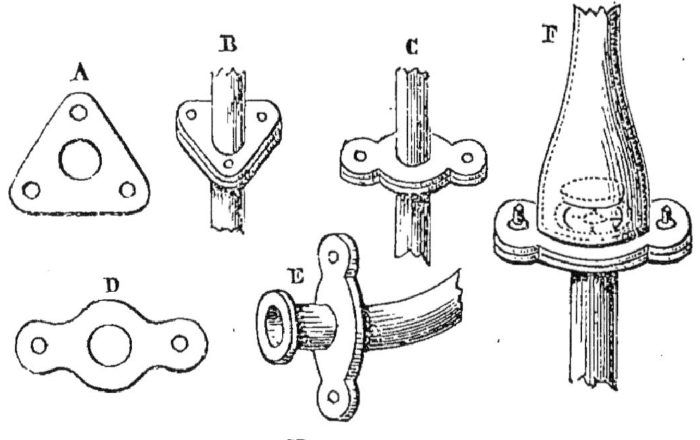

Fig. xx.

détail dans un chapitre ultérieur; c'est là le procédé employé pour presque tous les tuyaux de petit et moyen calibre, de plomb, cuivre et zinc.

Le plus souvent, et cela surtout pour des tuyaux d'un certain calibre, ils sont réunis l'un à l'autre au oyen d'une pièce intermédiaire dite bride, qui opère la fois le serrage des deux tuyaux, pour en assurer juxtaposition ainsi que celle d'une matière quelnque disposée suivant le joint pour le rendre étane.

Lorsque les tuyaux ont une certaine épaisseur, on s assemble quelquefois à vis en pratiquant un taudage à l'intérieur de l'un des tubes et un autre du ème pas, mais exécuté avec une légère diminution épaisseur sur le second, qui vient se visser dans premier, comme dans un écrou. On voit que ce stème pourrait servir d'intermédiaire entre les deux oupes.

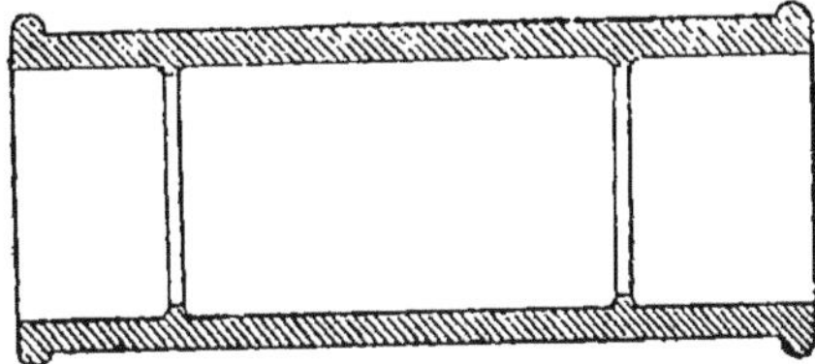

Fig. xxi.

Le plus souvent, cet assemblage à vis se fait au noyen d'une pièce auxiliaire, dite manchon de racord, qui est formée d'un bout de tube, dont le diaiètre intérieur est sensiblement égal au diamètre xtérieur des tubes à réunir, fig. XXI. Dans ce cas, u les deux tubes sont taraudés suivant leur face xtérieure et le manchon l'est à l'intérieur, ou des ièces auxiliaires servent à rendre le manchon et les leux tubes solidaires.

Il faut de toutes façons, lorsque l'on exécute un mmanchement à vis, enduire les deux pas de vis l'une matière grasse qui remplisse bien exactemen es vides entre les filets de vis, et ne se contracte pas trop en se desséchant. Pour les tubes à gaz, souvent réunis par ce procédé, on emploie pour rendre le joint bien étanche de la céruse. Enfin, pour éviter que, sous un effort quelconque, les tubes ne puissent être dévissés, on y met une vis d'arrêt; c'est-à-dire que, perçant la partie où les deux tubes se recouvrent avec un foret, et taraudant le petit trou formé, on y pose une vis, qui empêchera les deux tubes de pouvoir se séparer. Si l'épaisseur est assez grande, il vaudra mieux, comme garantie contre les fuites, que cette vis d'arrêt ne traverse pas entièrement le second tuyau qui forme la partie mâle de l'assemblage.

Si, à cause du peu d'épaisseur des tubes, on peut craindre qu'une vis qui ne traverserait pas les deux parois d'outre en part, n'assure pas l'invariabilité de l'emmanchement, il ne faudra pas hésiter à faire le trou ainsi, en prenant la précaution, avant de poser la vis, de bien l'enduire de la matière employée pour rendre cette ouverture étanche.

C'est ordinairement le plombier qui assemble les divers tuyaux employés pour conduire l'eau, la vapeur et le gaz. Nous aurons l'occasion de revenir, dans les chapitres de ce manuel consacrés à la couverture et à l'appareillage à gaz, sur cette question d'assemblage des tuyaux pour ces cas spéciaux. Le chapitre relatif à la soudure expliquera aussi ceux des moyens généraux que nous venons de citer.

Ainsi que nous l'avons déjà dit, une foule de variétés se présentent dans chaque groupe; les décrire toutes serait impossible, car ce volume seul n'y suffirait pas. Nous allons citer les plus récemment inventées et celles qui paraissent offrir de notables avantages sur les méthodes connues et expérimentées depuis longtemps.

§ 2. — DESCRIPTION DE PROCÉDÉS PARTICULIERS D'ASSEMBLAGE.

1° *Réunion des tuyaux à douilles de jonction, par MM.* BOUILLON *et* MOYNE.

[illegible]9. Les perfectionnements qui distinguent ce mode de réunion des tuyaux consistent dans les dispositions spéciales d'un double et d'un triple emboîtement formant une double fermeture maintenue par un pas de vis adhérant à la douille. Cette disposition rend impossibles toutes fuites extérieures, facilite la pose et présente une grande économie.

Cette douille peut être fabriquée en fer forgé, en fonte, en tôle, en zinc, en cuivre fondu et laminé, soit en employant chacun de ces métaux isolément, soit en faisant entrer l'un ou l'autre dans la composition de telle ou telle partie de la pièce.

Cette douille se compose de deux anneaux formés de viroles superposées ou fondues d'un seul jet en fonte, zinc ou cuivre; chacun de ces anneaux doit se placer à l'extrémité des tuyaux à réunir et ne présenter qu'une seule pièce après cette réunion.

Lorsque les tuyaux destinés à être joints s'emboîtent l'un dans l'autre, ce qui arrive plus souvent pour les tuyaux en tôle, en feuilles de cuivre ou de zinc, l'anneau placé sur le petit bout de l'emboîture porte un talon dans sa partie inférieure pour former une feuillure dans laquelle vient s'introduire le grand bout d'emboîture de l'autre tuyau; cette feuillure doit recevoir l'étoupe enduite de substances grasses, pour effectuer la première fermeture de la douille; un pas de vis carré ou triangulaire, rapporté ou fondu avec la pièce, est à l'extérieur.

L'autre anneau porte aussi un talon, mais plus élevé, et présente une feuillure plus large, en rapport avec l'épaisseur de l'autre anneau qu'il enveloppe, et auquel il doit servir d'écrou, ayant pour cela des pas de vis intérieurs; cette feuillure, devant être aussi garnie d'étoupe, reçoit l'autre anneau et opère la seconde fermeture.

Ces deux anneaux sont rivés, soudés ou maintenus de toute autre manière sur les deux tuyaux, le premier, comme nous l'avons dit, placé sur le petit bout d'emboîture, de manière à laisser le tuyau en saillie de 1 à 3 centimètres; l'autre, placé sur le grand bout d'emboîture, affleurant le tuyau. On garnit d'étoupe enduite de minium, de céruse ou tout autre corps gras, le fond des deux feuillures; on emboîte les deux tuyaux jusqu'au moment où la vis et l'écrou se touchent, on tourne alors l'un des deux bouts de manière à opérer la jonction par le pas de vis; le contact des deux parties de la douille sur l'étoupe s'établit alors dans les feuillures, et, faisant pression, empêche toutes fuites extérieures.

Lorsque les tuyaux sont tout à fait cylindriques, ne portant pas de petits et grands bouts d'emboîture (ce qui est indispensable pour obtenir l'intérieur du tuyau sans saillie), on rapporte sur l'un des tuyaux une virole en métal, laquelle est d'un diamètre intérieur suffisant pour emboîter l'extérieur de l'autre tuyau à réunir. Cette virole, comme dans la description précédente, s'introduit dans la feuillure du plus petit anneau de la douille, et le même effet se produit pour la fermeture, les deux parties de la douille étant disposées de la même manière.

La figure XXII représente en coupe longitudinale deux tuyaux en tôle A, sans saillie intérieure, avec n manchon B rapporté pour opérer leur jonction par ! douille. D est l'anneau intérieur de la douille for-

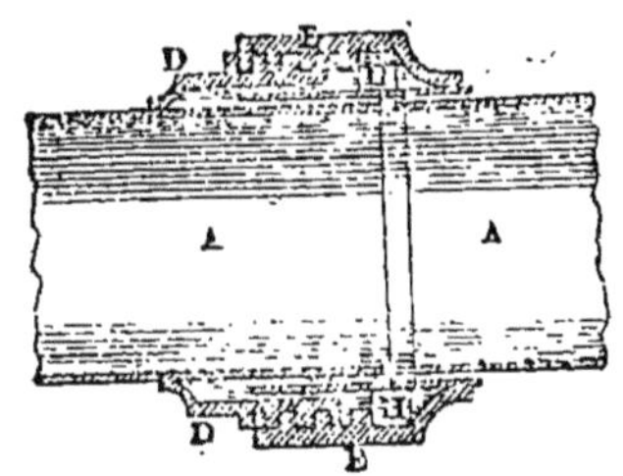

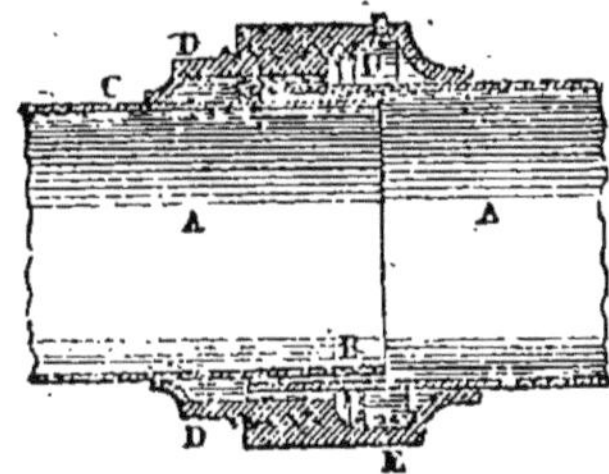

Fig. xxii. Fig. xxiii.

ıant un filet carré, et E l'autre anneau formant ɔrou. Les feuillures pour placer l'étoupe sont indiuées par H.

La figure XXIII est une coupe longitudinale de eux tuyaux A et B, à grand et petit bouts d'emboîure, et portant chacun un des anneaux D et E de la .ouille à filet triangulaire.

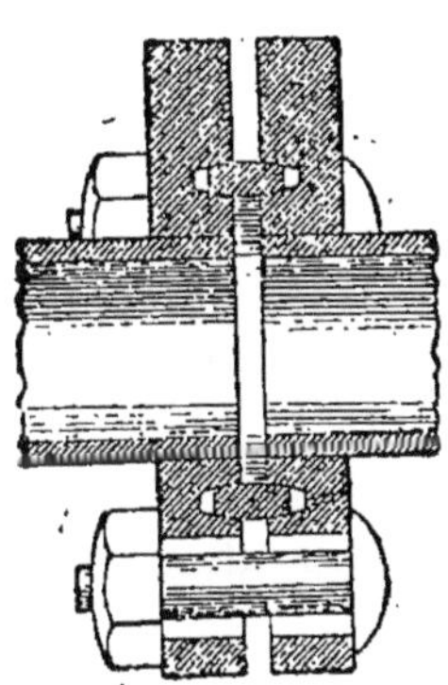

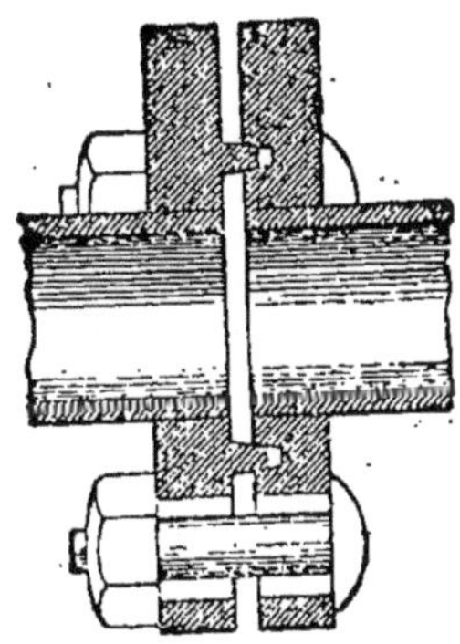

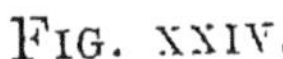

Fig. xxiv. Fig. xxv.

2° *Joints métalliques à cercles mobiles,*
de MM. Laforest *et* Boudeville.

Dans ce système de joints breveté en 1851, représenté dans les fig. XXIV et XXV, on n'emploie ni plomb, ni chanvre, ni mastic. On fait cet assemblage en rapprochant bout-à-bout les tuyaux et les entourant d'une bague en deux parties qui sont boulonnées l'une sur l'autre et qui présentent sur leur pourtour, à l'intérieur, des entailles ou retraites circulaires dans lesquelles se loge une bague qu'on enduit de suif ou autre matière grasse. Ces joints offrent beaucoup de facilité au remontage et au démontage, et en outre les boulons ne sont plus encrassés par l'emploi des mastics. Ils résistent en outre à toutes les pressions.

3° *Système d'assemblage, de* M. Delperdange.

Le système d'assemblage de M. Delperdange est fort simple : les tuyaux cylindriques en fonte sont terminés, à chaque extrémité, par un bourrelet circulaire d'environ 1 centimètre de diamètre venu à la fonte ; c'est sur cette seule saillie que l'assemblage se fait, entre deux tuyaux semblables, au moyen d'une bande de caoutchouc vulcanisé, d'une largeur de 3 à 4 centimètres, qui est serrée à la fois contre les bourrelets terminaux des deux tuyaux à assembler, par un collier en fer, dont le serrage s'opère au moyen d'un boulon engagé dans les appendices de ce collier.

Si le collier fait porter exactement le caoutchouc sur tout le pourtour des bourrelets, si le caoutchouc ne peut, dans l'intervalle qui sépare les deux circonférences de contact, être trop distendu, s'il ne risque pas de se gripper entre les manchons de la bride lors du serrage, on doit s'attendre à obtenir d'un pareil système une excellente fermeture, qui présente, d'ailleurs, des avantages particuliers sur lesquels il convient d'appeler l'attention.

Fig. XXVI, coupe longitudinale de cet assemblage, suivant un plan passant par l'axe.

Fig. XXVII, vue d'un assemblage rectiligne.

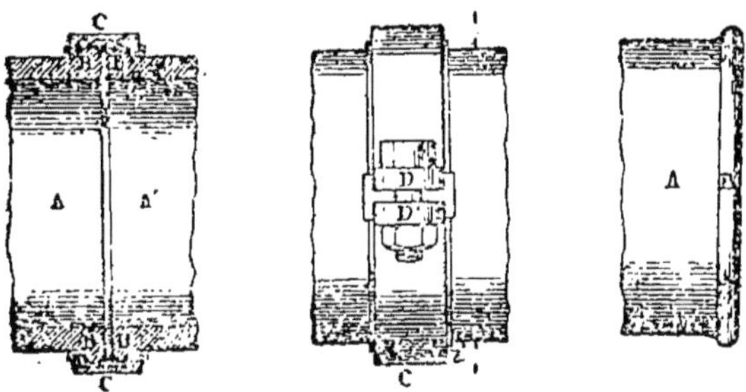

FIG. XXVI. FIG. XXVII. FIG. XXVIII.

Fig. XXVIII, vue d'une portion de tuyau en fonte , terminée à chacune de ses extrémités par un bourrelet circulaire B.

Fig. XXIX, section du même assemblage par un plan perpendiculaire à l'axe et mené suivant le milieu du collier dans la figure XXVII.

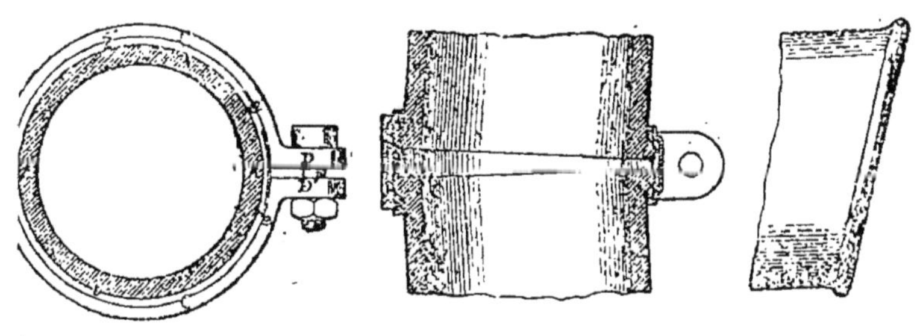

FIG. XXIX. FIG. XXX. FIG. XXXI.

Fig. XXX, coupe longitudinale d'un assemblage oblique.

Fig. XXXI, vue d'une portion de tuyau à bourrelet oblique pour l'établissement des coudes.

B B, bourrelets des tuyaux A A'. Les axes sont dans le prolongement l'un de l'autre, sans qu'il y ait contact entre les surfaces de raccordement ; de cette manière, l'écartement laissé entre les deux bourrelets rend l'assemblage moins rigide et lui permet de céder soit aux effets de la dilatation, soit aux mouvements de poussée du terrain.

i i, bague d'assemblage en caoutchouc vulcanisé. Elle porte d'une égale quantité sur chaque bourrelet dont elle prend sensiblement la forme, par suite de la pression que lui fait subir le collier de serrage C.

C, collier en fer, d'une largeur moindre que la bague de caoutchouc qu'il embrasse. Ce collier porte intérieurement sur ses bords deux nervures visibles, fig. XXIX, à l'aide desquelles, tout en maintenant le système de raccordement bien étanche et empêchant sa dislocation, il permet cependant aux tuyaux de pouvoir se mouvoir dans tous les sens. Le serrage est produit au moyen d'un boulon à écrou traversant les deux oreilles D, D'.

c c (fig. XXVII et XXIX) est une plaque en tôle qu'on place sous les oreilles D, D', entre le collier C et la bague de caoutchouc *i i*, afin d'empêcher que, par suite du serrage, le caoutchouc ne vienne à se gripper et à se prendre entre les oreilles du collier en fer. Cette plaque doit être mince, de manière à pouvoir prendre la forme cylindrique voulue sous la seule pression du collier.

Lorsque les tuyaux ont un grand diamètre, le collier à oreilles est renforcé par des nervures placées sur la surface externe. Il doit toujours être galvanisé, ainsi que la petite plaque de tête, afin d'être préservé de l'oxydation.

Si les liquides ou les gaz à conduire sont de nature altérer le caoutchouc vulcanisé, on enveloppe les ourrelets des tuyaux avec une feuille mince de lomb, et c'est seulement sur cette feuille que vient e placer la bague en caoutchouc.

Fig. XXX, dans le cas où, pour suivre les ondula-ons du sol ou pour toute autre cause, les axes des uyaux ne doivent plus être en ligne droite, les bour-elets sont assemblés suivant un angle d'écartement. a bague de caoutchouc et le collier en fer ont alors ne largeur plus grande du côté opposé aux oreil-es D, D'.

Lorsqu'il s'agit d'établir des coudes, on assemble les tuyaux dont l'un, représenté fig. XXXI, a le plan le son bourrelet incliné par rapport à l'axe. Cette dis-osition, qu'on peut faire varier soit en inclinant le lan du bourrelet, soit en donnant aux deux tuyaux es mêmes sections obliques, permet d'établir les oudes les plus forts.

4° *Système de joint, de* M. Petit.

M. Petit a imaginé un système de joints de tuyaux qui se distingue par deux particularités : 1° Emploi du caoutchouc pour assurer l'étanchéité; 2° facilité de montage et de démontage.

Les tuyaux ont une petite emboîture; le bout mâle vient s'appuyer sur une rondelle de caoutchouc, placée contre le talon de la partie femelle; chacun des tuyaux porte à ses extrémités deux oreilles pré-sentant entre elles une certaine distance et percées d'un trou ou œil. Les deux trous se correspondent; entre ces oreilles se place une patte en fer, portant à chacune de ses extrémités un œil qui doit correspondre à ceux des oreilles pour recevoir une broche reliant le tout.

La figure XXXII montre un bout mâle avec les oreilles d'un côté, la figure XXXIII représente deux pattes, les broches et la rondelle de caoutchouc, la figure XXXIV une coupe verticale du joint.

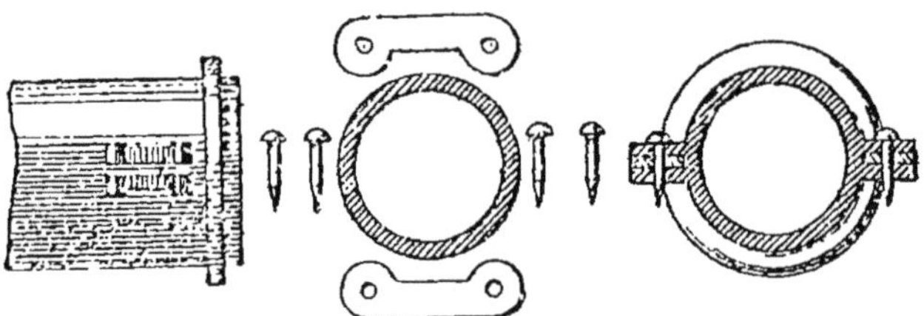

Fig. xxxii. Fig. xxxiii. Fig. xxxiv.

Les figures XXXV et XXXVI montrent la coupe longitudinale de deux tuyaux au moment où l'on va faire le joint et après son exécution.

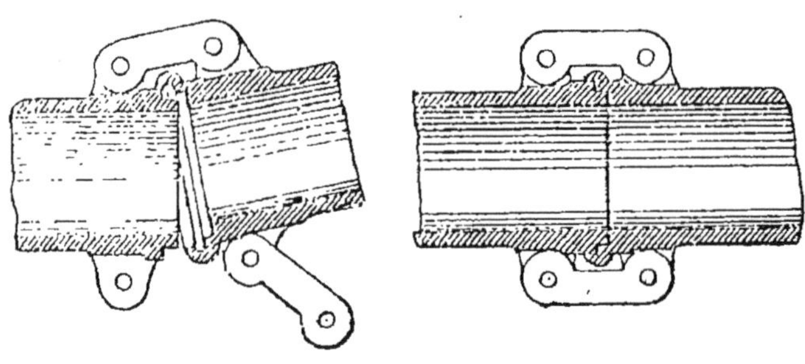

Fig. xxxv. Fig. xxxvi.

La Compagnie du gaz de Paris emploie beaucoup ce système.

M. Lavril a modifié un peu ce système tout en lui conservant la même destination. Au lieu d'oreilles, il emploie des colliers circulaires d'une seule pièce. L'un d'eux est venu de fonte avec l'une des extrémités d'un ut de tuyau. L'autre est mobile, et des boulons de errage servent à les maintenir l'un contre l'autre.

On peut encore ranger à côté de ces systèmes ceux s : *Manchons de Normandy, système Legat*, qui n sont que des variantes. Dans le premier, en is du joint en caoutchouc, on emploie un manchon recouvrement, et des colliers avec boulons de rrage maintiennent le tout.

Dans le système Legat, il n'y a pas d'emboîture, ais un léger épaulement à l'extrémité des tuyaux. n bourrelet glissé le long du tuyau se trouve serré itre le manchon de recouvrement, cet épaulement les colliers de serrage.

Joint parallèle en caoutchouc, de M. Dussard.

Ce procédé est encore une variante de celui imaginé ar M. Petit, seulement M. Dussard a imaginé en lus un procédé de mise en œuvre très commode.

Dans ce système on réunit les deux tuyaux par ne action agissant dans un sens parallèle à l'axe, et n les maintient dans cette position par deux chaîons en fer qui s'accrochent sur deux oreilles en aillies, que porte chaque tube à son extrémité.

Ce joint présente cet avantage que le caoutchouc ui le forme est également pressé en tous points de a circonférence et offre ainsi la même résistance aux uites. Bien que le joint Dussard s'exécute ordinairement en caoutchouc, on pourrait y employer toute autre des matières employées à cet usage. Mais l'expérience a justifié l'emploi du caoutchouc, et on a vérifié sur des conduites ayant déjà quinze années d'exercice, que les joints étaient aussi étanches qu'au début ; et le caoutchouc était si bien conservé qu'on ne pouvait prévoir l'époque de sa détérioration.

La figure XXXVII montre la façon dont le joint est disposé, ainsi que la mise en œuvre. Les deux tuyaux à joindre se terminent par une partie évasée en forme de pavillon, on introduit la pièce de caoutchouc, et on rapproche les tuyaux au moyen d'une pince à levier, de façon à pouvoir accrocher les chaînons sur les deux oreilles ou saillies et assurer l'invariabilité du joint.

Les principaux avantages de ce système sont les suivants, si on les compare aux joints ordinaires de plomb maté et de corde goudronnée.

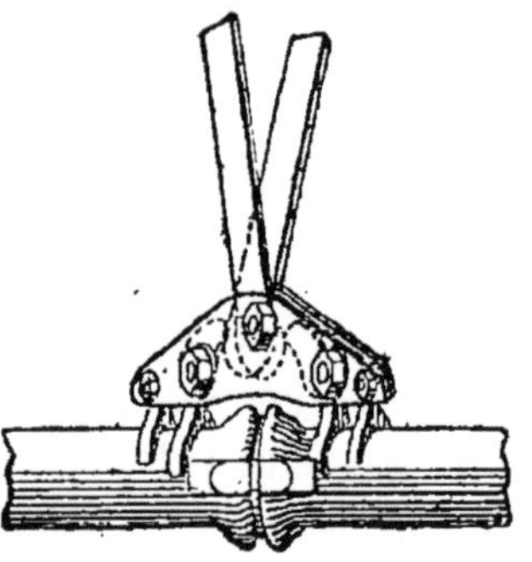

Fig. XXXVII.

La corde n'oppose aucun obstacle aux fuites, elle ne sert uniquement qu'à empêcher le plomb d'entrer dans le tuyau lorsqu'on le coule. Or, le plomb manquant absolument d'élasticité, le joint ne peut se prêter à aucun mouvement, sans qu'il y ait chance de déchirure ni de fuite. Cette opération est délicate et coûteuse.

Avec le joint en caoutchouc, on peut, vu la différence de prix, employer des conduites de moindre longueur, ce qui apporte à la fois une nouvelle économie, et plus de chance d'engins de bonne qualité. Chaque joint étant flexible, se prête aux effets de

.ilatation, de contraction, aussi bien qu'aux inéga-ités de terrain où se fait la pose, sans qu'aucun de es effets puisse être une cause de fuite.

º *Joint au caoutchouc sulfuré, de* M. BROCKEDON.

Expériences comparatives sur les garnitures en caoutchouc et en plomb maté.

M. Brockedon a disposé un joint en caoutchouc ulfuré pour les conduites d'eau et de gaz, sur lequel I. Wicksteed, ingénieur de la Compagnie des Eaux, fait un certain nombre d'expériences très intéres-antes.

Etant donné une emboîture (un bout mâle, et un emelle), on insère sur le bout mâle un boudin ou nneau en caoutchouc sulfuré dont le diamètre après ette application, est plus grand que le diamètre in-erne de l'emboîture femelle dans laquelle on doit 'introduire. Il faut éviter dans cette opération, toute spèce de torsion. Alors on introduit facilement ce bout mâle avec le boudin passé dans le bout femelle, et l'opération de l'emboîtage et du garnissage est complète. Lorsque le bout femelle a été poussé dans l'emboîture mâle, le boudin a roulé sur le premier jusqu'à ce que ce bout soit parvenu au fond de l'em-boîture, et s'est arrêté à peu près au milieu de cette emboîture. Cet effet ne peut se produire régulière-ment qu'autant qu'il n'y a pas de torsion, car le boudin n'aurait pas roulé régulièrement et par suite n'eût pas été également pressé.

Ce système présente tout d'abord un avantage dans la facilité et la rapidité de son exécution.

Si, au premier abord, lors de la proposition du caoutchouc, pour les joints des tuyaux à gaz, on avait pu craindre l'action de certaines substances entraînées par le gaz et pouvant dissoudre le caoutchouc, comme le naphte, toute prévention contre le caoutchouc sulfuré a disparu devant ce fait qu'il est insoluble dans le naphte, et qu'au contraire à son contact il gonfle, ce qui rend l'assemblage encore plus étanche.

En principe, les qualités élastiques du caoutchouc, doivent le rendre bien supérieur comme engin de joint au plomb maté. Le frottement d'un corps élastique pressant contre les parois d'un tuyau est bien plus considérable que celui d'un corps non élastique; par conséquent, il faudra une bien plus grande force pour déplacer le corps élastique, que celui qui ne l'est pas.

Le plomb fondu et maté n'exerce son action que sur un petit espace, l'opération est difficile et demande beaucoup de soins. On emploie beaucoup de force pour le matage, ce qui oblige à renforcer l'épaisseur de l'emboîture femelle pour éviter qu'elle n'éclate pendant l'opération.

L'emploi du caoutchouc n'entraîne aucune des difficultés d'application du joint précédent et offre beaucoup plus de sécurité.

De nombreuses expériences faites sur la résistance qu'offrait ce genre de joints sous des pressions considérables n'ont laissé aucun doute sur leurs avantages.

Au point de vue du prix de revient, c'est encore le joint en caoutchouc qui l'emporte.

Voici, d'ailleurs, les calculs comparatifs présentés à cet égard par M. Wicksteed.

Dans le devis suivant est compris : la matière, le travail pour faire l'assemblage, l'excavation et le remblai de la tranchée seulement, et 10 % pour les bénéfices.

DIAMÈTRE des Tuyaux.	PRIX PAR YARD (0m,9014) courant des assemblages.			DIFFÉRENCE sur 100 en moins en favr du caoutch.	
	en plomb.	en bois.	en caoutch.	sur le plomb	sur le bois.
0m,0762	0fr.66	0fr.46	0fr.33	100	40
0m,3048	1.96	1.10	0.99	91	12
Assortiment de 10 tuyaux du diamètre de 0m,0762 à 0,3048 et pr un yard de chacun.	13.20	7.80	6.60	100	18

Si l'on prend un yard de tuyau de chacun des diamètres de 0m,0762 à 0m,3047, en y ajoutant aux frais ci-dessus, les frais moyens de transport de l'enlèvement des terres en excès, de la réparation des égouts et conduites, et toutes autres charges et risques, ainsi que la garantie pendant une année, non compris, le pavage, les prix sont :

PLOMB.	BOIS	CAOUTCHOUC.	DIFFÉRENCE pour 100 en moins en faveur du caoutchouc	
			sur le plomb.	sur le bois.
30 fr.	25 fr. 90	24 fr. 70	22 fr.	5 fr.

Ces garnitures en caoutchouc présenteront encore un supplément d'économie toutes les fois que l'on aura à faire la pose dans un terrain dur ou difficile, parce qu'elles dispensent des excavations supplémentaires à faire au droit des joints, pour en faciliter l'accès à l'ouvrier.

Pour les conduites de gaz, les avantages ne sont pas moindres. Quant à certains conduits de nature fragile, comme les poteries, verres, etc., l'opération du matage étant impossible, la garniture de plomb est inapplicable, celle en caoutchouc ne présente aucune difficulté d'emploi.

En résumé, dit M. Wicksteed, sous le rapport de la force, de la durée, de la résistance à la pression, et de la perfection de la garniture, le caoutchouc sulfuré est une matière préférable à toutes celles employées jusqu'à présent, et le prix de revient de la garniture ainsi que celui de la pose des tuyaux est plus économique avec l'emploi de ce système.

M. A. Aikin a longuement étudié le même mode de joint au point de vue spécial des garnitures des conduites à gaz, et est arrivé aux mêmes conclusions.

7° *Joint en feutre, de* M. Jæger.

M. Jæger a proposé pour les conduites d'eau, un joint qui serait très prompt, très efficace et fort durable. Il consiste à employer une sorte de manchette en feutre de 7 à 8 centimètres de longueur, sur 6 millimètres d'épaisseur qu'on plonge préalablement dans un mélange de suif et de résine en fusion. Cette manchette s'applique sur le bout mâle de l'un des tuyaux, sur lequel on amène le bout femelle du tuyau suivant qu'on fait entrer de force. Ce mode d'assemblage marche très rapidement et son invenleur en garantit la solidité. Il a été fait une expérience sur une conduite d'eau où la pression est de plus de 6 mètres et qui, après dix ans d'usage, n'avait présenté aucune défectuosité.

3° *Assemblage des tuyaux pour conduite d'eau, de* M. Scott.

Ce mode a été combiné surtout en vue de combattre les pertes que causent les influences de la température.

Pour les tuyaux à collet, voici comment procède M. Scott. Le collet est tenu au moulage un peu plus grand que d'habitude. Les collets des deux tuyaux adjacents se touchent, seulement dans une certaine étendue à partir de leur périphérie extérieure et c'est dans cette partie qu'on insère le boulon de retenue; dans tout le reste de leur surface, ils sont légèrement creusés et laissent un vide que l'on remplit de gutta-percha. Lorsque par suite de la chaleur, la conduite vient à se dilater, le collet cède légèrement dans le voisinage des boulons, et la pression s'établit sur l'anneau; tandis que, lorsqu'elle se contracte, le collet revient à sa position primitive, ou cède dans l'autre sens, le joint persistant à rester étanche sous l'influence des effets de la gutta-percha.

Pour les tuyaux à emboîtures, le mode est différent et a assez d'analogie avec les cuirs emboutis employés dans les pompes. On plie en rond de la grandeur de l'emboîture, un tube en gutta-percha, plomb, étain ou alliage, et on le fend dans l'intérieur sur toute l'étendue de sa circonférence. Ce tube fendu est inséré dans l'emboîture femelle; on introduit dessus l'extrémité du tuyau suivant, de manière à ce que la fente reste ouverte. Le tube flexible cède en s'allongeant dans le cas de dilatation de la conduite, et en s'ouvrant, au cas de contraction, de telle façon que le joint reste toujours parfaitement étanche.

9° *Assemblage perfectionné des tuyaux en fonte, de* M. Rust.

Généralement, dans tous les systèmes que nous avons décrits, il faut terminer les extrémités des tuyaux d'une façon particulière. Voici un système qui évite cette complication. Les tuyaux sont présentés bout à bout comme le montrent les figures XXXVIII et XXXIX, la bride est en deux pièces qui s'assemblent par des boulons, avec une disposition

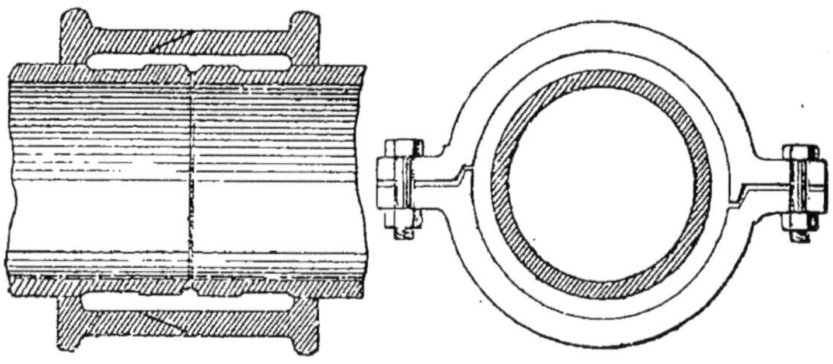

Fig. xxxviii. Fig. xxxix.

par pénétration, au joint des deux portions de brides. Cette bride forme un vide annulaire autour des bouts de tuyau, vide qui se remplit à l'aide de mastic. Celui que recommande M. Rust est composé avec de l'huile de lin et de la chaux éteinte. On dispose sur le joint même des tuyaux une corde de chanvre pour empêcher le mastic de filer entre les tuyaux. Ce système se recommande par sa simplicité.

10° *Assemblage des tuyaux de plomb doublés d'étain.*

En décrivant les divers procédés pour fabriquer les tuyaux de plomb doublés d'étain, nous avons dit qu'un des inconvénients qu'ils présentaient, c'était lors de la soudure, de rendre cette opération très délicate pour éviter de fondre l'étain qui les double.

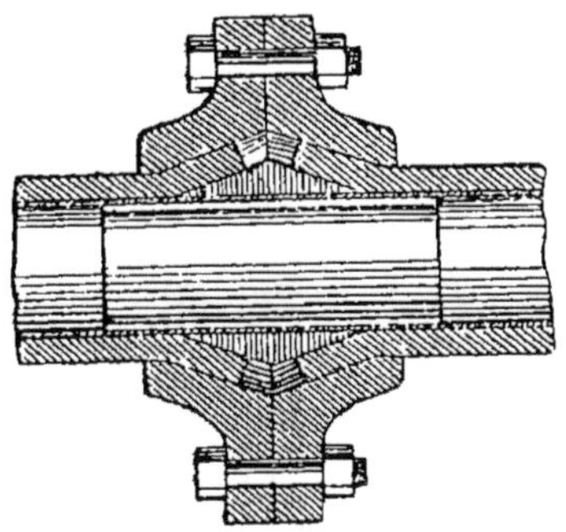

FIG. XL.

Plusieurs dispositions ont été proposées pour permettre de réunir de pareils tuyaux tout en évitant cet inconvénient. En voici une fig. XL. On ouvre suivant deux cônes les deux extrémités des tuyaux à réunir, on introduit un bout de cuivre parfaitement étamé à l'extérieur et à l'intérieur et on serre le joint avec des brides.

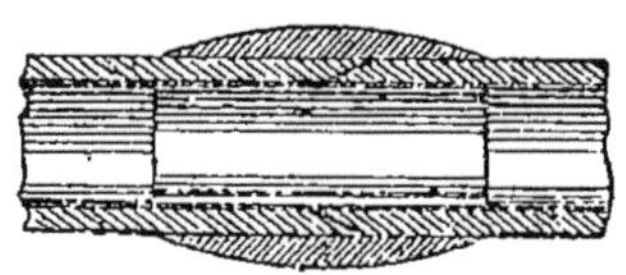

FIG. XLI.

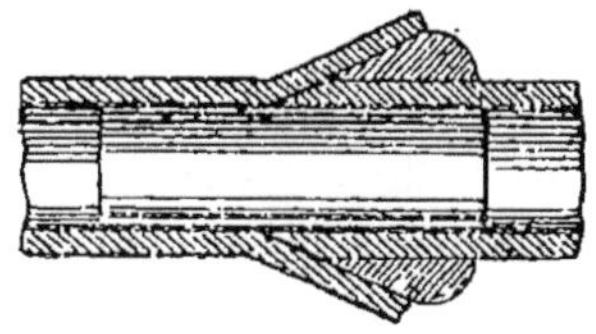

FIG. XLII.

M. Hénon se contentait d'introduire une fourrure supplémentaire en étain et de faire une soudure. Les fig. XLI et XLII montrent les dispositions qu'il avait adoptées.

11° *Assemblage* Bloch.

Cet assemblage peut être employé pour déterminer dans certains appareils un raccord étanche de tubes rectilignes, qui sont sujets à déplacement.

Les bouts des tuyaux sont rabattus à leur extrémité de façon à former des brides, contre lesquelles on vient appliquer des douelles munies de pas de vis dirigés en sens contraire l'un de l'autre. Les tuyaux s'assemblent par rapprochement, au moyen d'un écrou qui est taraudé lui-même, moitié à droite, moitié à gauche et qui vient ainsi serrer les deux tuyaux l'un contre l'autre. Si l'on veut être encore plus certain que le joint sera bien étanche, on peut mettre entre les deux brides une rondelle de cuir ou de caoutchouc.

12° *Joint* Soubeyran.

La multiplicité des joints que nous avons eu l'occasion de décrire, suffit à elle seule à montrer que ces systèmes ont leurs mutuelles imperfections.

Les tuyaux de conduite pour eau ou gaz sont le plus généralement disposés à emboîtures, ainsi que nous l'avons dit, et la garniture se fait sur place avec du plomb maté. Ce système entraîne à certaines complications dans le travail de pose, à une excavation plus grande au droit des joints, à un épuisement en cas d'eau dans les tranchées, enfin et surtout à l'emploi d'ouvriers expérimentés et attentifs, sans quoi les joints établis ne présentent aucune qualité.

M. Soubeyran a proposé un nouveau système qui évite tous ces inconvénients, apporte de l'économie dans la matière première et surtout dans la main d'œuvre de pose. Il offre des garanties d'adhérence que le plomb maté ne peut présenter également ; car

orsqu'on le coule dans le joint, il se trouve immé-iatement en contact avec des surfaces froides et 'adhérence entre les deux matières ne peut être par-aite.

Dans le système que nous décrivons, le joint se prépare à l'usine même ; les extrémités des tuyaux ont chauffées dans des fours spéciaux, et, de plus, ont garnies à l'aide de moules en fonte chauffés, de plomb que viennent verser de grandes chaudières irculant au-dessus des fours. On garnit ainsi l'ex-érieur du bout mâle et l'intérieur de la tulipe d'une bague de 3mm d'épaisseur de plomb. Il suffit d'avoir a précaution de bien nettoyer les extrémités des uyaux, et l'adhérence obtenue entre elles et les ba-gues est aussi complète que possible. L'assemblage les tuyaux se fait ensuite d'une façon très simple. On les ajuste bout à bout, et, à l'aide d'une pince à excentrique analogue à celle que nous avons indiquée pour l'emploi du joint Dussard, on force le bout mâle à pénétrer dans la tulipe, ce qui ne se peut faire que par une pénétration mutuelle des deux bagues, qui est bien supérieure comme résultat au matage.

Ce système d'ailleurs a beaucoup de rapports avec celui employé pour l'assemblage des tuyaux en tôle bituminée de M. Chameroy.

13° *Manchon de raccordement pour tuyaux en fonte, de* M. Denans.

L'assemblage des tuyaux se fait au moyen d'un manchon A, fig. XLIII, fileté à ses deux extrémités. Ce manchon porte intérieurement une saillie d'environ 3mm qui vient s'appuyer contre le tuyau en laissant un jeu presque nul. Au-dessus de cette saillie, entre le tuyau et le manchon, on dispose une bague de plomb qui est formée d'une couronne de 0m007 d'épaisseur, sur 0m015 de hauteur, terminée par une partie qui n'a plus que la moitié de l'épaisseur précédente sur 0m005 de hauteur. On dispose sur le tout un écrou B, qui vient se visser sur le manchon de raccord, et qui, en exerçant une forte compression sur la bague de plomb, l'écrase et en détermine la

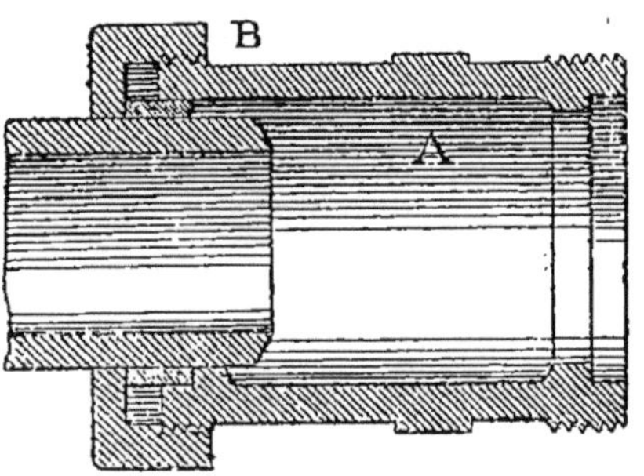

Fig. xliii.

pénétration entre le tuyau et la saillie du manchon qui s'appuie sur lui, rendant ainsi le joint parfaitement étanche.

Un des avantages incontestables de ce système, c'est de n'exiger aucune disposition spéciale aux extrémités des tuyaux. La même disposition se répète à l'autre extrémité du manchon.

Pour un tuyau de 0m09 de diamètre intérieur, ce manchon a 0m15 de hauteur et pèse 0k600.

14° *Baguettes cannelées pour joints,* *de* M. Edward Hannibal.

Le problème qu'on s'est proposé de résoudre a été de construire un joint parfaitement étanche, facile à poser, aussi facile à démonter et dans lequel la pièce de plomb employée peut servir plusieurs fois. Les tuyaux portent des brides que l'on réunit par des boulons à écrou, et, entre ces brides, on dispose le joint qui est formé de la façon suivante, fig. XLIV et XLV.

C'est une baguette en plomb très pur, présentant trois cannelures. Les surfaces de contact du plomb et du tuyau étant petites, on peut obtenir une adhérence parfaite, la compression se règle à volonté par le serrage des boulons. On dispose la baguette suivant la circonférence du tuyau et à l'aide d'un outil spécial, on réunit les deux extrémités de la baguette par un joint en trait de Jupiter qui en assure la solidité, fig. XLV.

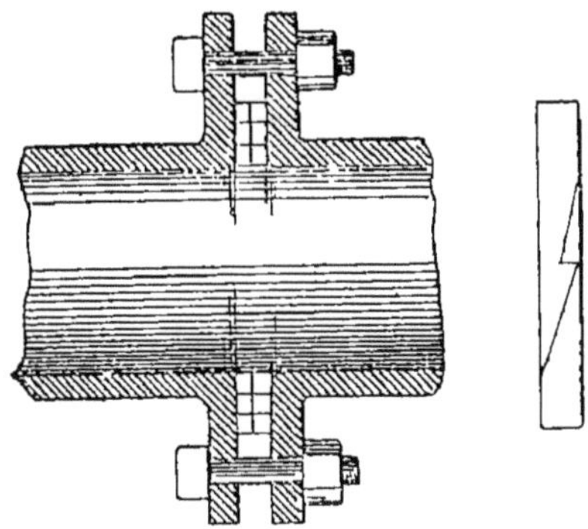

FIG. XLIV. FIG. XLV.

Si l'on compare ce joint au joint ordinaire, il est un peu plus cher; mais si l'on tient compte de la facilité de la pose, de l'avantage qu'il offre de remédier aux fuites qui pourraient se produire et enfin de cette condition spéciale qu'il peut servir plusieurs fois, il est évident que ce système sera très avantageux.

15° *Assemblage à genouillère, de* MM. WARD *et* CRAUSS.

MM. Ward et Crauss, à New-York, ont disposé un joint d'assemblage qui, tout en étant parfaitement étanche, puisse laisser une certaine liberté d'articulation entre les deux tuyaux, de telle sorte que si, dans la pose, par suite d'une déclivité dans le terrain ou d'un changement quelconque, les deux axes des deux tuyaux ne se trouvaient plus sur une même droite, l'assemblage puisse se prêter à cette déviation sans qu'il y ait rupture ou fuite (fig. XLVI).

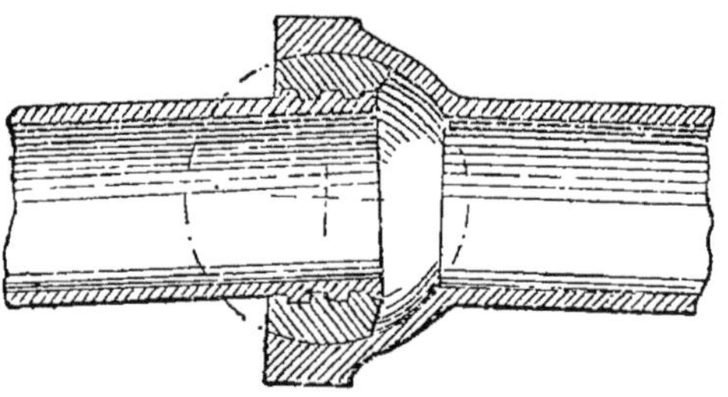

Fig. XLVI.

Pour cela, la tulipe, qui forme l'emmanchement dans le bout femelle, a reçu la forme d'une demi-sphère. L'extrémité mâle, qui présente la forme droite ordinaire, entre librement dans l'emmanchement femelle, mais seulement elle est terminée par un filet de vis carré.

On coule une garniture de plomb entre les deux tuyaux. Par ce système, la partie du tuyau qui porte l'extrémité femelle peut glisser légèrement sur la garniture de plomb, sans qu'il y ait rupture ou fuite pour un léger déplacement de direction dans les deux axes.

Ce système est souvent appliqué en Amérique, pour les conduites traversant des cours d'eau où, sous le poids même de ces conduites, il était à peu près impossible de conserver une rectilignité complète dans la ligne des axes, les tuyaux tendant par leur propre poids à s'affaisser légèrement.

16° *Joint universel, dit à boulet, de* MM. SCHÆFFER *et* BUDENBERG.

On désigne ainsi une disposition d'assemblage inaugurée en Prusse par MM. Schaeffer et Budenberg, et dont le but principal est de donner, à l'aide d'une pièce unique, le moyen d'établir un coude quelconque dans une conduite.

Cet organe se compose de deux pièces, terminées à leurs extrémités de jonction suivant deux demi-sphères dont la section est faite suivant un plan incliné à 45° sur l'axe de la pièce, comme le montre la figure XLVII. Leur assemblage se fait par pénétration comme dans un joint à mortaise circulaire.

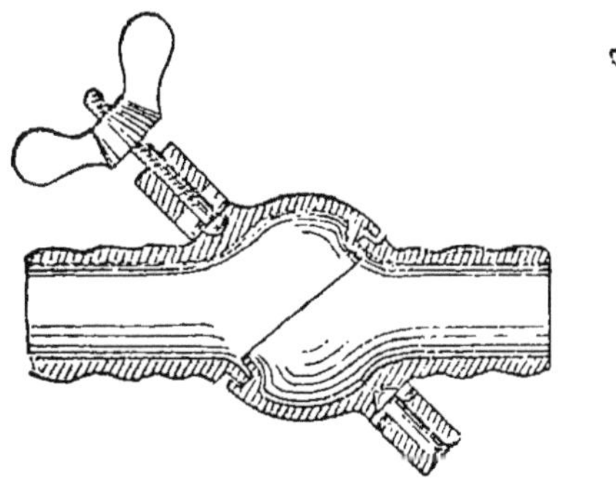

FIG. XLVII.

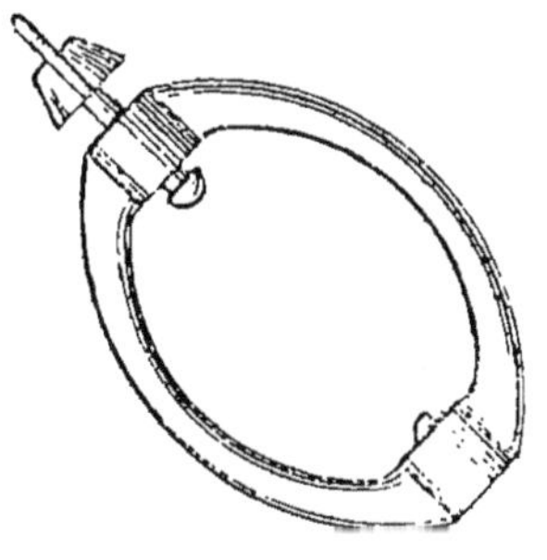

FIG. XLVIII.

L'étanchéité est assurée d'abord par une garniture en caoutchouc, puis par un fort serrage obtenu à l'aide d'une pièce spéciale, fig. XLVIII, en forme d'étrier, avec vis de pression, qui vient par deux têtes rondes appuyer dans deux petites cavités pratiquées à l'extérieur des calottes sphériques.

On peut remplacer cette pièce par un simple boulon de serrage, ainsi que le fait voir la figure L.

Si les autres extrémités de ces deux pièces sont munies de manchons à vis intérieure, comme on le voit fig. L, il suffira d'y visser les deux bouts de la conduite après avoir fait faire au raccord une rotation dans son assemblage pour que les deux manchons de raccord fassent entre eux l'angle des deux parties de la conduite. La figure XLIX montre la disposition réalisée pour un angle droit.

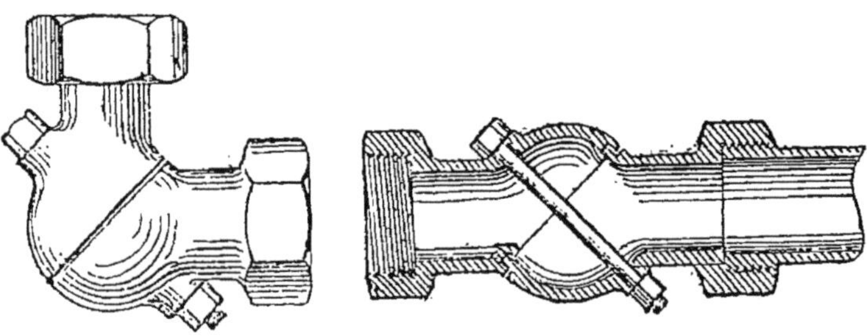

Fig. XLIX. L.

Outre les avantages de se prêter ainsi à tous les angles possibles, les auteurs de ce système lui en prêtent encore d'autres. Suivant eux, on évite l'altération rapide des tuyaux qui se produit dans ce cas avec les raccords à pas de vis et manchons ordinaires. Enfin l'assemblage et le démontage se fait beaucoup plus facilement.

17° *Joint flexible, de* M. Kearney.

Ce joint a été inventé pour remplacer le précédent, d'un prix de revient assez coûteux à cause des alésages, tournages, etc., et laissant encore assez de prise aux fuites.

Le tuyau est terminé ainsi que le montrent les fig. LI, LII, par un collet spécial venu à la fonte et qui permet d'établir facilement une garniture rendant anche le passage du tuyau dans une boîte de joint, ù il peut varier d'inclinaison. Ce joint, comme le récédent, étant surtout employé pour le passage de nduite à travers une rivière, présente un avantage. le joint est disposé de façon à reposer sur un fond,

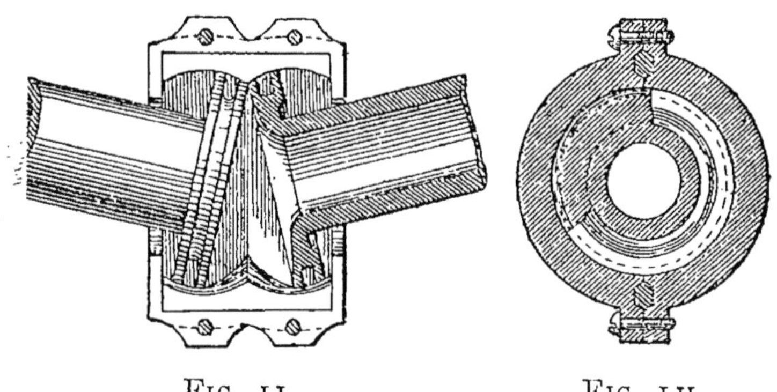

Fig. LI. Fig. LII.

vec la disposition de la boîte en deux parties, on ourra facilement réparer une fuite sans déplacer ut le système, en démontant simplement la partie ipérieure de la boîte de joint.

Coude universel, de M. Brown.

Le système de M. Brown est encore de la famille es précédents. Il permet la pose de lignes de tuyaux ffrant des coudes brusques, avec de simples parties roites et arrive à ce résultat d'une manière très imple.

Chaque tuyau se termine par une portion en forme e demi-sphère avec une bride venue de fonte. Une eule de ces pièces a ses trous de boulons percés à avance, ceux de la seconde ne sont faits que sur lace, après en avoir repéré la position sur les preniers et d'après le coude que l'on veut obtenir. On peut ainsi obtenir des angles variant de 2 α à 180°, en désignant par α, l'angle que forme le plan de section de la calotte qui termine le tuyau avec l'axe de ce tuyau.

19° *Joints à rotule, de* M. Ch. Boutmy.

Ce système qui est une modification du joint à bride ordinaire, présente sur celui-ci l'avantage de pouvoir se prêter à des variations dans la direction de deux tuyaux continus, sans pour cela que l'étanchéité puisse être altérée. C'est un joint entièrement métallique, d'un maniement très facile et peu susceptible de s'altérer.

Les figures LIII à LV montrent les détails divers de ce système de joint.

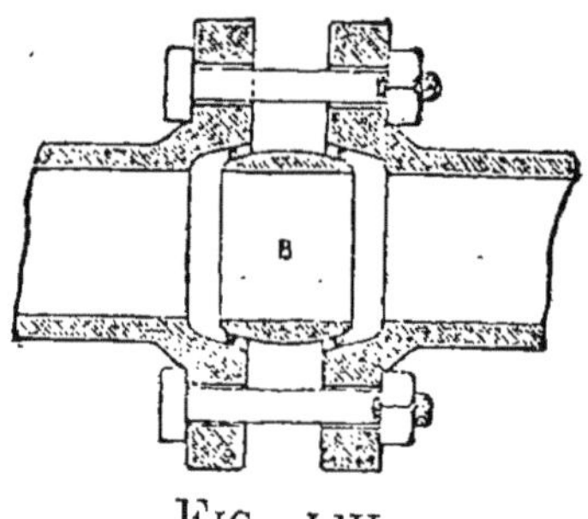

Fig. LIII.

L'extrémité à brides d'un tuyau reste en fonte brute, B est le manchon rotule qui formera le joint, son diamètre intérieur, étant toujours au moins égal à celui des tuyaux à joindre. On interpose dans le joint, entre le tuyau et ce manchon, une baguette de cuivre rouge, que l'on peut remplacer par une rondelle de plomb, qui s'interposera entre la pièce et la partie évasée de l'embouchure.

On réglera, au moyen des boulons qui réunissent les deux brides du tuyau le serrage de tout le sysme, et, en les serrant d'une façon inégale, on peut aire incliner l'un des tuyaux par rapport à l'autre, n le faisant glisser sur la rotule, sans pour cela ompromettre l'étanchéité du joint.

La figure LIV montre les dispositions employées our appliquer le même système de joint à des

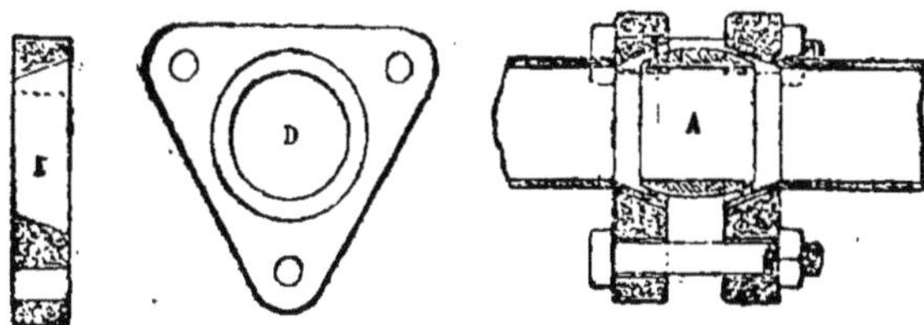

Fig. LIV.

tyaux de plomb ou de cuivre. Dans ce cas, on emoie concurremment à la rotule A, deux brides spéales D, E, sur lesquelles on vient fixer les tuyaux à indre par un rabattement en collet.

La figure LV montre une partie de conduite géné-

Fig. LV.

ale disposée d'après ce système suivant une forme urviligne.

20° *Note sur les divers joints ratiqués à l'aide du caoutchouc, par* M. Pavoux.

Dans une note insérée dans la *Revue universelle es mines et de la métallurgie*, M. Pavoux, directeur de la fabrique de caoutchouc à Bruxelles, s'exrime ainsi au sujet de l'emploi de cette matière pour a confection des joints d'assemblage.

« Les applications du caoutchouc à l'industrie sont très nombreuses et se multiplient chaque jour; son élasticité, sa ténacité, jointes à la propriété qu'il possède d'être complètement homogène et imperméable, le recommandent pour une foule d'emplois, où il serait très difficile de le remplacer.

Les divers systèmes de joints généralement adoptés pour les conduites d'eau, de gaz, de vapeur, se divisent en plusieurs catégories, qui toutes comportent l'emploi du caoutchouc. Les rondelles plates, pour joints à collets, se font en matières de diverses qualités, mais le plus fréquemment avec interposition d'une ou plusieurs toiles noyées dans la pâte de caoutchouc, et destinées à annihiler l'extension latérale qui pourrait se produire par le serrage des surfaces à réunir et par l'action de la chaleur ; quand il s'agit de vapeur à haute pression, le nombre des toiles dépend de l'épaisseur de la rondelle.

Souvent, les toiles au lieu d'être parallèles à la surface, sont disposées concentriquement et distantes l'une de l'autre de 2 à 3 millimètres. Le même résultat peut être obtenu avec des rondelles en caoutchouc feutré, c'est-à-dire mélangé de matières fibreuses, déchets de laine, coton, etc., qui, par leur résistance, donnent une plus grande ténacité, et rendent moins sensible à l'extension latérale.

Dans la pose des collets ajustés comme l'indique la figure LVI en *s*, il arrive souvent que par la négligence de l'ouvrier le centre de la rondelle ne coïncide pas avec l'axe du tuyau et qu'elle fait saillie sur la paroi interne de celui-ci. Quand ce défaut se présente à la partie inférieure d'une conduite, l'écoulement des eaux en est considérablement entravé, et il est préférable de se servir du système de la figure *u*,

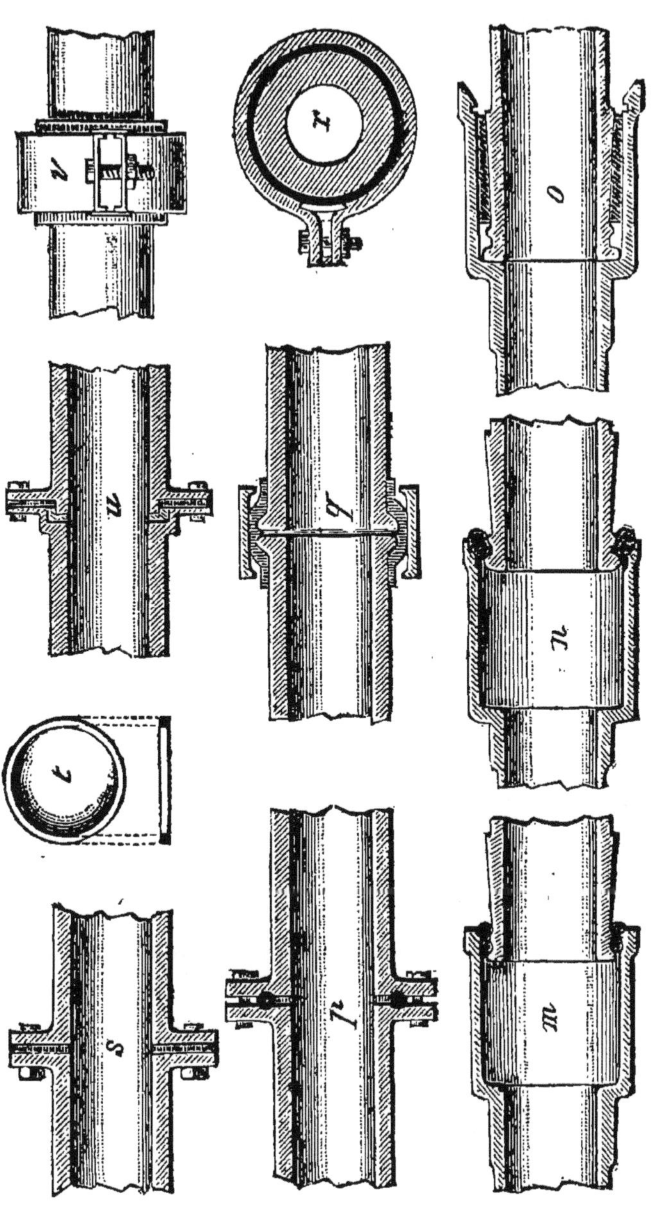

FIG. LVI.

où la rondelle est maintenue par un bourrelet existant à un des bouts du tuyau ; le jeu laissé entre le deux tuyaux permet à la dilatation de se produir sans danger.

Les rondelles à section circulaire pour réunir le tuyaux à emboîtement sont notamment employée dans le système ingénieux dont M. L. Sonzé est l'auteur ; la rondelle est introduite par roulement dans l'espace annulaire laissé entre les bouts mâle et femelle de tuyaux à emboîtement, et elle y est maintenue par la forme conique du bout mâle dans un état complet de compression, fig. *m*, *n*, *o*.

L'exécution des joints Delperdange nécessite l'emploi d'un anneau formant bande qui, posé sur les bourrelets juxtaposés de deux tuyaux, y est comprimé et maintenu par une bride en fer se terminant par deux pattes que l'on serre et rapproche au moyen d'un boulon ; une plaque en cuivre maintient le caoutchouc contre le tuyau à l'endroit des pattes de la bride en fer. La figure *v* est une vue du joint, la fig. *r* donne la coupe transversale avec vue latérale de l'assemblage, et la figure *q* représente la coupe longitudinale des tuyaux et de l'assemblage. Ce système a été appliqué dans la distribution d'eau de Lille et de Valenciennes.

Enfin certains joints s'effectuent au moyen d'une corde à section ronde ou carrée en caoutchouc simple ou en caoutchouc feutré, placée dans une rainure de chacune des deux surfaces qui doivent être réunies (fig. *p*), et faisant saillie sur celle-ci à l'état libre ; la compression de cette corde rend la fermeture hermétique. » Ces exemples, que l'on pourrait multiplier en grand nombre, suffisent à montrer que le caoutchouc répond à tous les cas possibles.

21° *Joint pour résister aux grandes pressions d'eau, par* M. TAVERDON.

Ce joint, représenté en coupe fig. LVII, a été imaginé pour le cas particulier de conduites d'eau à très

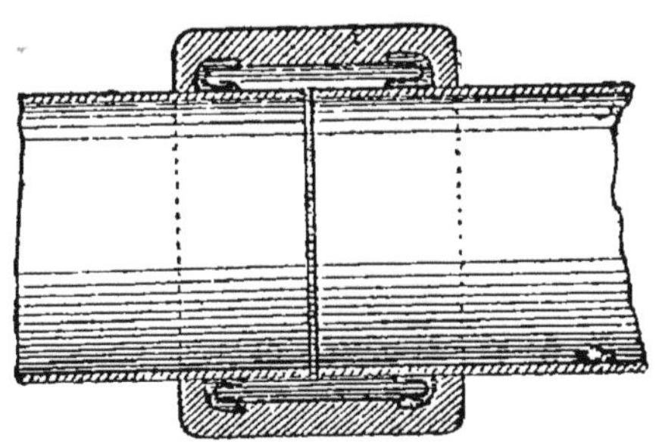

FIG. LVII.

grandes pressions. Il se compose d'un manchon de forme spéciale en fonte, dont la réunion avec les tuyaux est garnie d'un cuir embouti, de telle sorte qu'on se trouve dans les conditions des presses hydrauliques.

Un goupillage qui traverse les tuyaux et le manchon assure la fixité de tout le système.

§ 3. DES MATIÈRES DIVERSES EMPLOYÉES POUR LES JOINTS.

Nous avons déjà dit qu'on employait généralement de la corde goudronnée dans les joints au plomb maté. On lui substitue quelquefois une corde imbibée de suif et de cire: de l'étoupe trempée dans de la cire fondue mélangée avec de la terre d'ocre, de l'ardoise pilée et de la chaux.

M. Clegg a fait des joints entièrement composés des matières suivantes.

8.

Il bourre le fond avec de l'étoupe et du minium, puis avec un mélange de suif et d'huile végétale et enfin de la corde goudronnée, sans plomb.

On emploie aussi, dans de petites opérations, le mastic des fontainiers, le mastic de bitume, etc.

Pour terminer, nous citerons la composition due à M. L. D. Chataignier, qui, outre les qualités au point de vue de la jonction, présente encore celle de résister à la fois à la chaleur et à l'humidité. Ce mastic qui donne des joints supérieurs à ceux du minium et d'une durée très grande, a de plus l'avantage de coûter beaucoup moins cher.

On mélange à proportions égales en poids :

De la chaux,
Du ciment romain,
De la terre glaise,
Et de la terre à briques ou terre grasse,

en ayant la précaution de bien les broyer auparavant et de les tamiser. On mélange bien intimement et on ajoute de l'huile de lin bien dégraissée, environ 1/2 kilo. d'huile pour 3 de mastic.

Cette composition est surtout propre aux tuyaux de conduite de vapeur ou de gaz ; pour les conduites d'eau, on peut augmenter un peu la proportion de ciment romain et cela avec avantage.

Bien que nous l'ayons déjà indiqué, nous ne pourrions omettre comme agent excellent de garniture l'étoupe et le blanc de céruse.

En Allemagne, on a employé avec succès à la place du minium une bouillie épaisse de cendres grises de zinc et d'huile de lin, dont on enduisait l'étoupe. Cet enduit économique résiste parfaitement aux fuites d'eau. A propos du minium, nous devons aussi appeler le minium de fer, produit analogue dépourvu de plomb.

Une compagnie anglaise est actuellement en train de fabriquer un nouveau produit destiné à bourrer, garnir et rendre étanches tous les assemblages, joints, raccords, accouplements, etc...

La seule matière qui entre exclusivement dans la composition de ce produit serait l'asbeste.

Ces garnitures sont applicables à toute espèce d'assemblages humides ou secs, et possèdent la propriété de résister aux températures les plus élevées ainsi qu'à toutes les pressions. Elles seraient, en un mot, indestructibles.

Joint métallique universel, de M. MAGNIAT.

L'emploi du minium ou des divers mastics pour faire les joints d'eau, de vapeur ou de gaz est long et minutieux : il faut de l'habitude pour réussir un joint un peu important et les bavures qui se forment à l'intérieur lorsque l'on serre le joint sont entraînées sous les clapets des pompes dont elles arrêtent le jeu, ou dans les parties où frottent des surfaces dressées qu'elles détériorent.

Les divers feutres, caoutchouc, carton, amiante, etc., par lesquels on a essayé de remplacer les mastics, ont généralement donné de bons résultats ; mais ils sont d'un emploi coûteux, parce qu'ils sont fabriqués en feuilles et que leur découpage occasionne un déchet notable.

De plus, ils durent peu, car leur matière est facilement entraînée et ils ne peuvent être employés avantageusement que dans des cas particuliers.

Le plomb en baguette, massif ou cannelé, que l'on a essayé souvent, étant essentiellement mou et entièrement dépourvu d'élasticité, s'aplatit et finit par ne plus étancher les joints : il faut alors avoir recours à des mattages qui, s'ils sont possibles, ébranlent les joints et tout le système.

Le joint métallique universel de M. Magniat étant formé d'une âme organique douée d'élasticité, renfermée dans une enveloppe de métal malléable, n'a aucun des inconvénients que nous venons d'énumérer, et il peut présenter certains avantages :

1° Facilité de pose : livré en baguettes de toutes longueurs, il peut être préparé en quelques instants par l'ouvrier le moins expérimenté.

2° Le joint peut être mis en pression après le serrage du dernier boulon.

3° La malléabilité du métal, jointe à la résistance de l'âme élastique, force le joint à prendre exactement l'empreinte des surfaces sur lesquelles il est appliqué, ne laissant aucune issue aux corps renfermés.

4° La facilité d'application fait que l'ouvrier ne recule plus devant la réparation des joints qui fuient. D'où économie de combustible.

5° Enfin son prix peu élevé procure une économie notable sur les autres systèmes, économie d'autant plus grande qu'il peut d'ordinaire servir plusieurs fois.

§ 3. — ASSEMBLAGE DE TUYAUX EN MATIÈRES DIVERSES.

Les tuyaux de bois sont rarement employés, cette matière se détériorant facilement. Cependant en la soumettant à une préparation convenable, au moyen de l'huile de goudron, on pourrait obtenir des pièces capables d'un usage d'assez longue durée et pouvant rendre des services dans des cas restreints, comme

ces conduites d'eau pour usines dans des pays montagneux, où l'on pourrait les fabriquer sur place, alors que les difficultés de transport ou les circonstances climatologiques excluent l'emploi d'autres substances. Les assemblages se font d'une façon relativement aussi simple que l'est par elle-même la matière employée. On dispose les tuyaux à emboîtement avec des brides et un masticage plus ou moins élémentaire. Nous ne les citons d'ailleurs que pour mémoire, car ce travail tout à fait exceptionnel ne peut pas être considéré comme faisant partie d'une industrie spéciale.

Les tuyaux en grès, en poterie, ciment, etc., sont souvent employés pour conduites d'eau, plus spécialement dans le drainage en agriculture ou dans l'industrie du bâtiment, pour descentes d'eau, conduites à des citernes, puisards, etc. Ils ont incontestablement l'avantage d'être moins sujets à l'oxydation que les tuyaux métalliques et de pouvoir par suite mieux résister lorsqu'ils sont enterrés. On peut avec certaines poteries obtenir d'ailleurs des tuyaux presque aussi résistants que des tuyaux de fonte.

Ils sont généralement construits à emboîtement et un bon ciment est encore le meilleur joint que l'on puisse employer. Nous citons cet exemple, car, bien qu'il appartienne au besoin à l'industrie du maçon, dans des cas nombreux, le plombier sera à même d'en faire l'application.

Il existe dans le commerce des tuyaux continus sans joints ni soudures, en tôle et ciment, dus à M. Riondel, avec manchons en plomb pour faciliter l'élasticité de la conduite et dont les assemblages rentrent dans un des nombreux cas que nous avons déjà examinés.

Dans quelques cas, les conduites en terre cuite sont réunies par un manchon qui emboîte les deux bouts à joindre. On pratique alors extérieurement, aux deux bouts, des rainures circulaires pour faciliter la prise du ciment qui se fait avec :

Ciment de Pouilly................ 2 parties.
Chaux hydraulique.............. 1 —
Brique pilée...................... 1 —

Cette sorte de mastic, qui se gâche comme le plâtre, est très facile à préparer et à employer. Il faut, quel que soit le mode d'assemblage, ne pas oublier avant d'appliquer le mastic de bien mouiller les bouts de tuyaux qui seront réunis.

Ce mode de conduite a été souvent appliqué en Alsace, où MM. Zeller et Cie, à Ollwiller, fabriquent des poteries de terre cuite très employées. On peut les poser sous terre à la même profondeur que les autres, ce qui les garantit contre la gelée. On peut voir par le tableau suivant qu'ils peuvent résister à des pressions supérieures à celles qu'on rencontre ordinairement.

DIAMÈTRE intérieur.	PRESSION à l'Essai.	POIDS du mètre courant manchon avec joint.
$0^m,030$ à $0^m,930$	25 ath.	$5^k,80$ à $16^k,90$
$0^m,105$ à $0^m,120$	20 »	$19^k,20$ à $23^k,80$
$0^m,141$ à $0^m,175$	15 »	$26^k,75$ à $34^k,40$
$0^m,190$ à $0^m,215$	8 »	$37^k,70$ à $46^k,00$

Et quant aux prix on peut voir également les avantages par le tableau suivant, pour un diamètre intérieur de 0m100 :

Tuyaux en poterie, le mètre :

Sans vernis intérieur	2 fr. 65
Avec vernis intérieur	3 65
Tuyaux de fonte	14 »
Tôle bituminée	9 »

Pour les changements de direction, on fabrique des tuyaux coudés et à embranchements.

La ville de Mulhouse les a employés pour sa canalisation du gaz.

M. Cabien a pris un brevet pour un mastic de scellement des tuyaux de terre, dont les qualités ont été confirmées par des expériences que fit M. Tresca sur la résistance des tuyaux ainsi assemblés.

Il se compose de gutta-percha, de sable, de benzine et d'huile de pétrole.

CHAPITRE VI

Outillage.

Les outils que le plombier peut avoir à employer et dont nous aurons à nous occuper ici sont de deux sortes : d'abord, les outils ordinaires qu'emploient presque tous les ouvriers travaillant les métaux, puis les outils spéciaux relatifs à l'assemblage des tuyaux.

Nous passerons assez rapidement sur les premiers et nous décrirons parmi la grande quantité des seconds, ceux qui semblent le mieux consacrés par l'expérience.

Les outils à travailler les métaux en général, comprennent les outils à percer, à aléser, à tarauder et à fileter.

Les outils à percer portent le nom de mèches ou forets. Les uns sont formés d'un tranchant droit perpendiculaire à leur axe et au milieu duquel se trouve une pointe à facettes, qui leur a fait donner le nom de *mèches à pointe de diamant.*

Les autres sont terminés par un cône à angles tranchants et sont connus sous le nom de *mèches à langue d'aspic.*

Les premiers fournissent un travail plus lent, mais plus régulier et plus exact.

Lorsqu'on veut faire marcher ces outils à la main, on emploie un archet et une conscience. Le foret dont l'extrémité est en pyramide est enfilé sur une bobine de bois et son extrémité légèrement émoussée vient se fixer sur une plaque de bois recouverte d'une enveloppe de tôle percée de trous, qu'on applique contre la poitrine. C'est là la conscience.

L'archet que son nom d'ailleurs définit exactement, est composé d'une tige métallique emmanchée sur un manche de bois et servant à supporter une corde en fil métallique, qu'on fait passer sur la bobine, de façon à l'entraîner dans un mouvement de rotation, en communiquant à l'archet un mouvement de va et vient.

Ce dernier outil a été perfectionné et surtout disposé de façon à pouvoir emprunter une force motrice existant dans un atelier (fig. LVIII). Il se compose d'un axe *a*, logé dans deux douilles d'une certaine longueur, entre lesquelles se trouve clavetée sur cet

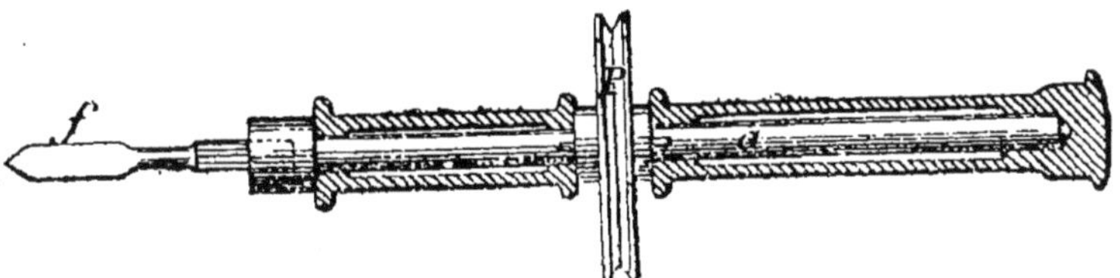

FIG. LVIII.

axe une poulie P, qui peut recevoir par une courroie le mouvement d'un arbre de transmission. L'axe est terminé par une douille portant le foret *f*.

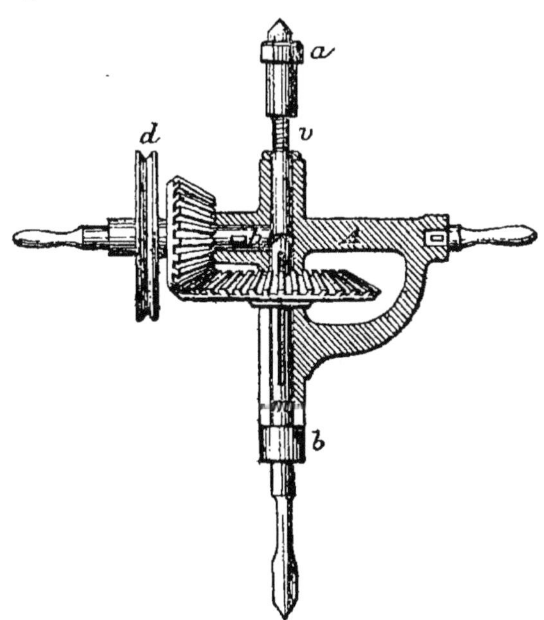

FIG. LIX.

Enfin, lorsque l'on veut exercer un travail plus considérable, on emploie l'outil représenté par la fig. LIX, où l'ouvrier règle d'une façon fixe et sans effort permanent la pression du foret sur la pièce à percer.

La poulie *d* est montée sur un axe *h*, porté ainsi que l'axe *m* dans une sorte d'étrier A. Le mouvement se transmet de l'un à l'autre par un engrenage conique, enfin l'axe *m*, qui porte le foret, est mobile dans une douille *b*, tout en restant solidaire avec la roue d'engrenage qu'il porte, et une vis *v* à tête carrée *a* permet de produire l'avancement du foret avec un très petit effort.

Lorsque l'on a percé des trous avec une mèche ou tout autre outil, et qu'ils doivent servir par exemple

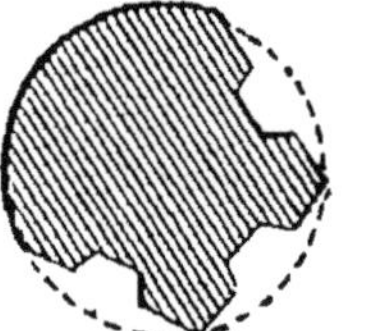

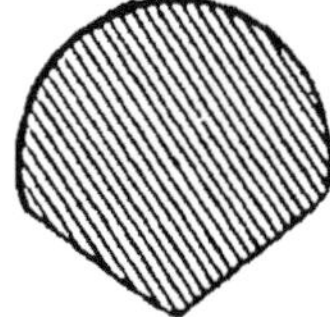

Fig. LX.

à monter plusieurs pièces les unes sur les autres par le passage de vis, boulons, rivets, etc., il faut toujours les *aléser* pour que ces trous correspondent bien exactement. Cette opération a pour but de les rendre tous d'un même diamètre, les trous percés au foret étant toujours à dessein tenus un peu plus petits que le diamètre définitif. Enfin, on les polit.

L'alésoir est un outil en pointe à section carrée ou de forme plus complexe, ainsi que l'indiquent les figures LX, et qui, suivant leur complication, permettent d'obtenir des trous plus ou moins polis.

Lorsque le trou est alésé et qu'il doit recevoir une vis, il faut y passer le *taraud*, outil destiné à creuser le filet dans lequel engrènera la vis.

L'outillage complet que demande la bonne exécution des pièces taraudées, se compose de la suite d'outils ci-dessous indiquée.

Taraud mère, qui est destiné à faire et à repasser, lorsqu'il y a lieu, les filets de la filière. Le diamètre du taraud mère doit être égal à celui du trou à tarauder, plus une fois la profondeur du filet. La série complète d'outillage pour ce travail est représentée ici par la section de chaque outil.

Fig. lxi. Fig. xlii. Fig. xliii.

Un taraud mère, fig. LXI.

Un taraud conique aléseur, fig. LXII.

Des tarauds cylindriques, fig. LXIII.

Chaque constructeur a choisi une forme et un nombre particulier pour les rainures du taraud mère.

On emploie généralement un seul et unique taraud

Fig. lxiv.

appelé conique aléseur (fig. LXIV), qui dispense de la série précédente et qui coupe le métal au lieu de l'écraser. Il se prête plus facilement à une action sur tous les métaux.

On emploie pour manœuvrer les tarauds et les alésoirs un outil appelé *tourne à gauche*. Il est formé d'une barre de fer rond, portant en son milieu ou à son extrémité une partie plate, sur laquelle sont pratiqués un ou plusieurs trous rectangulaires destinés à recevoir la tête de l'alésoir ou du taraud.

La maison Elwall et Warral Middleton livre à l'industrie un outil qu'on pourrait appeler le tourne à gauche universel. Il est formé d'une tige de fer, sur laquelle est fixé un barillet, portant une série de trous correspondants aux diverses têtes carrées d'alésoirs ou de tarauds employés. Cet outil est très commode; la barre d'action se trouve plus isolée que dans les précédents.

Nous avons vu comment, au moyen des alésoirs et des tarauds, on pouvait préparer soit les écrous, soit les trous devant recevoir les boulons. Il nous reste à examiner les outils avec lesquels on prépare un pas de vis sur une tige entrant dans un écrou.

Ces outils portent le nom de *filières*. Les filières le plus souvent employées et qu'on pourrait appeler filière universelle, est l'outil représenté dans la figure LXV. Il sert à tarauder des tubes ou des tiges de diamètre variable. Il se compose, ainsi qu'on le voit, d'une sorte de tourne à gauche dont une des branches est elle-même montée à vis sur la partie plate centrale, dans le vide de laquelle on insère une pièce dite coussinet, faite en deux parties et que l'on peut définir un écrou en acier bien trempé, destiné à mordre sur la tige à fileter et à y tracer les rainures du pas de vis. On y voit le détail en grand d'un coussinet, suivant une coupe faite sur C D, il est muni de deux petits vides latéraux qui servent au départ de la limaille, formée dans l'action du filetage, et qui n'encrassant pas l'outil ne dérange en rien sa marche.

On a imaginé un certain nombre de dispositions différentes pour cet outil, mais elles sont toutes basées sur le même principe et nous croyons inutile d'entrer dans de plus amples détails à leur sujet;

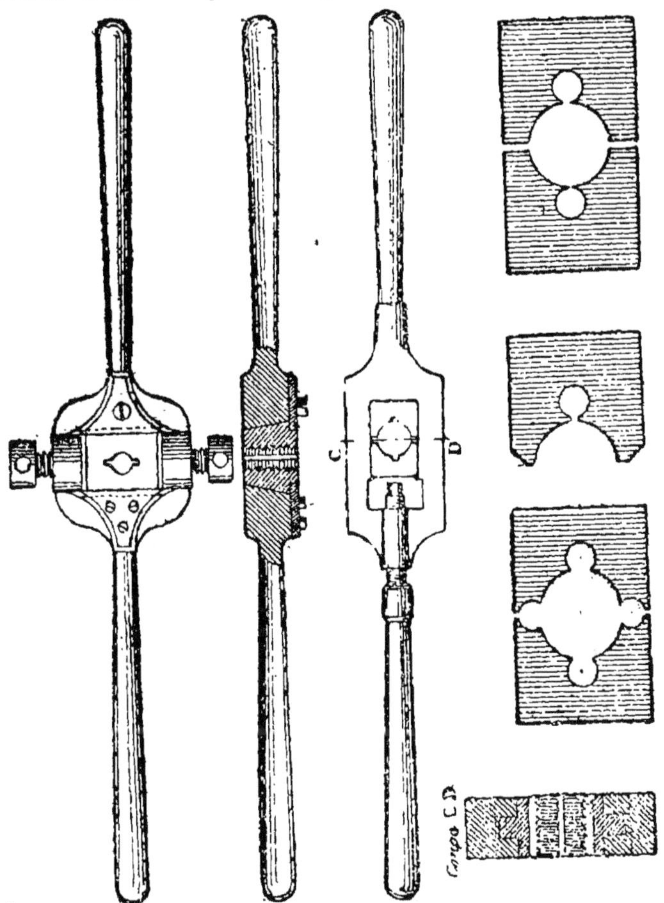

FIG. LXV.

aucun de ces outils n'offrant de difficultés pour leur emploi. La figure LXV en fait voir un modèle un peu différent du premier, ainsi que les détails du coussinet.

Nous parlerons seulement d'une filière qui peut être avantageusement employée pour des taraudages de grandes pièces ; travail qui d'ailleurs se fait le plus souvent sur le tour, mais que cependant des circonstances particulières peuvent conduire à faire sur place, et pour lequel cet outil peut rendre des services. Elle porte le nom de *filières à trois couteaux*, système Voilin et Touraud (fig. LXVI et LXVII). Elle se compose d'une cage A portant trois couteaux *m* mu-

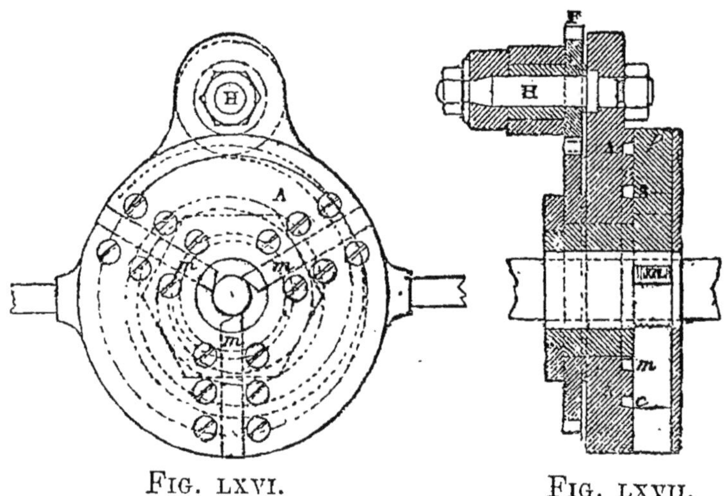

FIG. LXVI. FIG. LXVII.

nis chacun d'un taquet *p* qui glisse dans une rainure *c* que porte le corps de la filière. Ce taquet, en glissant dans cette rainure, rapproche ou éloigne l'extrémité tranchante du couteau du centre de la filière. Les trois couteaux sont encastrés dans un disque mobile ; c'est la couronne B, portant les rainures *c*, qui tourne folle autour du moyeu ou corps de la filière. Le mouvement de rotation est donné à cette couronne B au moyen d'un petit pignon F tournant fou sur un arbre fixe H. Ce pignon est manœuvré directement par une manivelle ; sur l'arbre H de ce

pignon, se trouve solidement fixé un taquet sur lequel vient buter un autre taquet que porte la manivelle; cela permet de régler bien exactement le diamètre des tiges taraudées.

Enfin, pour terminer cette description d'outils communs à tous ceux qui auront à travailler les métaux, et qui font partie essentielle de la trousse de l'ouvrier plombier-zingueur, nous n'aurons plus qu'à citer la filière simple, employée, soit pour rafraîchir le pas d'une vis, soit pour fileter une petite tige de diamètre analogue, destinée à boucher un petit trou, que généralement on aura pratiqué et taraudé au droit d'un léger défaut du métal à employer. C'est ce que l'on nomme dans les ateliers poser un rivet. Cet

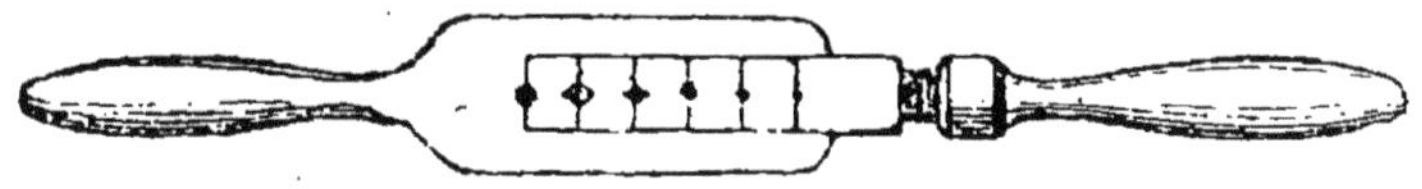

Fig. LXVIII.

outil représenté fig. LXVIII, est, comme on le voit, une sorte de petite filière à plusieurs coussinets variables de grandeur. Après ce que nous avons déjà dit, l'emploi de cet outil se comprend assez aisément pour que nous n'ayons pas à en parler plus longtemps.

Nous allons maintenant entrer dans la description d'une série d'outils qui sont plus spécialement employés par l'ouvrier plombier, dans les divers travaux qu'il aura à exécuter lors de l'emploi des tuyaux appliqué à la conduite des eaux, du gaz ou à des tubulures spéciales dans certains appareils.

1° *Clef à visser les tuyaux à gaz, par* M. RICKARD.

Cette clef, dont la figure LXIX donnera une idée suffisante, et qui sert à visser les tuyaux à gaz ou autres tuyaux, présente plusieurs avantages sur celles de forme ancienne. Une clef de ce genre peut vis-

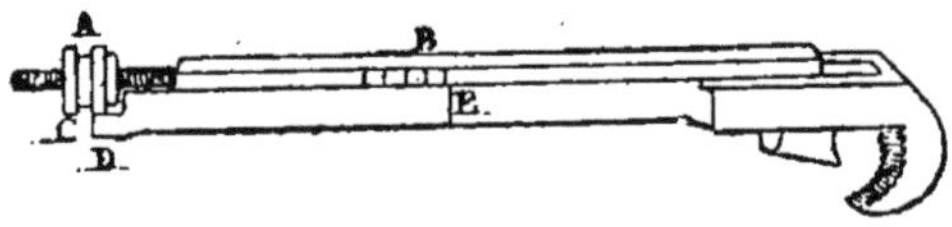

FIG. LXIX.

ser très serré des tuyaux de plusieurs grosseurs ou numéros, sans employer beaucoup de force, ce qui n'est pas le cas des anciennes clefs, qui, lorsque la mâchoire cannelée ou dentée vient à s'user ou que le tuyau est au-dessous des dimensions requises, obligent à mettre des hausses ou garnitures. Il n'en est pas de même avec la clef Rickard, qui peut être mise au point convenable en faisant mouvoir l'écrou A, à l'extrémité de sa mâchoire mobile B, qu'on peut relever pour permettre à l'ouvrier de placer la clef sur le tuyau, comme avec une ancienne clef. La gorge C, tournée sur l'écrou en laiton A, tombe alors dans la fourchette D, à l'extrémité de la mâchoire fixe E, et, par le moindre mouvement imprimé à cet écrou, on pince et l'on serre fortement le tuyau, qu'on peut alors visser fortement, en déployant peu de force et de la même manière que si l'on se servait d'une clef dite à écrou.

2° *Clef à visser les tuyaux, par* M. READ.

La figure LXX est une vue perspective de clef employée à visser un tuyau sur un autre.

La figure LXXI est une section de la clef, suivant sa longueur, où l'on voit les pièces prêtes à entrer en fonction.

La figure LXXII est une section qui fait voir le cliquet hors de prise avec la crémaillère de la mâchoire

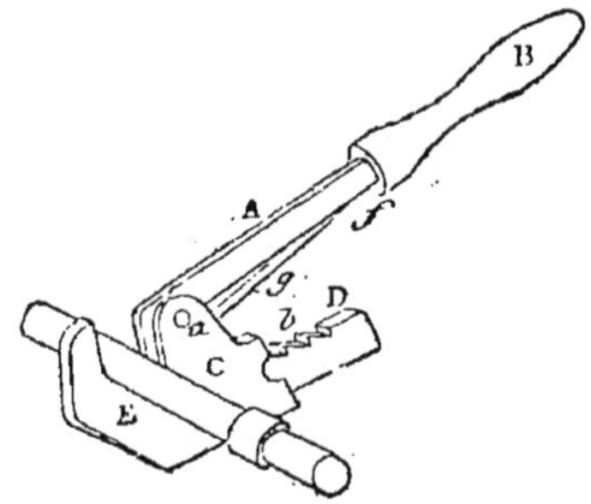

FIG. LXX.

mobile, afin de permettre d'ajuster, d'écarter ou de rapprocher celle-ci.

La particularité que présente cet outil consiste : à avoir mobile, la tige de la mâchoire encastrée dans une échancrure d'une pièce assemblée à pivot sur la

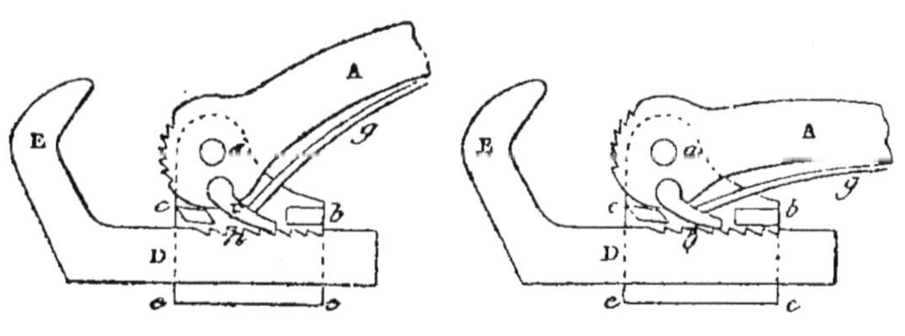

FIG. LXXI. FIG. LXXII.

mâchoire fixe, laquelle est pourvue d'une crémaillère dans laquelle s'engage une palette ou un cliquet, qui maintiennent le tout dans la position convenable.

A, corps ou fût en métal de la clef; B, manche; C, sabot en fer roulant sur pivot *a* sur le fût ; A, E, mâchoire mobile dont la tige D porte une crémaillère *h* sur son bord intérieur. Ce fût joue librement dans une échancrure *e e* découpée dans le sabot, où il est retenu par les joues de celui-ci et arrêté, au besoin, par un encliquetage E. La tête de ce fût A est armée de dents, et constitue la mâchoire fixe de la clef, opposée à la mâchoire mobile E; *c* et *b*, petites traverses à l'intérieur du sabot C, entre lesquelles fonctionne l'encliquetage E et qui lui servent de guides ; *g*, ressort plat arrêté en *f* (fig. LXX), qui fonctionne sous la languette de l'encliquetage F et la retient à sa place, afin de maintenir fermement la mâchoire mobile pendant qu'on fait usage de l'appareil.

Supposons, pour donner un exemple de la manière de se servir de cette clef, qu'il s'agisse d'augmenter l'écartement des mâchoires pour saisir une plus grosse pièce. Dans ce cas, le fût A et la tige D sont pressés entre le pouce et les doigts de la main, de manière à leur faire prendre la position indiquée dans la figure LXXI. Cette position a pour effet de faire remonter le ressort sur la languette F qui se trouve ainsi dégagée des dents *h*, et prend alors la position représentée. Dans cet état, la tige D de la mâchoire mobile E peut être poussée en avant ou ramenée en arrière, si l'on veut, dans l'échancrure *e* du sabot C ; c'est-à-dire qu'on peut augmenter ou diminuer ainsi la distance qui existe entre la mâchoire E et la tête armée de dents du fût. Cela fait, aussitôt qu'on dégage de la pression des doigts le fût A et la tige D, la palette O, poussée par le ressort, retombe en prise avec l'une des dents *h* de la crémaillère, et l'outil est prêt à servir.

Quand on veut agrandir ou diminuer l'ouverture des mâchoires, il faut tenir l'appareil horizontal, la mâchoire mobile en dessus et non pas en dessous, comme on l'a représentée dans la figure.

Au moyen de cette structure, les mâchoires de la clef ont une disposition à serrer fermement l'objet pendant qu'on relève le manche B. D'ailleurs, on s'oppose à ce que la mâchoire mobile sorte au-delà du sabot, au moyen d'une clavette insérée dans sa tige. On fera remarquer que pendant que les mâchoires saisissent un tube, comme dans la figure LXX, l'élévation du bras de levier tend à maintenir la palette F engagée dans les dents de crémaillère de la tige D, et par conséquent à donner plus de fermeté dans la manière dont les mâchoires saisissent l'objet à œuvrer.

Un autre avantage de la forme et de la position des mâchoires, c'est qu'elles peuvent saisir aussi bien un écrou, une tête de boulon, une pièce carrée ou hexagone de divers diamètres, qu'un tube rond, et les retenir avec autant de force, ce qui est pour une clef un mérite incontestable.

Clef à écrou.

Cet outil se distingue par sa simplicité et sa facilité d'emploi. Il se compose d'une barre plate terminée à une extrémité par une poignée, et à l'autre par une mâchoire, et pourvue d'une crémaillère, sur laquelle s'enfile une seconde mâchoire mobile ayant la forme d'un sabot. Cette seconde mâchoire embrasse exactement la barre par le haut, mais s'évide beaucoup dans le bas, du côté du manche, de façon à basculer. Cette mâchoire porte un dé fileté qui permet de la faire avancer sur la crémaillère et un ressort qui la maintient serrée contre la barre (fig. LXXIII).

On comprend facilement comment en basculant la mâchoire mobile, on peut saisir un écrou et, par l'action naturelle de la mâchoire revenant à sa posi-

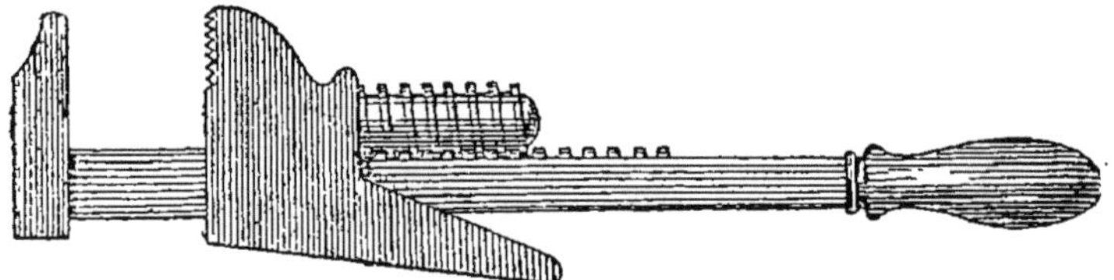

Fig. LXXIII.

tion primitive, exercer une pression qui, si elle n'est pas suffisante, sera complétée, en faisant avancer la mâchoire au moyen du dé à vis. Cet outil est d'invention américaine.

Clef à écrou, de M. Zenn.

Cet outil peut être employé pour les travaux usuels d'atelier, mais ne peut convenir à des opérations d'une certaine importance, exigeant une force un peu grande (fig. LXXIV).

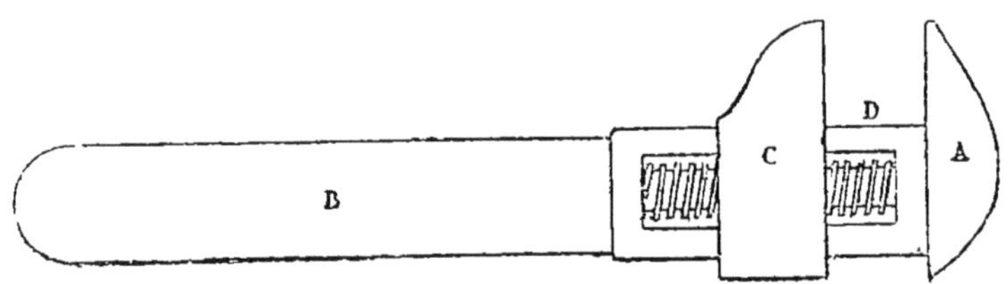

Fig. LXXIV.

La mâchoire extrême fait corps avec le manche, dont une partie rectangulaire est enveloppée par la mâchoire mobile. Cette partie rectangulaire est à jour, et dans le vide est disposée une vis à filet carré qui passe dans un écrou pratiqué dans le corps de la mâchoire mobile. On comprend qu'en agissant avec les doigts sur cette vis, on écartera ou l'on rapprochera les deux mâchoires à volonté.

Clef à vis Evans.

Elle se compose d'une mâchoire de forme angulaire (fig. LXXV) qui se termine par une partie carrée

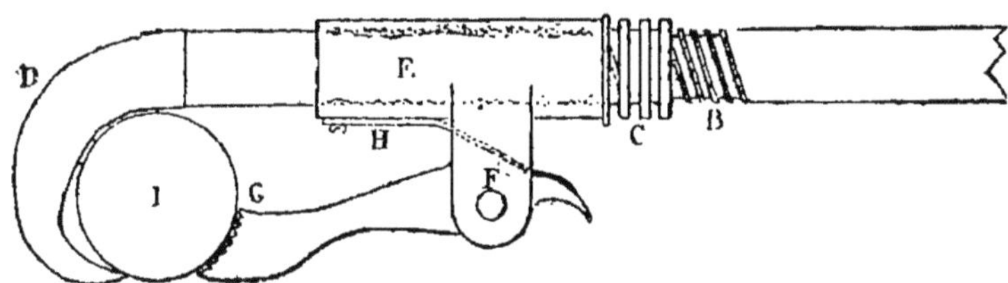

Fig. LXXV.

B et sur laquelle, dans la partie moyenne, on a tracé un filet de vis carré. Le tout emmanché sur un manche E.

F est un collier qui peut avancer ou reculer, mais sans pouvoir tourner; il porte la seconde mâchoire H maintenue en pression par le ressort I, dont on détermine le mouvement au moyen de l'écrou C qui tourne sur la partie filetée.

Clef Heap.

La fig. LXXVI montre la clef Heap. Cet outil est basé sur le même principe que le précédent, et l'inspection de la figure est presque suffisante pour en comprendre l'usage.

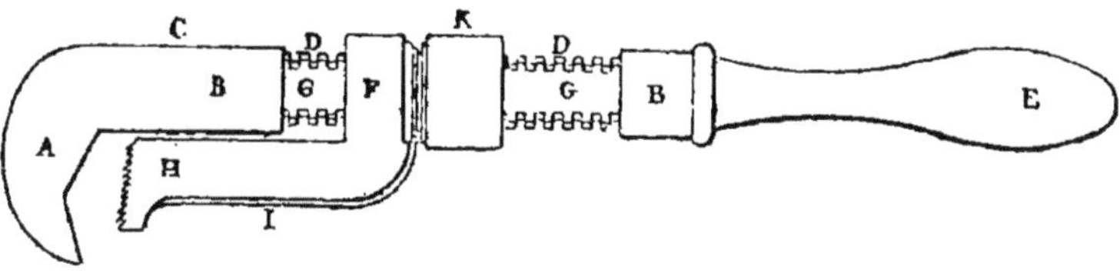

Fig. LXXVI.

Le manche E porte dans une douille une tige G munie d'un filet de vis carré D, sur laquelle se déplace un écrou K, servant à serrer plus ou moins une mâchoire mobile F I H contre l'extrémité de l'instrument B A C formant mâchoire fixe.

Ces outils sont, d'ailleurs, variés à l'infini, mais la description des types précédents suffit à en faire comprendre l'usage.

Outils pour tubes en fer.

Nous donnons fig. LXXVII à LXXIX les outils spécialement recommandés par la maison Mignon,

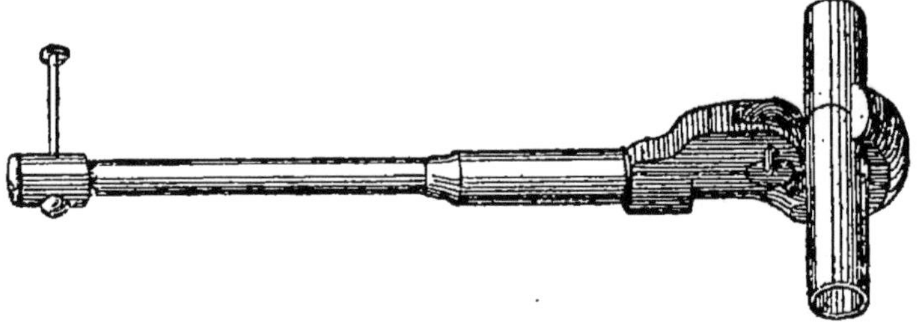

Fig. LXXVII.

Rouhart et Delignières, pour l'emploi de ses tubes en fer, et qu'elle livre elle-même au commerce.

La fig. LXXVII représente un coupe-tuyaux, il se compose d'une clef embrassant le tuyau, analogue à celles que nous venons de décrire, qui, de plus, porte

Fig. LXXVIII.

une molette, laquelle tranche le tuyau en faisant tourner l'outil autour.

Cette fig. LXXVIII représente une tenaille saisissant les tuyaux, et la fig. LXXIX une pince qui peut s'approprier à tous les diamètres.

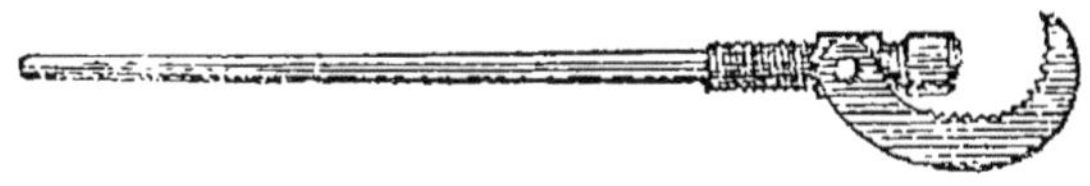

LXXIX.

La maison livre en plus des filières spéciales avec coussinets d'une seule pièce.

Il arrive souvent qu'on peut avoir à exécuter des réparations sur des tubes placés dans des appareils, comme par exemple, les tubes des chaudières à vapeur, ou d'appareils de distillation, etc., tubes qui sont rivés en place et qu'il faut couper ; ce cas peut se présenter lorsqu'un joint sera devenu tellement résistant que pour l'enlever il faudrait casser les tuyaux, et il est alors préférable quelquefois d'exécuter une section franche.

On emploie pour cela l'outil représenté fig. LXXX. Il se compose d'un boisseau circulaire dans lequel sont engagées trois molettes. Une tige conique *t* traverse tout le système et peut être avancée ou reculée à l'aide d'une poignée à vis qui forme la tête de l'outil. En serrant cette tige, on fait coller les trois molettes circulaires contre la paroi intérieure du tube ; et, en tournant l'outil, ces molettes coupent le tube sur toute son épaisseur. Un poinçon mobile que l'on vient buter sur l'épaisseur du tube sert de guide pour déterminer le point où agiront les molettes.

L'outil représenté fig. LXXXI est basé sur le même principe ; il sert à mandriner le tube à l'intérieur, la tige conique *t* au lieu d'agir sur les molettes, agit sur des galets cylindriques g engagés dans un plateau A guidés dans des cannelures d'un disque B du diamètre du tube; par leur pression ils viennent adhérer contre le tube et le fixent sur l'outil.

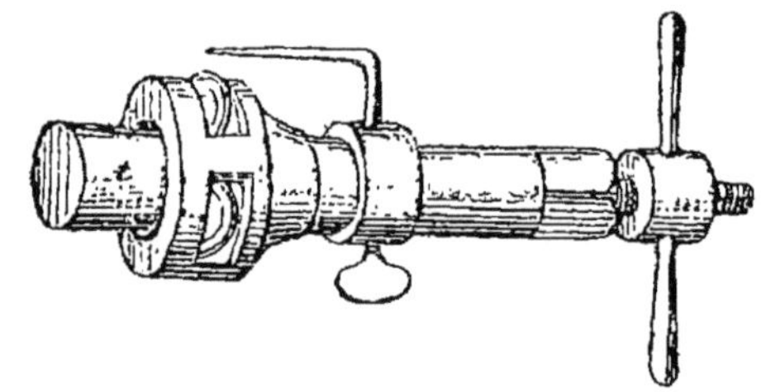

Fig. LXXX.

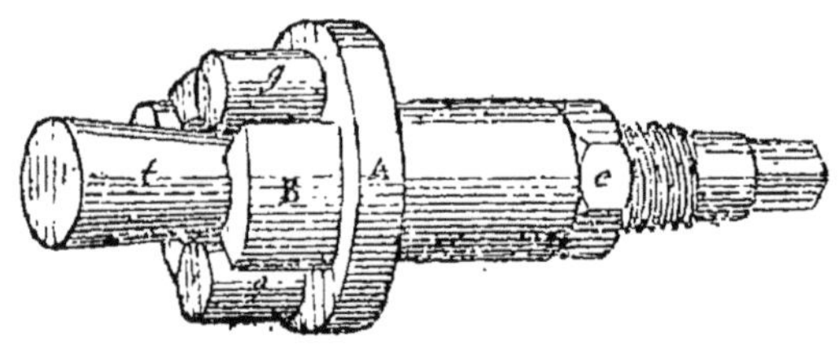

Fig. LXXXI.

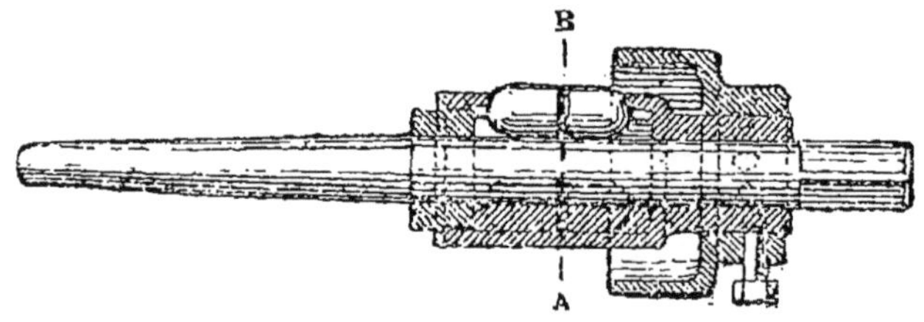

Fig. LXXXII.

La figure LXXXII représente un autre outil destiné à faire le même service que le précédent. Il se compose également de trois galets en acier placés dans une douille traversée par une broche conique, terminée par une tête carrée, sur laquelle on agit avec une clef ordinaire. Une deuxième douille, fixée par une vis de pression, a pour objet de maintenir l'outil à l'endroit le plus convenable.

Enfin, l'outil représenté fig. LXXXIII sert à retirer une bague de raccord restée dans un tube et qui y adhère avec une certaine force. Il se compose d'une douille *a* en forme de cloche traversée par une vis *v* dont la tête conique vient s'engager dans un petit manchon *m* garni de quatre agrafes. Quand on veut passer le manchon, on y fait rentrer les agrafes, en poussant la vis *v* à fond. Une fois l'outil passé, on tire la vis qui fait sortir les agrafes du manchon, on place ensuite la cloche sur la plaque tubulaire, et l'on serre la vis *v* qui entraîne la bague au moyen des quatre agrafes montées sur le manchon.

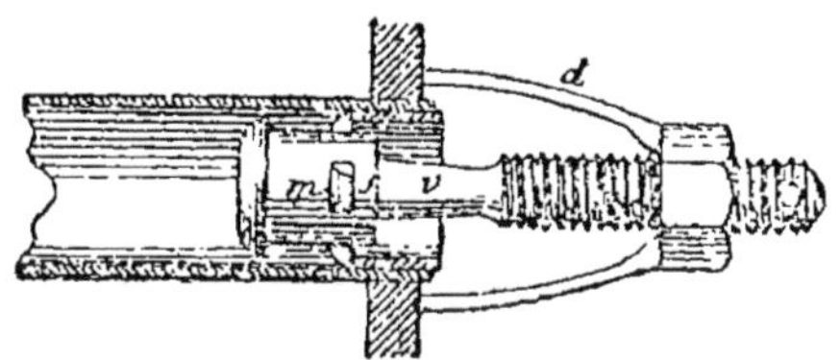

FIG. LXXXIII.

Tous ces outils se trouvent dans les maisons Elwall Warral, Poulot, et Gandillot successeur de Daulton.

Pince à couper les tuyaux, de M. BARRACLOUGH.

Cet outil se compose de deux mâchoires *a* en fonte, montées sur deux branches en acier ou tout autre métal élastique *b*, qui sont réunies à articulation en *c*. L'une d'elles est traversée par un burin c, dont on règle plus ou moins la hauteur à l'aide d'une vis *f*.

On saisit le tuyau *g* entre les mâchoires, ainsi que l'indique la fig. LXXXIV, en assujettissant l'écartement des branches au moyen de l'anneau *d*. Le burin étant pressé contre le tuyau, on fait tourner l'outil autour du tuyau, en abaissant successivement le burin au moyen de la vis *f*, et l'on obtient rapidement une section assez nette.

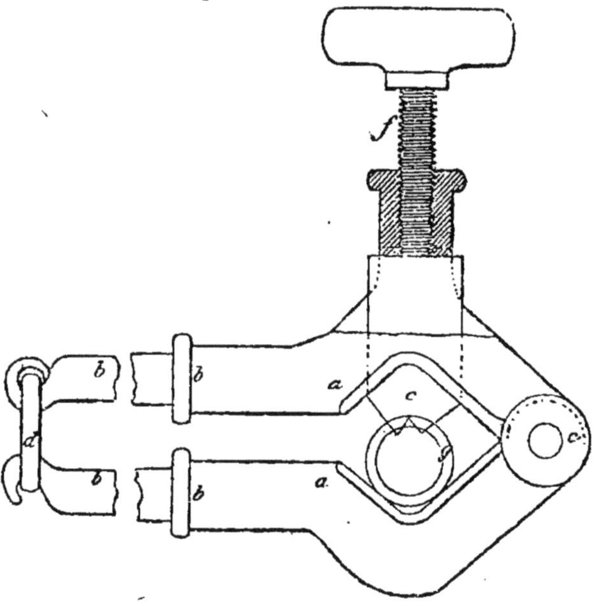

FIG. LXXXIV.

Autre pince, de M. ZEPOHAUSER.

Elle se compose (fig. LXXXV) d'un cadre A qui sert à enchâsser le tuyau R. Un support B glissant sur le cadre et dirigé par une vis S, contient l'outil formé d'une petite roue en acier de 26 millim. de diamètre qui tourne sans ballottement.

On amène l'outil contre le tuyau, on détermine le serrage et on le fait tourner, en serrant progressivement la roue, à mesure de sa pénétration dans le métal.

L'inventeur dit qu'avec cet outil, on peut en quatre tours, couper un tuyau en fer de 21 mill. de diamètre intérieur.

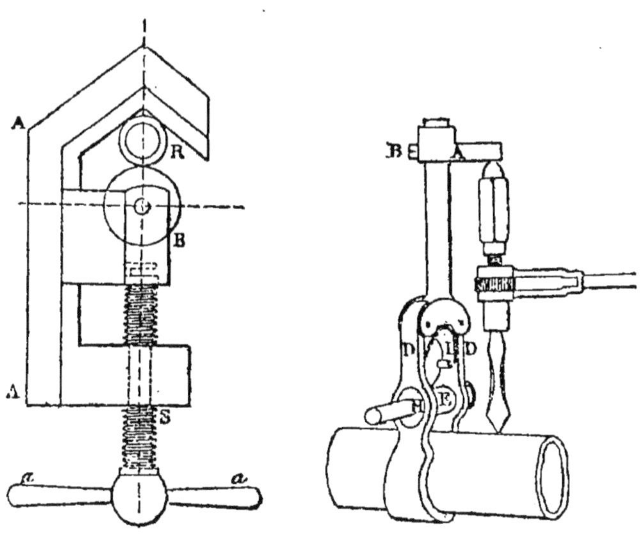

FIG. LXXXV. FIG. LXXXVI.

Pince à foret pour percer les tuyaux, de M. GARSIDE.

Elle se compose (fig. LXXXVI) d'une tige en T renversé sur laquelle sont articulées deux mâchoires courbes D qui embrassent le tuyau et qui sont maintenues en pression sur ce tuyau à l'aide d'une tige filetée E entrant dans des écrous taraudés H ; un ressort I tient les mâchoires écartées lorsque la tige filetée n'agit pas. Une tête A qu'on fixe à la hauteur voulue au moyen d'une vis B sert de buttement au drille à rochet avec lequel on peut percer le tuyau.

Appareil à percer, tarauder et tamponner les conduites à gaz, de M. Upward.

Cet appareil (fig. LXXXVII) est dû à M. Upward. Il se compose d'un bâti *g* embrassant le tuyau, et pouvant y être fixé au moyen d'une mâchoire mobile et de boulons *h*. Ce bâti porte un taraud *a* muni d'un foret *b*, qu'on met en mouvement par un levier à rochet ordinaire *f*. Ce taraud ainsi que le foret sont maintenus par un ressort *c*, qui empêche l'outil de tomber dans le tuyau une fois le trou percé; *d* est un

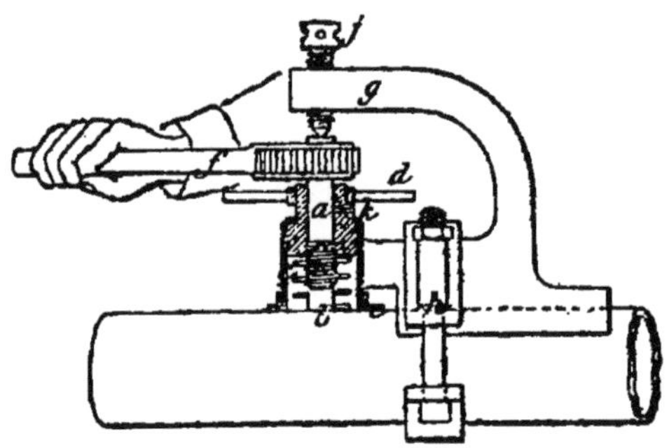

Fig. LXXXVII.

écrou à poignée pour presser sur le ressort qu'une vis de calage K empêche de tourner avec le taraud. Une valve en caoutchouc *e* s'applique exactement sur la partie supérieure de la face convexe de la conduite, afin de préserver de toute fuite de gaz. Lorsque le trou est percé avec le foret, on relève le taraud et le foret au moyen du levier, de façon à couper les bavures du trou, puis on enlève la vis K ; on laisse le taraud tomber dans le trou, en dévissant l'écrou et les poignées *h*, jusqu'à ce que toute sa portion taillée traverse le trou, puis tournant la vis *j*, on l'y fait descendre en manœuvrant en même temps le levier *f* jusqu'à ce qu'il entre juste; on enlève le bâti *g* et le trou se trouve tamponné à la manière ordinaire.

M. Upward dit que cet appareil peut être employé également sur les conduites d'eau.

CHAPITRE VII

De la Soudure.

§ 1. — DE LA SOUDURE.

La plomberie ne consiste pas seulement dans l'art de travailler le plomb suivant les différentes manières que nous venons d'exposer; elle comprend aussi l'art de faire des soudures à l'effet de joindre le plomb avec le plomb, ou le plomb avec d'autres métaux; enfin, la manière d'appliquer la soudure à chacun de ces différents cas, quelles que soient d'ailleurs les diverses formes et positions que l'on veuille faire prendre à ce métal.

Le fer forgé est à peu près le seul métal qui puisse se souder avec lui-même. Cependant il est prouvé quo lorsqu'on a comprimé deux feuilles de plomb l'une sur l'autre, il faut un effort assez considérable pour les détacher. Pour souder les autres métaux, on emploie ordinairement un troisième métal, ou mieux un alliage qui jouit de la faculté de fondre avant les pièces qu'on veut réunir et, en même temps, de former avec elles un nouvel alliage qui adhère fortement.

Cet alliage porte en général le nom de soudure. On donne le nom de flux à une substance employée pour en faciliter la fusion, en un mot, à un fondant.

Le métal qui approche le plus de la nature du plomb, est, comme on sait, l'étain ; c'est celui que les anciens appelaient autrefois *plomb blanc*, pour le distinguer de celui qu'ils appelaient *plomb noir*, et que nous appelons maintenant *étain*. Mais ce métal seul, quand il est fondu, devient presque aussi liquide que l'eau, coule trop facilement et ne peut, par conséquent, demeurer en place lors de son emploi, quoique cependant avec un peu d'adresse, on puisse en venir à bout ; d'ailleurs, étant froid, il serait si dur qu'il ferait casser le plomb dans l'endroit où l'un et l'autre se joignent, ce qui arrive encore quelquefois, malgré les précautions que l'on prend ; mais il est facile de corriger ce défaut en le mêlant avec du plomb.

Cet alliage est encore un art, selon les lieux où on l'emploie ; car, comme les soudures se font également sur des plans horizontaux, verticaux ou obliques, la soudure qui est trop facile à couler pour les uns est très bonne pour les autres ; et la dose de l'un et de l'autre est une connaissance nécessaire pour remédier à ces sortes d'inconvénients.

Autrefois la soudure ou l'alliage se composait de moitié de plomb et moitié d'étain ; mais depuis, on a reconnu que la meilleure proportion était celle d'un tiers d'étain sur deux tiers de plomb, et souvent encore d'un quart de l'un sur trois quarts de l'autre ; ce qui fait une soudure beaucoup plus difficile à fondre et à employer, mais qui, cependant, devient convenable dans certains cas, comme nous le verrons.

Voici d'ailleurs la composition d'un certain nombre de soudures, ainsi que le point où elles sont fusibles et les cas où il convient de les employer.

Numéro de la soudure.	Parties d'Étain.	Parties de Plomb.	Parties de Bismuth.	Degrés de fusibilité.
1	1	25		292°
2	1	10		283
3	1	5		269
4	1	3		250
5	1	2		227
6	1	1		187
7	1 1/2	1		180
8	2	1		170
9	3	1		180
10	4	1		189
11	5	1		190
12	6	1		192
13	4	4	1	165
14	3	3	1	160
15	2	2	1	145
16	1	1	1	122
17	1	2	1	113
18	5	3	1	95

Les nos 6, 7, 8, sont très propres à la soudure des tuyaux de plomb ou d'étain.

Lorsque l'on fait une soudure, il faut toujours avoir le soin de bien nettoyer les parties de métal sur lesquelles on applique la soudure, opération généralement désignée sous le nom de décapage, et qui se pratique au moyen d'acides énergiques dissolvant les différentes substances qui se forment à la surface. Un des meilleurs moyens employés pour le décapage du plomb est de râcler les deux surfaces avec un couteau, et de les mettre à nu au moment où l'on applique la soudure. On emploie aussi l'esprit de sel ou acide chlorhydrique; et pour aider la soudure à couler sur le métal, de la résine ou de la colophane.

Les soudures dont nous venons de donner la composition sont généralement désignées sous le nom de *soudures faibles*, par opposition avec les *soudures fortes*, contenant du cuivre ou de l'argent, qui fondent à une bien plus haute température, et qui sont employées pour souder le fer, l'acier, le cuivre, le bronze et les métaux précieux. C'est avec la soudure forte qu'il est indispensable d'employer un fondant, qui ordinairement est du borax. On lui substitue avec avantage de la cryolite ou fluorure double d'aluminium et de sodium.

Enfin, l'expérience a montré qu'il y avait avantage à substituer dans les soudures, à l'esprit de sel ordinaire, le chlorure neutre liquide de zinc. Ce fait, d'ailleurs, trouve sa confirmation dans une pratique ordinaire des ferblantiers, qui mettent toujours des rognures de zinc dans leur esprit de sel.

Pour les plombiers, l'emploi du chlorure de zinc donne lieu à des soudures plus faciles, plus complètes et parfaitement nettes.

Il y a plusieurs manières de faire les soudures: les unes se font sur des plans horizontaux ; ce sont les plus faciles ; les autres sur des plans verticaux : ce sont les plus difficiles ; d'autres sur des plans qui participent des deux espèces, c'est-à-dire sur des plans plus ou moins inclinés. Celles-ci ne sont difficiles qu'autant que l'obliquité du plan s'approche de la perpendiculaire ; c'est dans ce dernier cas qu'on emploie la soudure la plus dure à fondre comme coulant plus difficilement, et demeurant plus facilement en place.

Les soudures se divisent en deux espèces : les unes, appelées *soudures à côtes*, servent pour joindre les tables de plomb par leurs côtés, soit pour doubler l'intérieur des réservoirs, la superficie des terrasses, plates-formes, etc., soit pour des tuyaux que l'on appelle alors *tuyaux soudés*, dont nous verrons l'explication ci-après ; les autres, appelées *soudures à nœuds* servent à joindre les tuyaux les uns au bout des autres non-seulement pour des conduites d'eau, mais encore des corps de pompes, portes, clapets, calottes ou brides de cuivre au bout de ces mêmes tuyaux, enfourchements de pompe et autres pièces semblables.

§ 2. — OUTILLAGE.

On comprend, d'après ce que nous venons de dire, que l'outillage nécessaire pour la soudure doit être des plus simples.

Lorsque le plombier travaille dans son atelier, il trouvera toujours un fourneau pour pouvoir chauffer les fers et fondre la soudure ; mais, dans les nombreux travaux qu'il exécute sur place, il doit emporter tout son outillage, que nous rassemblons dans la figure LXXXVIII.

Il se compose d'une sorte de boîte, présentant assez de surface et peu de profondeur, de telle sorte que tout le charbon qu'on y brûle est au contact de l'air ; d'un soufflet long, de façon que l'aide compagnon puisse souffler tout debout, sans se baisser, le foyer posé à terre ; d'une marmite en fonte pour fondre la soudure ; d'une cuillère de fer emmanchée en bois, pour puiser cette soudure ; de petites cuillères ou spatules pour projeter la soudure de la cuillère sur la pièce ; et enfin des fers à souder.

Ceux-ci sont de deux espèces, suivant que l'on fait des soudures à nœuds ou des soudures à côtes. Ils se composent toujours d'une tige emmanchée dans

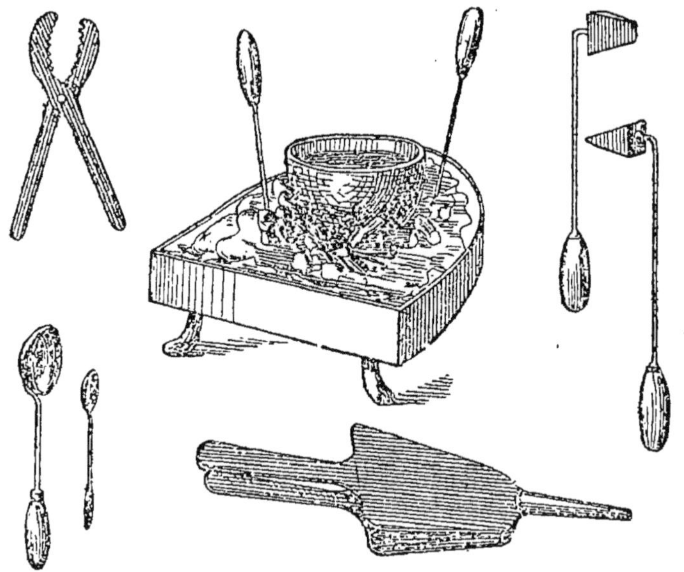

Fig. LXXXVIII.

un morceau de bois, fait à la prise de la main, et portant à son extrémité l'appendice qui forme le fer à souder, qui, suivant les cas, a la forme d'une sorte de coin à section rectangulaire ou d'un cône. Le premier servant pour les soudures à côtes et le second pour les soudures à nœud.

Le plombier doit de plus se munir d'une petite boîte, contenant la résine, et d'une petite fiole de chlorure de zinc, ainsi que d'un tampon d'étoffe pour appliquer la soudure sur la pièce et la maintenir, ainsi que d'un autre morceau pour bien essuyer ses fers avant de s'en servir.

Ce travail se fait toujours par un compagnon et son aide. Ce dernier allume le feu, fait fondre la soudure, met les fers à chauffer, pendant que le compagnon prépare la pièce à souder en grattant les plombs, les ajustant, etc. L'aide lui passe alors une cuillère pleine de soudure, le compagnon la verse directement si c'est une soudure à côtes plates, ou la projette avec une spatule, par petites fractions sur les parties à souder; pendant ce temps, l'aide retire un fer, l'essuie ou même le frotte avec une vieille lime, pour que le compagnon puisse s'en saisir aussitôt sa soudure répandue et, tenant son tampon d'une main, son fer de l'autre, pétrir sa soudure en la maintenant en place.

Il rend le fer à l'aide, qui lui en tend un second, si le travail est assez long pour que le premier fer ne soit pas assez chaud pour le terminer, ou sinon le replace dans le foyer. Il ramasse en même temps les débris de soudure qui se sont détachés et solidifiés. C'est un travail facile à décrire, mais qui exige une grande pratique et qui consiste essentiellement dans le tour de main.

Dans la soudure des tuyaux, les plombiers ont l'habitude de passer au pinceau une couche de noir de fumée au point où ils veulent limiter la prise de la soudure et éviter que si elle venait à couler le long de la pièce et à y prendre, il ne faille gratter sur une trop grande étendue pour l'enlever, opération dans laquelle on peut toujours altérer l'objet.

Lorsque le plombier travaille à l'atelier, il peut faire usage du fer à souder chauffé au gaz. Cet outil a l'avantage de pouvoir servir d'une façon continue, sans être obligé d'être rapidement reporté au fourneau pour s'y réchauffer. Mais il est vrai que le plombier aura peu souvent l'occasion de l'appliquer; toutefois, il est bon de le connaître, à cause des quelques cas où on peut avoir à s'en servir, par exemple pour les ouvriers qui font toutes les soudures des petits plombs qui encadrent les morceaux de verre dans les vitraux.

Cet outil a l'apparence du fer à souder ordinaire, son manche est un peu plus fort et traversé par deux conduits, l'un pour le passage du gaz et l'autre pour celui de l'air; ils viennent brûler contre la platine du fer, qui est disposé dans un emmanchement à rainure de façon à pouvoir le changer, et sur le même manche monter des têtes différentes à volonté (fig. LXXXIX).

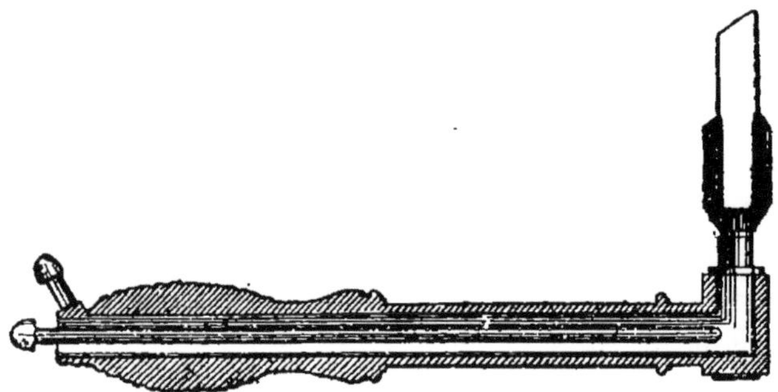

Fig. LXXXIX.

L'on se sert souvent aussi dans les diverses opérations de soudure, d'un appareil spécial dit lampe à souder, représenté figure LC. Il se compose d'une petite boîte métallique en forme de lanterne, pourvue de deux poignées oreilles pour la tenir à la main. On y introduit une petite lampe à esprit de vin, dont la flamme sert d'abord à chauffer un petit réservoir placé à la partie supérieure de la machine, que l'on a rempli également d'esprit de vin. Sous l'action de la chaleur produite, l'esprit contenu dans ce petit réservoir se réduit en vapeurs. Celles-ci prennent issue par un petit tuyau terminé par un bec analogue à celui du chalumeau, précisément au milieu de la flamme de la lampe et s'y enflamment à leur tour.

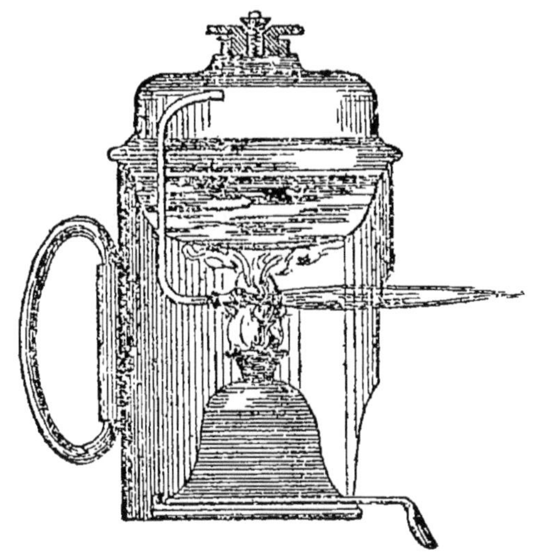

Fig. LC.

Il en résulte bientôt, quand on emploie cet appareil, que l'on obtient un jet très puissant que l'on peut suffisamment diriger en maniant la lampe et qui permet de produire sur des métaux une température plus que suffisante pour les opérations de soudure.

Le bouchon à vis du réservoir supérieur est muni d'une petite soupape à ressort de sûreté contre les explosions.

§ 3. — DES SOUDURES A CÔTES.

Lorsque l'on a deux tables à souder ensemble par leurs extrémités, on commence par gratter le plomb avec un grattoir jusqu'à ce qu'il devienne très clair et très brillant. La quantité à gratter est égale à la partie qui doit supporter la soudure; si le plomb n'a que 2 millimètres d'épaisseur, une soudure d'environ 54 millimètres est assez large; si le plomb a 5 millimètres, la soudure doit avoir environ 80 millimètres, et ainsi de suite en proportion.

La même marche a lieu pour les tuyaux soudés, qui ne sont autre chose que du plomb en table, dont la largeur, relative à la circonférence du tuyau que l'on veut faire, est arrondie, repliée sur elle-même et *soudée à côte* comme dans l'opération précédente.

Cette opération du grattage, relativement à la soudure, est tout à fait indispensable; elle veut être faite avec soin; car le plomb et la soudure ne sauraient nullement adhérer ensemble pour peu que les pièces fussent un peu malpropres ; il en est de même de toutes les autres soudures employées dans les arts.

Mais si le plomb qui a été gratté est d'une forte épaisseur, il est nécessaire, avant de le souder, de l'échauffer, et c'est encore une des conditions attachées à une bonne soudure. Les métaux qui sont très minces reçoivent instantanément une chaleur suffisante pour faire prendre la soudure.

Il en est autrement des feuilles de plomb épaisses, semblables à celles dont nous parlons ici.

Dans ce cas, on les échauffe avec des torches de paille ou des charbons ardents placés au-dessus et autour de l'endroit qu'on veut souder, et même dans l'intérieur des tuyaux. Ensuite, après avoir saupoudré l'endroit de poix-résine, on jette dessus une ou deux cuillerées de soudure liquide, qui l'échauffe encore plus; on frotte les fers à souder sur le plomb; on manie et pétrit à plusieurs reprises la soudure en la mêlant avec la résine fondue, cette résine attire à elle les ordures et favorise l'adhérence de la soudure et du métal; on étame bien le plomb; on lie ensuite toute la soudure ensemble; enfin on chasse le superflu avec le fer même, ou avec un tampon d'étoupe.

Il faut remarquer que s'il est tombé par hasard de l'eau ou de la poussière sur le plomb gratté, ou si on l'a laissé trois ou quatre heures sans l'étamer, la soudure ne peut plus y adhérer, et il faut absolument le regratter de nouveau afin de pouvoir l'étamer.

Un seul ouvrier ne saurait souder et faire chauffer les fers en même temps, surtout quand l'ouvrage est un peu long; il lui faut alors un manœuvre pour l'aider et lui porter de temps à autre un fer chaud, en reprenant l'ancien qu'il fait chauffer de nouveau.

§ 4. — DES SOUDURES A NŒUDS.

Lorsqu'on veut faire des soudures à nœuds, dites *nœuds de soudure*, comme, par exemple, pour joindre deux tubes bout à bout, il faut, pour les préparer, les amincir sur leur circonférence chacun aux deux bouts qu'on veut réunir; on les gratte ensuite extérieurement, suivant la largeur qu'on veut donner au nœud, qui doit d'ailleurs être proportionné au calibre du tuyau; puis on les joint ensemble bout à bout en les faisant entrer un peu l'un dans l'autre, on verse de la soudure au-dessus, et, avec le fer à souder et de la résine, on étame en pétrissant, la soudure, autant que possible, et l'on ôte ensuite le superflu.

On a soin d'ailleurs, comme dans l'autre cas, de souder les tubes aussitôt après qu'ils ont été grattés. Si leur calibre intérieur ne dépasse pas 10 centimètres de diamètre, la soudure liquide que l'on verse dessus suffit seule pour les échauffer; mais si le calibre est plus grand, alors on sera dans la nécessité d'avoir recours à un feu auxiliaire.

Les nœuds de soudure faits pour joindre le plomb avec le cuivre, ou le cuivre avec le cuivre, diffèrent seulement en ce que le cuivre est plus difficile à étamer ; cependant on y parvient sans beaucoup de peine; mais il faut étamer le cuivre par avance, d'abord en limant avec la lime ou la râpe la partie extérieure qui doit être soudée, ensuite en la frottant, soit avec des étoupes ou tampons de filasse, soit avec des fers à souder; après cela, on réunit bout à bout les tuyaux, et l'on procède à la formation du nœud.

Toutes les soudures des plombiers se rapportent à celles que nous venons de détailler; ce sont toujours des *soudures à côtes* ou *à nœuds*, qui se pratiquent au moyen des fers à souder, du porte-soudure, de la soudure liquide que l'on verse dessus l'objet; enfin de la résine qui sert à la faire couler. Toutefois, les soudures qui se font sur des plans inclinés sont non-seulement plus difficiles, mais encore font perdre beaucoup de soudure.

Cette soudure du plomb sur le cuivre se présentera d'ailleurs très fréquemment dans la pose des robinets sur les conduites.

Voici généralement comment on opère : Le bain de soudure étant bien chaud sur le feu et le bout en cuivre du robinet étant bien nettoyé, on le plonge dans le bain de soudure où, grâce à la haute température, il s'enduit assez facilement d'une première couche d'étamage. On le retire, on fait subir la même opération de l'autre côté, s'il s'intercalle dans un conduit, et l'on peut ainsi le laisser à l'air sans crainte que le cuivre ne vienne à en subir la fâcheuse influence.

On a préparé le ou les bouts du tuyau en les grattant et en les ouvrant un peu à leurs extrémités, de façon à pouvoir y entrer à léger frottement le robinet de cuivre, et l'on fait alors la soudure comme d'habitude.

Très souvent l'extrémité du robinet qui pénètre dans le tuyau de plomb, au lieu d'être lisse, est munie de stries ou d'arêtes comme les grosses limes dites râpes. Dans ce cas, on les introduit directement dans le plomb sans les étamer d'abord, on bat le tuyau sur le robinet, le plomb s'écrase sur ces stries et adhère déjà presque suffisamment, il ne reste qu'à faire un petit nœud de soudure à la jonction même du robinet et du tuyau.

La soudure du plomb sur le zinc se fait de la même façon; il est avantageux d'employer le chlorure de zinc, pour bien le nettoyer.

§ 5. — SOUDURE AU CHALUMEAU.

On désigne sous le nom de soudure au chalumeau la soudure obtenue au moyen d'appareils développant une grande température et permettant d'obtenir la soudure du plomb par simple fusion, ce qu'on appelle soudure autogène, sans le secours d'une soudure intermédiaire.

Soudure au chalumeau aérhydrique, de M. DESBASSAYNS DE RICHEMONT.

Ce nouveau genre de soudure a été imaginé par M. Desbassayns de Richemont, et quoiqu'il ne soit guère pratiqué que dans des ateliers spéciaux, nous en dirons toutefois un mot.

La flamme produite par des mélanges artificiels et forcés de gaz combustibles et d'air n'a servi pendant longtemps qu'à des épreuves de laboratoire. M. Desbassayns de Richemont a pensé qu'on pouvait l'appliquer aux arts, et, parmi ces applications, il l'a surtout employée à la soudure des métaux. En conséquence, il se sert de la flamme du chalumeau alimenté comme on vient de le dire, pour chauffer et rougir au besoin les fers à souder des ferblantiers, des plombiers, etc. Les fers à souder ainsi chauffés, sont du reste employés comme ils l'ont toujours été dans ces différents arts. On peut aussi supprimer l'air qui alimente la flamme et ne faire usage que d'hydrogène plus ou moins carburé qui s'écoule des appareils sous une pression supérieure à celle de l'atmosphère, par des ajustages très fins et qui produit une flamme d'une intensité remarquable.

Mais, une des applications les plus utiles des jets aérhydriques consiste à réunir par la fusion seule des morceaux de métal ou de métaux différents, sans l'intervention d'aucun autre métal plus fusible pour soudure. Cette réunion s'opère par la combustion de mélanges gazeux, sous une pression de quelques centimètres d'eau, et composés d'une part d'air et d'oxygène, soit purs, soit mêlés entre eux, et de l'autre de gaz ou vapeurs combustibles, notamment d'hydrogène carburé, etc., mélange qu'on opère avant ou pendant la combustion, au moyen des appareils à chalumeau, tels que ceux de Hare, Clarck, Nicholson, Daniell et autres.

Les proportions dans lesquelles l'air ou l'oxygène doivent être mélangés aux gaz ou aux vapeurs varient nécessairement avec la nature de ceux-ci ; mais un genre d'essai qui suffira toujours pour guider l'opé-

rateur dans la pratique, consiste à ajouter assez d'oxygène pour que, lorsque la partie la plus chaude et la plus réductible de la flamme, c'est-à-dire le sommet du cône blanc qui se forme à sa base, est appliquée sur un petit morceau de plomb décapé, le point frappé devienne immédiatement luisant comme de l'argent, bouillonne et commence à se volatiliser, ce qui colore la flamme en blanc violacé.

Ce mode d'essai sert aussi à reconnaître si les dards produits par insufflation de l'air ou de ses mélanges avec l'oxygène dans les diverses flammes ont une chaleur suffisante. S'ils n'étaient pas assez chauds, on y remédierait en ajoutant de l'oxygène.

La dimension à donner aux dards de flamme varie avec l'épaisseur et la forme des parties à réunir. Les trous des ajutages à combustion employés ont depuis 1/10 de millimètre jusqu'à 1/10 et demi. On se sert aussi avec avantage de plusieurs petits trous rangés sur une même ligne.

Lorsqu'on a de très fortes pièces à souder, on les chauffe d'abord sur un foyer afin de diminuer la dépense en gaz.

La première opération à faire pour réunir deux morceaux de métal, de plomb par exemple, consiste à bien les décaper ou gratter et à mettre en contact parfait, d'une manière solide, les parties à joindre.

On dirige ensuite la flamme de manière que l'extrémité du dard ou cône intérieur frappe et chauffe rapidement et à la fois deux points séparés très voisins; d'abord, ils fondent séparément; mais bientôt, étant complètement liquéfiés, ils se réunissent en un globule brillant, et il suffit, pour continuer de diriger à volonté l'agglomération, d'attirer ou de pousser la goutte fondue avec le dard intérieur de la flamme en la nourrissant au besoin, soit au moyen de grenailles du même métal, soit par des emprunts faits aux parties voisines.

On facilite beaucoup le travail dans la plupart des cas, en taillant, dressant et refoulant en biseau les deux parties que l'on veut réunir, et en les plaçant de manière à former entre elles une série de gouttières dont on commence à souder le fond et que l'on achève de remplir avec du plomb qu'on y ajoute. Il y a aussi des cas où l'on fond la gouttière tout entière pour rendre la soudure plus forte.

Lorsqu'on fait des soudures à plat ou qu'on répare des trous dans le plomb des chaudières, par exemple, on soutient le métal fondu avec un support en amiante ou tissu incombustible. A l'aide de ces précautions et d'un peu d'habitude, on opère facilement dans toutes les positions possibles.

Ce procédé est applicable à tous les usages de la plomberie, et particulièrement à la confection des chambres en plomb pour fabriquer l'acide sulfurique, de toutes les chaudières et vases divers exposés à l'action des acides pour la fabrication des tuyaux de plomb soudés et physiqués, et à la soudure bout à bout de toutes les conduites d'eau et de gaz.

Nous ne décrirons pas les appareils très variés employés par M. Desbassayns de Richemont pour obtenir les divers gaz dont il se sert pour la soudure, mais nous ferons connaître un appareil bien simple pour produire l'hydrogène qui sert à alimenter le bec du chalumeau avec ou sans mélange d'air ou d'oxygène, et qu'on doit à M. Eckel, de Strasbourg.

On prend un vase en plomb, présentant la forme d'un cylindre assez haut et terminé par une base inférieure un peu large. On introduit dans ce cylindre environ deux kilogrammes de grenaillle de zinc ou de rognures de fer. Le cylindre est fermé par ses deux bases, et l'introduction du zinc ou du fer se fait par une espèce de bonde que l'on ferme ensuite. Le cylindre est placé verticalement. A la base supérieure se trouve un entonnoir par où l'on peut verser un liquide; ce liquide tombe sur un fond double intérieur et coule par un tube qui part de ce fond et va au fond du vase.

A cette même base supérieure se trouve ajusté un autre tube qui descend un peu au-dessous du double fond intérieur, et qui se termine en dehors par un tube élastique terminé lui-même par un chalumeau en cuivre.

On verse par l'entonnoir 10 litres d'acide sulfurique faible à 20 degrés; il se forme de l'hydrogène que l'on peut faire sortir par un chalumeau en ouvrant un robinet.

On allume le gaz et on a un dard de feu que l'on peut faire agir sur différents points, à cause de l'élasticité du tube qui porte le chalumeau.

Pour recommencer une autre opération, on fait écouler, par un robinet de décharge, placé à la partie inférieure, tout le liquide acidulé.

L'air ne peut jamais entrer dans l'appareil et occasionner d'explosions, parce que le tube qui se termine par l'entonnoir plonge toujours dans le liquide qui est au-dessous du robinet de vidange.

Au-dessus de ce robinet, se trouve un tamis où tombent les grenailles de zinc ou les rognures de fer.

Lampe à gaz pour souder au chalumeau, de M. KARMASCH.

L'on a cherché dans cette lampe à y introduire les avantages que présentaient la lampe à émailleur ordinaire dans la flamme, ainsi qu'un mode de rallumage facile.

Cette lampe, (fig. XCI), qui présente la forme d'un chandelier A à plateau assez lourd pour en assurer la stabilité, se compose d'un tube horizontal B C armé d'un robinet *f*, amenant le gaz dans un bec F en laiton de forme évasée comme un pot à feu et fermé à sa partie supérieure par un bouchon ferme-

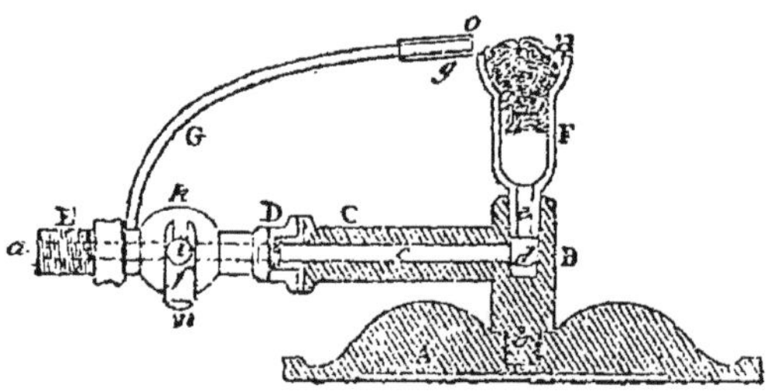

FIG. XCI.

ment ajusté et qui se compose d'un fil de fer mince roulé en éponge, de façon à présenter une grande quantité de passages étroits au gaz, et qui réalise ainsi, sans avoir en rien changé la distribution du gaz, la condition de la flamme de la lampe à émailleur à large mèche. Le robinet est parfaitement rodé, son cran d'arrêt est nettement établi, et un petit ressort qui presse sur lui assure un certain frottement dans son jeu. En avant de ce robinet est un petit tube capillaire G terminé par une petite chaudière *g* disposée parfaitement au niveau de l'éponge.

On comprend facilement que la fermeture du robinet déterminera l'extinction du gros bec, mais que le gaz continuera à brûler dans la petite chambre qui termine le tube capillaire, et en quantité insignifiante. Aussi quand on ouvrira le robinet, le gaz qui

s'échappe par la lampe se rallumera-t-il instantanément.

Chalumeau à air chaud, de M. Hetcher.

Ce petit appareil fort simple, a, par une disposition ingénieuse, évité le refroidissement apporté par le courant d'air injecté dans la flamme et permet sous un tout petit volume, d'obtenir des effets aussi puissants qu'avec des appareils beaucoup plus importants (fig. XCII).

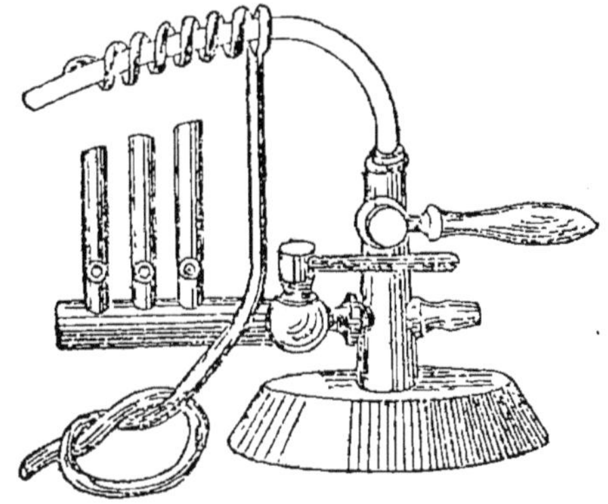

Fig. XCII.

Le chalumeau se souffle soit à la main, soit à l'aide d'une poire de caoutchouc maniée au pied, soit au moyen d'un petit soufflet; l'air est amené par un petit tuyau en spirale que des becs réchauffeurs amènent au degré de chaleur voulue. De cette façon, les deux gaz, au moment du contact, sont déjà à une température élevée.

Enfin nous mentionnerons pour terminer un appareil un peu compliqué, qui peut rendre des services dans certains cas, et qui est destiné à fournir un chalumeau produisant de hautes températures par la combustion d'air mélangé avec des vapeurs d'hydrocarbure comme le pétrole. Mais ces appareils reçoivent plutôt leurs applications dans les ateliers d'industries spéciales que dans celle du plombier, qui nous occupe spécialement, aussi bornerons-nous là la description de ces divers outils.

§ 6. — DE LA MANIÈRE DE SÉPARER LA SOUDURE DU VIEUX PLOMB.

La manière de séparer la soudure des vieux plombs, est fort simple : elle consiste à les environner de paille ou de charbon, auxquels on met le feu; ce feu échauffe la soudure au point de la faire casser ou couler; et on aide la séparation, d'ailleurs, au moyen de quelques secousses, données par choc à la pièce; ensuite on la ramasse pour la mettre à part; car quoique ayant servi déjà et n'ayant plus autant de qualités que la nouvelle, elle ne laisse pas d'avoir encore une certaine valeur. Cependant si on ne la séparait pas et qu'on la mît indistinctement à la fonte avec le plomb, elle lui ôterait sa pureté, et le rendrait dur et cassant. Pour en tirer parti, il faut donc, avant tout, en séparer les parties constituantes.

§ 7. — SOUDURE DU ZINC.

Ce que nous venons de dire à propos du plomb s'applique également pour la soudure du zinc. En général, le procédé employé est la soudure à côtes.

Le décapage du zinc demande à être fait avec au moins autant de soin, si ce n'est plus, que pour le plomb. Le meilleur agent à employer est le chlorure neutre de zinc. Rien n'est plus simple que de décrire une soudure, rien n'est plus difficile que de la pratiquer, et cependant toutes les explications qu'on donne sont parfaitement suffisantes.

Ainsi, supposons que l'on veuille réunir deux feuilles de zinc; il faut tout d'abord les bien décaper en passant à plusieurs reprises un pinceau trempé dans le chlorure, frottant spécialement les parties où la crasse semble adhérer avec plus de force, essuyer avec un linge, revenir au pinceau, approcher en regard les deux feuilles de zinc qui se recouvriront de 3 millimètres et même moins quelquefois, les assujettir de façon à ce qu'elles restent bien en présence et ne se dérangent pas par la suite.

Les fers étant alors sur le feu, s'ils sont au point convenable, c'est-à-dire s'ils font couler la soudure, mais d'une façon lente seulement, vous prenez un fer, le passez sur un morceau de colophane pour bien le nettoyer, et en même temps l'empêcher d'adhérer à la soudure, puis le fer d'une main, la soudure de l'autre, vous les rapprochez à quelques centimètres au-dessus de la ligne à souder.

Sous l'action du fer, la soudure coule, tombe sur les deux feuilles de zinc, vous lissez alors sur le joint, de façon à échauffer à la fois le zinc et la soudure, et provoquer leur alliage qui forme la *soudure* cherchée.

Quelquefois on échauffe les feuilles de zinc en y passant le fer, puis le bâton de soudure qui fond et on revient également lisser au fer.

Voilà une description complète, mais qui ne pourra cependant être utile que si l'on s'adonne à une certaine pratique, pour laquelle il est impossible de pouvoir rien dire. Ainsi le degré convenable de chaleur du feu, l'instant propice pour lisser la soudure, le point convenable auquel cette dernière opération doit être conduite, pour bien incorporer la soudure et le métal, et ne pas faire fondre de nouveau cette soudure et ne pas détruire ce qui était déjà fait, tels sont des détails bien essentiels, qu'aucune description ne saurait définir, mais qu'un peu de pratique apprendra et même très rapidement.

C'est dans cette opération du lissage qu'on fera usage de la colophane, résine ou toute autre substance analogue, en y passant souvent le fer afin de le faire glisser sur la soudure sans s'y attacher, ce qui amène naturellement la destruction de la fraction de travail déjà faite.

§ 8. — SOUDURE DU CUIVRE, ETC.

Le cuivre ne peut se souder qu'à la soudure forte. Cela se comprend aisément ; la température à laquelle le cuivre peut seulement se chauffer, pour lui permettre de s'allier avec les éléments de la soudure et former ainsi un tout, est telle que la soudure ordinaire serait altérée ou détruite avant qu'on puisse l'atteindre.

La composition de la soudure employée pour réunir entre elles deux parties de cuivre est la suivante :

Cuivre........................	13
Zinc..........................	10

Et pour faciliter l'opération on emploie un fondant qui est du borax.

La soudure est employée à l'état de grenaille, mélangée avec du borax, le tout légèrement humecté. Pour pratiquer une semblable opération, voici comment on opère. Les deux pièces de cuivre, qui ont été préalablement décapées afin de présenter des surfaces de métal parfaitement nettes, sont réunies l'une à l'autre dans la position qu'elles doivent occuper et liées au moyen de fil de fer de manière à ne pas se déranger autant que possible. Les deux morceaux ainsi réunis et qui ne font plus qu'une seule pièce, sont posés sur un feu de forge et préalablement chauffés; puis, avec une petite spatule, on puise la soudure dans la sébille, que l'ouvrier a posée à portée de sa main sur la forge, et on la verse aussi régulièrement que possible sur toute la ligne de jonction à souder, de façon à former un petit bourrelet continu à cheval sur cette ligne. On chauffe ensuite progressivement de façon à faire fondre la soudure. Lorsque l'on n'aperçoit plus de parties solides dans la soudure, et qu'elle présente une sorte de petit ruisseau liquide sur le joint, on suspend l'action du feu, on laisse légèrement refroidir, on saisit la pièce au moyen d'une pince et on la pose sur le bord de la forge, en ayant toujours bien soin de tenir le joint aussi à plat que possible. Lorsque la pièce est refroidie, on examine si la soudure a bien pris également partout, et s'il se présente de grands manques, il faut recommencer. Seulement, cette seconde opération est toujours très difficile à exécuter, on risque fort, en chauffant de nouveau, de faire couler la soudure aux points où elle avait pris d'abord. Le meilleur moyen est de chercher à refaire sa soudure en entier comme si c'était pour la première fois.

Ajoutons que grâce aux progrès de toute espèce que fait chaque jour l'industrie, certains artifices ont facilité cette opération. L'emploi du chalumeau à gaz d'éclairage, par exemple, est un des plus importants. Il n'y a presque pas d'atelier où s'opère la soudure du cuivre, qui ne soit aujourd'hui muni d'un de ces appareils très simples. Voici brièvement en quoi il consiste.

Le conduit d'air sortant du soufflet de forge est muni d'une bifurcation permettant, à l'aide de robinets, de conduire le vent dans la cuvette de la forge ou dans une lance en cuivre que l'ouvrier tient à la main. Cette lance est elle-même à double conduit, l'un en communication avec le soufflet, l'autre avec un tube abducteur de gaz à éclairage. Un robinet particulier permet à volonté d'injecter par la tuyère soit de l'air simple, soit un mélange d'air et de gaz, mélange qui s'opère au point de sortie des gaz de la tuyère. On comprend qu'avec cet engin, l'ouvrier peut envoyer sur la pièce de forge un jet de gaz en combustion qui produit un double effet. D'abord une élévation considérable de température, ensuite une action désoxydante qui maintient les surfaces de métal en travail toujours à l'état libre. D'autre part, la forme en dard que prend le jet et que l'on peut rendre plus ou moins aigu, d'après la force avec laquelle on agit sur le soufflet et le réglage des robinets, permet à l'ouvrier de chauffer plus spécialement tel point plutôt que tel autre et de pouvoir obtenir assez facilement ainsi une bonne fusion de la soudure. Enfin ce procédé est surtout avantageux lorsque la soudure à pratiquer ne porte que sur une très petite surface.

Toutefois, pour la soudure du cuivre, comme pour celle du plomb ou du zinc, la pratique seule permet de réaliser convenablement cette opération.

Lorsque par suite de la forme des pièces à réunir, on pourrait craindre que la soudure une fois en fusion ne vienne à couler en dehors de la ligne de jonction à faire, il faut y parer à l'aide d'un artifice. On entoure le joint à faire, avec une bouillie épaisse de craie, et l'on chauffe doucement au début de telle sorte que cette bouillie se dessèche et qu'il se forme autour du joint, un petit bourrelet solide de chaux qui adhère au cuivre, mais suffit parfaitement à retenir la soudure à la place convenable, si surtout les pièces n'ont à subir aucun dérangement.

Lorsque l'opération est terminée et la pièce refroidie, on la place dans un étau et l'on enlève avec le ciseau et le marteau, les excédants de soudure qui forment bourrelet soit sur le joint, soit en dehors. Cette opération exige toujours beaucoup de précautions de la part de l'ouvrier, car un coup de ciseau maladroitement donné peut en enlevant trop profondément la soudure fondue, compromettre l'état du joint. Il sera toujours plus prudent de ne pas aller trop avant, et de terminer cet ébarbage à la lime.

On peut bien, à la rigueur, souder le cuivre avec la soudure ordinaire de plomb et d'étain, dite soudure des plombiers, dont nous nous sommes occupés. Mais, outre que l'on n'obtient pas ainsi un travail très solide, il ne faut pas que la pièce ainsi préparée ait à retourner au feu, car chaque opération successive détruit la précédente. Même dans le cas de la soudure au laiton, il est bon lorsque l'on a à remettre au feu une pièce sur laquelle est faite une soudure, de couvrir celle-ci d'une bonne couche de bouillie de blanc d'Espagne, qui la protège toujours de l'action du feu et évite de la voir couler à son tour.

Tels sont les procédés les plus communément employés pour souder le cuivre ou le bronze.

On peut d'une façon analogue souder le cuivre et le fer, procédé employé, par exemple, pour la confection des clefs, boutons de porte et autres articles dans lesquels la partie utile est ornée d'une tête en bronze plus ou moins richement travaillée.

Voici au sujet de la composition et de l'emploi de la soudure du cuivre quelques renseignements complémentaires.

Suivant M. V. Kletzinsky, on obtient une excellente soudure forte en faisant fondre ensemble :

Etain........................... 4 parties
Bismuth......................... 6 —

On introduit vivement dans cet alliage fondu et chaud :

Zinc........................... 18 parties

et après fusion complète de ce nouvel alliage, on ajoute encore :

Cuivre......................... 72 parties.

Lorsque le tout est bien fondu et limpide, on brasse la masse à plusieurs reprises avec une baguette d'acier, et on réduit en grenaille en versant dans l'eau.

On peut encore pour souder le cuivre agir de la façon suivante. On fait chauffer les pièces et on les saupoudre de borax en poudre, on les forge au blanc. Puis, on répand vivement sur elles du chlorure de magnésium ou de sodium et on les soude ainsi. On peut, pendant l'opération, diriger sur les parties portées au rouge un courant de chlore, qui s'oppose à l'action oxydante de l'air.

M. Renaud, de Washington, a inventé le procédé suivant pour souder le cuivre.

On amincit au marteau les deux bouts de métal que l'on veut réunir, on les chauffe, puis on les trempe dans du borax pour les nettoyer, et l'on chauffe une seconde fois. Après quoi, on trempe les deux bouts dans la cryolite en poudre, et on les frappe violem-

ment sur l'enclume, après les avoir juxtaposés.

L'on doit à M. Vogel la découverte de l'emploi du cyanure de potassium comme fondant pour la soudure du cuivre.

Voici ce qu'il dit à ce sujet :

Il importe beaucoup, quand on soude des métaux, que leur surface soit parfaitement nette et décapée afin qu'au point de fusion l'adhérence puisse avoir lieu. Afin de garantir les points où les surfaces qu'on veut unir contre l'oxydation, que le contact de l'air pourrait provoquer, on applique généralement avec la soudure différentes substances entrant facilement en fusion, qui recouvrent également ces points et ceux environnants, et ne permettent pas à l'air d'exercer son action oxydante. L'effet de ces substances n'est pas toutefois, seulement, de couvrir les surfaces, mais en même temps d'y exercer une action de réduction. La pratique a cherché à remplir ces deux conditions théoriques par l'emploi des corps dont elle a fait choix : c'est ainsi que, pour la soudure on se sert ordinairement de colophane, de térébenthine, d'huile d'olive, d'un mélange d'huile et de sel ammoniac, d'un mélange de suif et de colophane fondus ensemble, dans lequel on a démêlé du sel ammoniac en poudre, ou bien encore d'une solution concentrée de chlorure de zinc, et que, pour la soudure forte, on fait usage du borax, ou d'un mélange de borax, de potasse et de sel marin fondus ensemble, et enfin, dans la soudure des objets en fer, de verre vert entier ou pilé.

Je reconnais que les substances mentionnées ici sont de nature à satisfaire plus ou moins bien aux deux conditions théoriques de la soudure, c'est-à-dire à s'opposer au contact de l'air atmosphérique et d'amener la réduction. Mais naturellement on doit attendre sous ce rapport un meilleur effet d'un corps qui réunirait autant qu'il est possible en lui seul ces deux conditions. Après de nombreuses expériences, je crois avoir trouvé dans le cyanure de potasse, qui, comme on le sait, est un corps répandu depuis longtemps dans le commerce, un agent de ce genre qui remplit de la manière la plus complète les exigences du travail de la soudure. D'abord le cyanure de potassium entre très aisément en fusion et enduit les surfaces qu'il s'agit de garantir d'une couche protectrice; ensuite tout le monde sait que c'est un puissant agent de réduction, propriété sur laquelle sont même basées ses nombreuses applications industrielles et principalement celles qu'on en a faites dans la chimie analytique.

L'emploi du cyanure de potassium est surtout avantageux dans les soudures où les points à souder ne sont pas suffisamment décapés, parce qu'ils sont d'un accès difficile. Si dans ces points il reste un peu d'oxyde, la soudure, principalement celle des objets qui ne supportent pas une température élevée, et avec les moyens ordinaires qui ne possèdent pas une puissance de réduction aussi énergique, devient très difficile et même, dans certaines circonstances, impossible. Quant au cyanure de potassium, au moyen de sa puissance extraordinaire de réduction, il désoxyde les couches oxydées qui s'opposaient à la mise en fusion, de façon que la soudure s'opère sans aucune diffficulté.

Le procédé pour souder au cyanure de potassium est absolument le même qu'avec le borax. On a en provision du cyanure de potassium réduit en poudre renfermé dans une fiole en verre et on en répand

sur les surfaces qu'on a légèrement humectées. Dans certain cas où il s'agit de soudures très fortes, et que le praticien reconnaîtra très bien, il est probable qu'il saura bien employer un mélange de borax et de cyanure de potassium, d'un côté pour soutenir les forces du borax qui ne jouit pas d'une bien grande action de réduction et de l'autre pour diminuer la volatilité du cyanure de potassium.

Il est bon encore de faire remarquer, en faveur de la soudure au cyanure de potassium, qu'elle ne dégage aucune vapeur oxydante de nature à attaquer les outils, ainsi que le fait le chlorure de zinc, dont les effets, sous ce rapport, sont parfois désastreux.

Voici d'autre part un intéressant travail de M. P. Rust, à propos de la soudure.

Le succès obtenu par la découverte faite il y a une cinquantaine d'années de la poudre à souder qui se compose de borax, de sel ammoniac et de cyanure de fer et de potassium, au moyen de laquelle on est parvenu à souder sans difficulté le fer avec l'acier fondu anglais, union qu'on avait considérée jusque là comme impraticable, ou l'acier fondu avec lui-même, a fait naître pour la première fois dans mon esprit des doutes sur l'exactitude de la théorie de la soudure qui avait régné jusqu'alors, théorie qui, comme on sait, suppose qu'à une certaine température élevée, les surfaces des pièces de métal qu'il s'agit de souder se ramollissent et par suite d'une pression ou d'un choc se pénètrent mutuellement et s'unissent ainsi. Ce doute était d'ailleurs permis par suite de cette observation qu'à la température à laquelle l'acier anglais et le fer se soudaient, c'est-à-dire au jaune paille intense, à peine à la chaleur blanche, il ne faut pas songer à un ramollissement des surfaces, au moins pour l'un de ces corps, le fer forgé.

Je résolus donc de rectifier cette théorie en admettant que la soudure est un travail mécanique reposant sur la propriété que possèdent quelques métaux, quand des parties séparées sont mises à une haute température déterminée en contact avec une surface métallique pure, de s'unir par l'action d'une pression convenable.

Comme la condition principale me paraît être dès lors dans les moyens de préparer et d'obtenir l'état métallique pur des surfaces à souder jusqu'à la haute température requise, il s'agissait donc d'employer un flux propre à dissoudre l'enduit d'oxydule ou d'oxyde qui se forme pendant qu'on chauffe, qui charge les surfaces à souder d'une masse fluide à cette température, et par conséquent propre à les garantir d'une nouvelle oxydation en formant avec les produits de l'oxydation des métaux une scorie suffisamment fluide, pour que par l'action de la pression ou d'un choc, on pût l'exprimer aisément de la suture et rendre possible le contact intime des surfaces métalliques.

Dans la soudure ordinaire du fer, c'est l'acide silicique avec un peu d'argile qui remplit cette fonction, et avec la nouvelle poudre à souder l'acier fondu, c'est l'acide borique.

J'ai fait encore un pas de plus en pensant que peut-être d'autres métaux différents de ceux en petit nombre déjà connus (le fer, l'acier, le nickel, le platine) pourraient bien aussi posséder la propriété de se souder et qu'on réussirait dans leur soudure si on employait un flux convenable, bien fusible, amenant aisément à l'état fluide les produits de l'oxydation, et avant tout j'ai considéré le métal qui, après le fer

et l'acier, reçoit au moyen du feu, du marteau ou des laminoirs les applications les plus étendues, je veux dire le cuivre. Il s'agissait en définitive, dans ce cas, de trouver le flux capable à la chaleur de dissoudre l'oxyde de cuivre en une scorie bien fluide, et la minéralogie semblait d'ailleurs favoriser cette recherche, puisqu'elle nous apprend que la libéthénite et la phosphocalcite, qui sont deux phosphates de cuivre, fondent aisément au chalumeau.

Ainsi, cette idée étant supposée correcte, il fallait trouver un sel qui renfermât de l'acide phosphorique libre ou livrât cet acide à la chaleur blanche, afin de rendre possible la soudure du cuivre. J'ai donc entrepris une expérience et employé le sel bien connu dont on se sert dans les essais au chalumeau, à savoir, le sel dit de phosphore (phosphate de soude et d'ammoniaque), et cette expérience a réussi du premier coup.

Comme ce sel de phosphore est d'un prix un peu élevé, j'ai fait usage plus tard d'un composé à plus bas prix qui, de même, livre à la chaleur de l'acide phosphorique libre, à savoir 358 parties de phosphate de soude et 124 parties d'acide borique. Avec ce sel la soudure s'opère de même très bien, seulement la scorie n'est pas tout à fait aussi fluide que celle qui se forme quand on se sert du sel de phosphore.

Au moyen de cette poudre à souder qu'on répand sur le cuivre à la chaleur rouge, puis qu'on chauffe encore jusqu'au rouge cerise clair ou bien au jaune naissant, puis qu'on porte aussitôt sous le marteau, on réussit à souder le cuivre au moins aussi facilement que le fer. C'est ainsi, par exemple, qu'un barreau court de cuivre qui, par un coup de feu trop violent, s'était rompu transversalement, a pu être soudé en en rapprochant les faces obtuses de rupture, tenant les deux parties dans une mordache, introduisant le tout dans le feu, distribuant de la poudre à souder, remettant au feu et enfin refoulant. L'union a été tellement intime qu'après un étirage, le barreau a pu être plié sans qu'il se soit en aucune façon gercé ou rompu.

Il ne me paraît pas douteux qu'en employant une matière à souder convenable et appropriée on ne parvienne à souder aussi d'autres métaux, par exemple les alliages d'or ou ceux d'argent.

En terminant, j'appellerai encore l'attention sur deux points qui me paraissent d'une importance particulière dans la soudure du cuivre.

1° Lorsqu'on chauffe le cuivre qu'on se propose de souder sur un feu de charbon, il faut avoir bien soin qu'il n'y ait pas le moindre contact avec ce combustible soit avec les particules les plus minimes, soit même avec des étincelles et les scories de l'agent de soudure qui environnent les points à souder, car autrement, il se forme avec le phosphate de cuivre présent dans cette scorie, un phosphure de fer qui recouvre aussitôt les points de soudure d'un enduit gris d'acier et oppose un obstacle invincible à cette soudure. Ce n'est qu'après un traitement prolongé au feu d'oxydation et en chargeant de nouveau avec de la poudre qu'on parvient enfin à unir les parties. On recommande donc très instamment de ne chauffer le cuivre à souder que dans un feu à reverbère ou mieux dans une flamme de gaz.

2° Le cuivre qui par lui-même est déjà un métal plus mou que le fer, devient par la chaleur nécessaire à la soudure, au blanc soudant, naturellement plus mou encore que ce fer, par conséquent la forme des pièces à souder change beaucoup sous l'influence des coups du marteau; il faut donc que la figure des pièces à réunir soit prise en considération, c'est-à-dire donner à celles-ci les dimensions convenables. Ce changement de forme est moindre lorsqu'on se sert pour souder d'un marteau en bois. On pourrait peut-être aussi faire usage d'une enclume en bois légèrement humectée d'eau, mais c'est une chose que je n'ai pas encore essayée.

Le plomb, le zinc et le cuivre étant les métaux qui au point de vue de la soudure intéressent à peu près uniquement les industries que nous examinons, notre intention n'est pas de prolonger beaucoup au-delà cette petite étude sur la soudure.

Quelques renseignements complémentaires brièvement exposés à propos de la soudure des autres métaux permettront de faire un examen complet de la question. D'ailleurs on trouvera dans les volumes spéciaux de la collection, consacrés aux arts du ferblantier, de l'orfèvre, du coutelier, du serrurier, forgeron, etc.; tous les renseignements relatifs en particulier à chacune de ces industries.

Dans les diverses industries, sans nous occuper toutefois des grandes questions métallurgiques où la soudure de la fonte de fer et de l'acier forme une question toute particulière, les cas de soudure les plus fréquents qui se présentent sont les suivants : Soudure du fer et du cuivre, de l'acier et de l'argent, de l'argent et du cuivre. Toutes ces opérations sont basées sur le même principe que la soudure du cuivre sur cuivre, et s'exécutent au moyen de divers alliages dont voici les plus employés.

Alliage de laiton, appelé également brasure, ce dernier nom étant quelquefois employé concurremment avec celui de soudure, pour distinguer plus spécialement les réunions de deux métaux et en particulier du fer autrement que par la soudure autogène, qui a lieu pour ce métal.

On emploie trois sortes de brasures :

Forte	Cuivre	5
	Zinc	1
Ordinaire	Cuivre	3
	Zinc	1
Aigre	Cuivre	2
	Zinc	1

La brasure d'argent est composée d'argent et de cuivre jaune, dite au tiers, au quart, au sixième, suivant la proportion de cuivre employée.

La brasure d'or est formée de :

Or	1
Argent	2
Cuivre	1

Le fondant employé avec ces diverses brasures est le borax ou la cryolite, le cyanure de potassium. Il faut toujours opérer sur la forge et au chalumeau.

Dans les industries de la coutellerie, de l'orfèvrerie et autres, où l'on a à souder de très petits objets, la question du tour de main que la pratique enseigne seule, joue un rôle considérable. Nous renvoyons le lecteur aux manuels que nous avons cités, pour étudier chacun de ces divers cas en détail.

CHAPITRE VIII

Emplois industriels du Plomb.

Le plomb reçoit de nombreuses applications dans l'industrie, dont une grande partie font l'objet de l'industrie plus spécialement désignée sous le nom de *plomberie*.

Nous allons les passer en revue d'une façon générale, et nous nous étendrons particulièrement sur celles qui sont plus spécialement relatives à la plomberie.

Le plomb est employé pour fabriquer des tuyaux, des feuilles plus ou moins grandes et épaisses, dont on se sert soit pour couvrir les bâtiments, soit pour revêtir les chéneaux sur les toits, ou les cuvettes et les réservoirs. Ces mêmes feuilles reçoivent une large application pour la construction des chambres où se fabrique l'acide sulfurique.

Le plomb réduit en feuilles très minces, sert encore à envelopper le thé lorsqu'on l'expédie de Chine, ou bien à revêtir intérieurement les boîtes dans lesquelles on fait cette expédition. Nous avons donné avec des détails suffisamment étendus, la description des appareils et procédés de fabrication, tant pour les tuyaux que pour les feuilles, ainsi que les moyens par lesquels on réunissait les pièces entre elles, soit à l'aide de soudures, ou d'appareils spéciaux.

Quant aux applications particulières du plomb, aux travaux de couverture, nous aurons l'occasion d'en parler un peu plus loin, dans la partie consacrée spécialement à ce travail.

Le revêtement des chéneaux, égouts, gouttières, noues et faîtages, réservoirs, cuvettes, est également simple. Il suffit en général de prendre le développement de la surface à recouvrir, d'étendre ce développement sur une feuille de plomb de l'y tracer, de découper la feuille suivant le tracé indiqué puis de reporter la partie découpée sur la pièce à recouvrir, et de l'y appliquer en la battant avec un maillet de bois, dit *batte*, pour lui faire épouser la forme de cette pièce.

Il peut arriver souvent que soit à cause de la grandeur du développement, ou bien à cause des difficultés qu'on éprouverait à appliquer ce développement d'une seule pièce, pour lui faire bien épouser tous les contours de la partie à recouvrir ; on divise le travail en plusieurs parties. Il y a alors un certain nombre de précautions à prendre. Lorsque l'on fractionne le développement en plusieurs morceaux, il faut avoir le soin de découper chacune des parties en gros, c'est-à-dire de donner tout autour de la ligne de section un excédant de largeur uniforme suivant cette ligne afin d'obtenir un recouvrement des feuilles de plomb, l'une sur l'autre, au lieu d'une jonction bout à bout.

Il faudra disposer ce recouvrement dans le sens de la pente en formant ce qu'on appelle en couverture un *pureau*. Quelquefois on se contente pour la réunion de toutes ces parties, de bien battre les deux feuilles suivant leur ligne de jonction, en disposant de distance en distance quelques clous, surtout si la pièce à recouvrir est en bois. Mais une bonne soudure sur cette ligne de jonction, sera toujours un moyen de réunion bien préférable, et qui, s'il coûte un peu plus cher lors du premier établissement, donnera par la suite une économie d'entretien, qui compensera bien cette première dépense.

Nous allons d'ailleurs donner un exemple plus détaillé de ce mode de travail à propos de la confection d'une cuvette.

La confection des cuvettes, auxquelles on donne tantôt la forme d'un cône renversé, c'est-à-dire celle d'un entonnoir, tantôt la forme d'une hotte, pour pouvoir mieux les appliquer contre les murs, et quelquefois aussi celle d'un prisme triangulaire ou quadrangulaire, ne présente dans aucun cas la moindre difficulté.

Pour tracer une cuvette en forme d'entonnoir, on déterminera à l'avance le diamètre que l'on voudra donner à la plus grande ouverture ou base du cône renversé. On portera ce diamètre sur la nappe de plomb destinée à former la cuvette, en *a b*, par exemple, fig. XCIII, on partagera cette ligne en deux parties égales, *a c* et *c b* ; et du point *c*, comme centre, on décrira le demi-cercle *a d b*, qui sera la courbe suivant laquelle on découpera la nappe de plomb pour avoir le bord supérieur de l'ouverture de l'entonnoir. Ensuite du même point *c*, et avec un autre rayon égal au demi-diamètre de l'ouverture inférieure, on décrira l'arc *m f g* ; on évidera le demi-cercle *c e f g*, et la courbe *e f g* sera le bord inférieur auquel devra s'ajuster le tuyau de descente. Cela fait, on relèvera la nappe, ainsi découpée, de dessus la table où elle aura été appliquée pour opérer, et l'on rapprochera les deux arêtes *a c* et *g b* pour les souder ensemble.

Le rapport qui doit exister entre les deux diamètres *a b* et *e g*, ne peut être constant, parce qu'il dépend du plus ou moins d'ouverture que l'on veut donner à la cuvette. Cependant, celui que nous avons indiqué est le plus grand que l'on puisse raisonnablement admettre, c'est-à-dire une partie pour le diamètre de l'ouverture inférieure et trois pour celui de l'ouverture supérieure, en supposant l'une de ces parties égale à la distance *f d* de la surface du cône.

Enfin, lorsqu'on voudra lui donner moins d'ouverture, il suffira de tirer des rayons tels que *c a'*, *c b'*, en place de ceux *c a*, *c b*; de découper la nappe de plomb suivant leur direction, et l'on diminuera ainsi d'autant le développement du pourtour et conséquemment l'ouverture supérieure du cône.

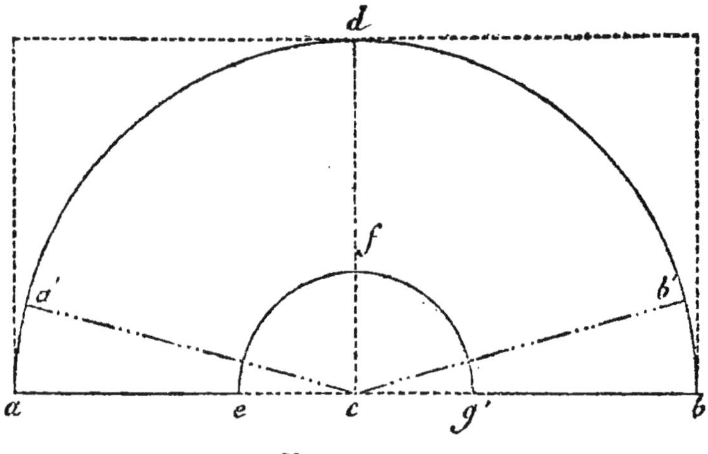

Fig. XCIII.

Les cuvettes à *hotte* sont formées de deux parties : l'une qui en est le dossier, est le côté qui doit être appliqué à plat contre le mur ; l'autre est le devant, mais n'est autre chose qu'un demi-cône tronqué et soudé au dossier. On donne ordinairement à ce dossier 487 millimètres dans sa plus grande largeur.

Quant aux cuvettes qui affectent d'autres formes que celle d'un cône entier ou d'une hotte, notamment les cuvettes qui sont placées dans les coins ou angles formés par deux corps de bâtiments, elles se tracent toujours, lorsqu'elles ont une partie circulaire, d'après le même procédé que nous avons indiqué pour le cône entier; mais dans cette hypothèse, elles doivent avoir deux dossiers ou parties plates au lieu d'un. Souvent aussi les cuvettes sont triangulaires.

Enfin, lorsque les cuvettes sont destinées à être placées près des croisées, leur forme peut être celle d'un prisme quadrangulaire; mais, dans tous les cas, l'ouvrier le moins intelligent le sera toujours assez pour exécuter des tracés aussi simples, sans que nous pensions qu'il soit nécessaire d'indiquer ici la marche suivie pour y parvenir. Cependant, nous ferons remarquer que, indépendamment des côtés qui forment les parois de ces cuvettes, il faut encore qu'elles aient un fond incliné et percé d'un trou circulaire auquel doit s'adapter le tuyau de descente.

Pour fortifier les cuvettes, on leur fait un *bourrelet* en abattant le bord supérieur avec un instrument de bois léger appelé *bourseau*, lequel n'est autre chose qu'une espèce de maillet; et lorsqu'elles sont destinées à servir d'entonnoir à des tuyaux de descente pour les maisons particulières (on peut aussi les employer dans les combles), on ne doit point omettre d'y introduire ce qu'on appelle vulgairement une *crapaudine* ou *pommelle*, espèce de plaque trouée qui se pose et se soude au fond de l'entonnoir, pour ne laisser passer que les eaux et retenir les corps étrangers qui pourraient s'introduire dans les tuyaux de descente et les obstruer.

Les feuilles de plomb employées pour les bassins et les réservoirs doivent être appliquées sur une aire en maçonnerie bien plane; elles se soudent ensuite.

On fait aussi des réservoirs en charpente, que l'on recouvre également avec du plomb en table.

S'il s'agit de réservoirs à placer sur les toits, on peut les faire en zinc n° 14, avec un bourrelet dans lequel est renfermée une tringle de fer; s'il s'agit de réservoirs sur le sol et surtout sous terre, le zinc doit être rejeté, car il pourrit en peu de temps.

Les plombs employés pour les travaux, doivent être de la meilleure qualité, bien épurés et bien doux, ni graveleux ni terreux, sans crevasses ni soufflures. On préférera à tout autre, celui qui aura été coulé sur pierre ou sur toile, et non laminé, afin de mieux conserver l'agrégation des molécules.

Dans les travaux par entreprise, le plomb et la soudure employés pour scellement ou réparations, se pèsent avant leur emploi, et se paient au kilogramme, compris la main-d'œuvre du scellement ou du soudage, et l'on déduit du poids trouvé ce qui reste du métal après l'ouvrage achevé.

Les plombs en nappes et tuyaux se paient également, toute fourniture de soudure, etc., et toute main-d'œuvre comprises. Les prix varient selon qu'ils sont avec ou sans soudure. Enfin les vieux plombs se reprennent par les plombiers lorsqu'il s'agit de réparations. Ils se remplacent par un poids égal de plomb en œuvre, façonné et mis en place sous la forme convenable ; et celui-ci se paie au même prix que les plombs neufs, diminué d'une quantité constante, qui est calculée d'après la valeur du plomb dont on a retranché le déchet du métal.

Le plomb est également employé pour confectionner des ornements pour revêtir les toitures, comme flèches, gargouilles, arêtes, bords de chéneaux, etc. Nous ne nous arrêterons pas à cette partie de son emploi, qui se trouve décrite en détails dans un volume spécial de la collection des Manuels.

Ce sont aussi les plombiers qui vendent les cuvettes de lieux d'aisance ; cette vente a même donné lieu à une industrie spéciale qui se rattache à la plomberie. Mais en réalité l'art du plombier n'a que bien peu de choses à faire dans ces appareils.

Généralement, aujourd'hui, ces appareils se composent d'une cuvette conique en faïence fermée dans le bas par une soupape en forme de sébille ou de plat, qui peut contenir une certaine hauteur d'eau dans laquelle plonge l'extrémité inférieure de la cuvette de façon à constituer une fermeture hermétique. Cette soupape est à bascule, c'est-à-dire qu'au moyen d'un mécanisme très simple, renfermé dans une boîte en fonte, on peut abaisser cette soupape pour donner issue aux matières, et qu'un contre-poids la fait relever d'elle même. On la manœuvre au moyen d'une tringle à poignée qui se lève au-dessus du siège.

Tous les perfectionnements apportés à ces appareils consistent dans les divers modes de dispositions adoptées pour le fonctionnement de la soupape, concurremment avec une ouverture et fermeture de robinets destinés à fournir automatiquement l'alimentation d'eau dans la garde robe, de manière à ce que la soupape refermée, il reste au fond une certaine quantité d'eau fraiche, formant une fermeture hermétique et empêchant les dégagements de gaz malsains ou d'odeur désagréable. Ces appareils qui se vendent par des maisons spéciales, doivent donc leurs qualités respectives à la nature et au jeu des soupapes et robinets, et l'on en trouvera la description dans le Manuel qui traite spécialement de ces matières. Le travail du plombier proprement dit consiste dans la pose, laquelle se résume à un scellement au plâtre sur le massif de briques préparé par le maçon, ainsi qu'à la soudure des conduits à eau, avec ceux provenant du réservoir, ouvrage sur lequel nous n'avons pas à revenir.

Le plomb entre dans la composition d'une foule d'alliages. Il entre, comme nous l'avons vu, dans presque toutes les soudures tendres, dans l'alliage particulier de la poterie d'étain, dans l'alliage Darcet, et des plaques fusibles de sûreté pour chaudières, et enfin dans celui employé à la fabrication des caractères d'imprimerie.

Enfin il nous reste à parler des applications du plomb, employé pour préserver la surface de certains métaux des effets destructifs de l'atmosphère auquel il résiste mieux, ce qu'on désigne sous le nom de *plombage*. Nous y joindrons l'opération inverse, l'*étamage* qui consiste à couvrir la surface du plomb, avec un métal moins susceptible que lui, l'étain; opération dont nous avons déjà vue l'application dans l'étamage intérieur ou le doublage des tuyaux.

Le plomb peut s'étamer comme le cuivre ; on appelle cette opération *blanchir le plomb*, mais il est peu de circonstances qui nécessitent ce surcroît de dépense.

Le procédé employé à cet effet ne présente aucune difficulté; il suffit pour cela d'étendre la feuille de plomb que l'on veut blanchir, sur deux tréteaux, et de placer dessous un petit réchaud rempli de charbons ardents, afin de l'échauffer pour faciliter la fonte de l'étain que l'on jette dessus après lui avoir fait subir, toutefois, une première préparation.

Cette préparation consiste à mettre d'abord l'étain en fusion dans une marmite, et à le jeter ensuite par petites cuillerées sur une table très propre, pour lui laisser le temps de se refroidir un peu, parce que si on le jetait sur les feuilles que l'on veut étamer, immédiatement après avoir été fondu, il arriverait que celles-ci se *persilleraient* ou se fendraient dans les endroits où la matière en fusion serait en contact avec le plomb.

Lors donc que l'intensité de la chaleur des petits éclats d'étain sera suffisamment diminuée, on les éparpillera sur la feuille de plomb échauffée préalablement, et comme l'étain fond beaucoup plus vite que le plomb, les petits éclats ne tarderont pas à se dissoudre complètement en globules qu'on étendra sans perdre de temps, au moyen d'une poignée d'étoupes, trempée dans de la poix-résine, afin de la graisser un peu. L'étain, ainsi étendu sur le plomb, ne tardera pas à s'y imprégner et s'y attachera même en aussi grande quantité qu'on le voudra.

Cette opération terminée pour une partie, se recommence pour une autre de la même feuille, et ainsi de suite pour le tout ; après quoi on la roule, le côté étamé en dedans pour ne point le salir, et de manière à pouvoir transporter la feuille sans l'abîmer.

Enfin, quelle que soit l'étendue de la feuille de plomb que l'on aura à étamer, on observera une marche analogue à celle que nous venons d'indiquer et lorsqu'on aura à blanchir les ornements, on se guidera aussi sur le même principe, c'est-à-dire qu'il suffira de les échauffer, n'importe comment, avant de les couvrir d'étain.

Ce procédé est assez difficile à appliquer, pour en obtenir un bon résultat et surtout une égalité dans le travail. D'autre part, la plus grande difficulté est de décaper d'une façon convenable la surface du plomb, pour que l'étain y adhère. Aussi a-t-on cherché à perfectionner ce travail. Nous avons vu à propos de la fabrication des tuyaux quelques moyens employés dans ce cas spécial : mise à nu du métal au moment où l'on y coulait l'étain, ou bien encore en coulant l'étain liquide sur la surface du plomb avant que celle-ci ait eu le temps de se solidifier, de façon à former un alliage au point de contact des deux métaux.

Voici maintenant les procédés employés pour l'étamage des feuilles de plomb, procédé dont certains peuvent également être appliqués pour le plombage de la tôle, des planches de cuivre, du laiton, du zinc.

Etamage du plomb, par M. Pépé.

Le plomb s'oxyde et se ternit vite à l'air, on a donc cherché un moyen d'en préserver la surface, et d'y appliquer un autre métal se combinant moins facilement avec l'oxygène. L'étain est naturellement celui qui s'est présenté le premier pour cet usage. Cette opération de l'étamage du plomb a présenté de grandes difficultés et l'on a employé les procédés électro-chimiques, pour déposer l'étain ; seulement le décapage du plomb était presqu'impossible à obtenir, d'où une irrégularité dans le dépôt d'étain, qui faisait qu'après avoir laminé le tout pour le réduire en feuilles minces, on n'arrivait qu'à un résultat des plus défectueux. M. Pépé a résolu la difficulté, en employant le procédé suivant.

On coule des masses de plomb en cylindres de grandes dimensions ; au moyen d'un appareil mécanique (celui de M. Wimhurst), on découpe ce cylindre en une nappe continue, qui passe dans une solution où l'on dépose une couche d'étain sur la surface du plomb, par voie électro-chimique.

Puis ces plaques étamées sont passées au laminoir, et amenées au degré de légèreté désiré.

Le caractère de ce procédé c'est d'avoir remplacé le décapage par une mise à nu du plomb, qui se trouve en contact avec la solution d'étain aussitôt sa sortie de la machine à découper, avant d'avoir eu le temps de s'oxyder ou de s'imprégner d'aucune impureté. On obtient ainsi une couche d'étain adhérente, et qu'on peut obtenir plus ou moins épaisse suivant la durée de séjour dans le bain de sel d'étain.

Plombage et étamage, par M. GIRARD.

L'étamage, en comprenant sous ce nom général, l'opération qui consiste à recouvrir un métal d'une couche d'un autre métal que ce soit de l'étain, du plomb ou du zinc est une opération qui aurait présenté de grandes difficultés, pour la pratiquer à la main, sur des feuilles offrant une grande superficie. M. Girard a imaginé une disposition d'appareil, qui a rendu ce travail facile, et qui en même temps permet de le pratiquer avec une perfection, qu'on n'aurait pu obtenir à la main.

Il se compose d'une bassine en fonte (fig. 56, pl. II) reposant sur un massif en briques, dans lequel on a disposé le cendrier *c*, le foyer *b* et un carreau *d*. Les deux joues de cette bassine se relèvent parallèlement en *e* de façon à fermer deux paliers qui supportent les axes de deux cylindres lamineurs *f* et *e'*. Le cylindre inférieur *f* est fixe et son axe est creux de façon à pouvoir y faire circuler un courant d'eau froide. Quant au second *e'*, son axe est maintenu en position par un levier auquel est suspendu un contre-poids *g*, qui permet en le faisant varier de changer l'écartement des deux cylindres.

Le mouvement se communique au laminoir soit à bras, soit par un arbre de transmission, à l'aide du volant *l* monté sur un axe *m*, qui engrène par un pignon avec la roue K commandant l'axe de *e'*.

Une petite cuvette I transversale et séparant la bassine en deux, sert à faire fondre du métal, pour régénérer au fur et à mesure le bain contenu dans la bassine. Une plaque *q* sert de guide pour diriger les grandes feuilles, et de plus porte des rainures permettant de passer au laminoir plusieurs feuilles à la fois, qui seront ainsi parfaitement isolées.

On comprend parfaitement que les feuilles après avoir passé dans le bain de métal liquique, et s'en être recouvertes, subissent par le laminoir une action qui a pour résultat, d'égaliser parfaitement la couche d'étamage, en même temps qu'elle lui donne du brillant et du poli.

Il faudra toujours avoir bien soin que le niveau du liquide dans le bain, corresponde à la ligne de contact des deux cylindres. Généralement on ne laisse pas la surface du bain métallique à nu, on la recouvre par une substance fondue qui le préserve de l'action de l'air, et on peut varier ce recouvrement dans les deux parties de la bassine, que forme la séparation par la cuvette I. Ainsi on peut recouvrir du côté de X par un sel métallique et du côté de V par un mélange de suif fondu de résine et de poix qui vient aider au poli de l'étamage.

M. Girard a prouvé que le plomb fondu seul ne donnait pas un résultat satisfaisant, et que, pour obtenir un bon plombage sur cuivre ou sur fer, il fallait ajouter au plomb :

6 °/₀ d'arsenic.

1 à 2 °/₀ d'étain pour rendre le mélange plus fusible.

L'addition d'un peu d'antimoine, rend le plomb plus résistant.

Plombage du zinc,
par MM. MORENWOOD *et* ROGERS.

Ces messieurs ont proposé plusieurs procédés pour recouvrir les métaux par d'autres métaux et en particulier le zinc par le plomb.

On prend une feuille de plomb aussi mince qu'il est nécessaire, et la feuille de zinc à recouvrir qu'on chauffe à la température convenable pour le laminage. On place les deux feuilles l'une sur l'autre et on les passe au laminoir à une pression telle que le zinc soit à peine laminé. Si les deux surfaces sont bien nettes après une ou deux opérations, l'adhérence sera bien établie.

Ou bien encore, on décape la feuille de zinc avec un acide dans du sable chaud et un peu de sel ammoniac, et l'on fait passer la feuille verticalement de bas en haut et inversement à travers deux cylindres en passant dans le bain de métal fondu. Pour cela il suffit de pouvoir à volonté renverser le mouvement des cylindres, ce dernier procédé a du reste une grande analogie avec celui de M. Girard décrit précédemment. Ils reposent tous deux sur le même principe, et sont la source de l'étamage mécanique, qui a rendu de si grands services à l'industrie.

Cette opération du plombage du zinc a d'ailleurs reçu une grande application, et en particulier à la confection de sortes d'ardoises métalliques employées dans la couverture.

Dans le principe ces objets fabriqués en tôle, étaient recouverts d'une couche de zinc, par les procédés que nous aurons l'occasion de décrire plus loin, en nous occupant de ce métal.

Bien que le zingage des tôles fût déjà un perfectionnement considérable, pour protéger la tôle contre les effets destructifs de l'atmosphère, le produit ainsi obtenu laissait encore à désirer, le zinc étant encore lui-même assez oxydable, et surtout si l'enduit de zinc n'est pas parfaitement appliqué, l'oxydation de la tôle se fait alors plus rapidement qu'avant le zingage.

D'autre part, le fer blanc et la tôle plombée sont encore plus ou moins sujets à une foule d'actions oxydantes et destructives quand on les emploie à la construction.

On s'est donc proposé d'obtenir un produit supérieur à tous les précédents, et M. Rabatet, de Lyon, dit l'avoir obtenu dans le *fer zingué conservé par le plombage.*

Plombage des tôles.

On a fait des tôles plombées qui présentent de grands avantages industriels. Tout d'abord la facilité d'obtenir des pièces de dimensions bien supérieures à celles faites en fer blanc, une douceur et une malléabilité presque égale à celle du plomb, enfin l'inoxydabilité qui les rendent plus avantageuses que le zinc pour les couvertures. C'est surtout pour cette dernière application qu'elles sont le plus employées; supérieures au zinc, bien moins coûteuses que le plomb, les feuilles de tôle plombées ont presque les qualités de ce dernier métal.

La tôle est décapée au chlorure de zinc et d'ammoniaque; voici le procédé indiqué par MM. Morenwood et Rogers pour le plombage.

L'alliage appliqué, car ce n'est pas du plomb pur, est composé de :

Plomb...........................	85
Etain............................	15

La difficulté de l'opération résidait dans l'emploi du flux, pour faciliter l'alliage. Le suif ou la résine ne pouvoient être employés. On le remplace par le sel ammoniac ou le chlorure de zinc. On peut opérer par simple immersion des feuilles, ou opérer mécaniquement avec l'appareil de M. Girard. Le bain doit être tenu à une température telle qu'un petit barreau de zinc allié à 5 °/o d'étain, introduit dans le bain quelques minutes n'y fonde pas.

Plombage du fil de fer.

Le fil de fer, que l'on emploie tant dans l'industrie, ne résiste pas à l'action de l'air et est promptement détruit par la rouille. On a cherché à le recouvrir d'une couche de plomb, de façon à le mettre à l'abri de cette action destructive, seulement il fallait que cette enveloppe de plomb adhérât bien pour se prêter à tous les mouvements auxquels on soumettra le fil de fer.

Cette fabrication est assez semblable à celle des tuyaux. Le fil de fer sert de mandrin, et il est disposé de telle façon qu'il est entraîné par l'écoulement du plomb; on obtient ainsi un fil contenu recouvert d'une mince couche de plomb qui adhère parfaitement.

DEUXIÈME PARTIE

DE L'ART DU ZINGUEUR

CHAPITRE PREMIER

Du Zinc et de ses propriétés.

---

§ 1. — PROPRIÉTÉS CHIMIQUES DU ZINC.

Le zinc est un métal d'un blanc bleuâtre, et quand sa cassure est récente, il présente une surface très brillante et cristalline, surtout si les lingots ont été refroidis lentement. Il montre alors de grandes lamelles, très brillantes. La netteté des lamelles dépend du degré de refroidissement et de la pureté du métal; elle permet, par conséquent, de reconnaître le degré de pureté relative de différents lingots coulés dans les mêmes circonstances.

Cette pureté du zinc est d'ailleurs difficile à obtenir, et le zinc en lingots du commerce contient toujours des substances étrangères, fer, plomb, cadmium, soufre et arsenic.

Il est peu cassant à la température ordinaire, et lorsqu'il est parfaitement pur, on peut, à cette température, le laminer et l'étirer en fils. Mais ce degré de pureté n'étant presque jamais réalisé, on doit le chauffer vers 100° à 150° pour lui faire subir ces opérations. Si le métal est trop impur, on ne pourra arriver à fabriquer des feuilles régulières. Quand la chaleur augmente vers 250°, il redevient cassant.

Sa densité varie de 6,85 à 7,20. Il fond entre 450 et 500 degrés, puis si on continue à le chauffer au contact de l'air, il prend feu, et brûle avec une flamme blanche très vive, en produisant de l'oxyde de zinc qui est entraîné sous la forme de flocons blancs. Cette matière est utilisée dans la peinture pour remplacer le blanc de plomb, matière si vénéneuse.

Le zinc exposé à l'air sec à la température ordinaire éprouve peu de changements; mais dans une atmosphère humide, il se ternit et se couvre d'une couche d'oxyde grisâtre.

Le métal est peu sonore, mou et graisse la lime. Les acides ont une grande action sur lui, et en présence de l'eau, le dissolvent en produisant de l'hydrogène. L'eau tenant en dissolution de l'air et de l'acide carbonique, l'altère assez promptement.

§ 2. — EXTRACTION DU ZINC.

Le zinc s'obtient en traitant d'une façon convenable deux minerais naturels, *la Calamine*, mélange de carbonate et d'hydrocarbonate, et *la Blende* ou sulfure de zinc, que la nature offre en abondance. Le premier surtout, de beaucoup plus abondant, est le minerai de zinc par excellence.

Ces minerais sont d'abord soumis à une série d'opérations mécaniques, plus ou moins prolongées, pour en séparer les gangues et augmenter la teneur en zinc.

Ensuite ils sont ramenés à l'état d'oxyde, soit par une calcination des calamines pour en chasser l'acide carbonique, soit par un grillage pour la blende, afin de brûler le soufre.

Puis l'oxyde de zinc est réduit pour en retirer le métal. Cette dernière opération est toujours assez délicate à conduire, à cause de la grande volatilité du zinc, et de la facilité qu'ont les vapeurs à s'oxyder, ce qui est une cause de perte.

La calcination s'opère dans des fours analogues aux fours à chaux; seulement, il ne faut pas mélanger le combustible et le minerai. Elle peut s'opérer aussi dans des fours à réverbère, et spécialement, si le minerai est pulvérisé. La blende se grille dans des fours à réverbère. Cette opération doit être suivie avec attention, afin d'arriver à chasser tout le soufre, sans quoi on perdrait une partie du zinc dans l'opération suivante.

La réduction en elle-même est assez simple. Il suffit de mélanger l'oxyde de zinc avec du charbon et de le chauffer en vase clos; seulement, la facilité que possède le zinc de se volatiliser exige de grandes précautions, si l'on veut éviter de grandes pertes, dans la condensation de ces vapeurs.

En Silésie, on introduit le mélange d'oxyde et de charbon dans des moufles en terre, qu'on dispose dans un four analogue au four de verrier. La face antérieure de ces moufles est percée de deux ouvertures. L'ouverture inférieure, qui sert à retirer le résidu de la distillation, demeure fermée pendant l'opération; on se sert, à cet effet, d'un tampon d'argile qu'on lutte exactement. Dans l'ouverture supérieure, on engage un tube en terre coudé à angle droit et muni d'une ouverture par laquelle on peut introduire le mélange de minerai et de charbon, et qui reste fermée pendant l'opération par un tampon d'argile. C'est par ce tuyau coudé que se dégagent les vapeurs de zinc, qu'on recueille dans les appareils

condenseurs. Ces appareils sont formés de deux tuyaux, l'un cylindrique en terre, l'autre conique en tôle, ne présentant que 0^{m}02 d'ouverture au sommet et emboîtés l'un dans l'autre.

En Belgique, les moufles sont remplacées par des cylindres en terre réfractaire, fermés à une de leurs extrémités et disposés en batterie dans un four.

En Angleterre, on suit une méthode toute différente. On introduit le mélange dans un creuset de terre dont le fond est percé d'un trou dans lequel vient s'engager un tuyau de fer, qui traverse un trou ménagé dans la sole du four et va déboucher au dehors dans un récipient plein d'eau. On bouche l'ouverture supérieure du tube, avant l'opération, à l'aide d'un tampon de bois, qui devient assez poreux en se carbonisant pour laisser passer la vapeur de zinc, tout en retenant le minerai. Chacun de ces creusets est muni d'un couvercle qu'on lute avec de l'argile, de façon à les fermer exactement.

Le zinc est livré par les usines métallurgiques en lingots, mais il ne se rencontre dans le commerce presque uniquement que sous la forme de feuilles, et c'est sous cette forme qu'il reçoit ses plus nombreuses applications de toute espèce.

§ 3. — MANIÈRE DE TRAVAILLER LE ZINC.

Le zinc dont on fait usage, est, comme nous l'avons dit, ordinairement en feuilles.

On peut lui donner plus ou moins de douceur et le disposer plus ou moins à être travaillé sous le marteau, en lui donnant un *recuit* sur un feu doux : on le fait chauffer à une température de 110 degrés environ, qui est un peu supérieure à celle de l'eau bouillante, ou jusqu'à ce que le soufre d'une allumette, qu'on y applique, puisse y prendre feu : alors on le travaille aisément, et il est plus facile à emboutir et à retreindre sous le marteau. Après ce recuit, on peut le laisser refroidir et le travailler à froid ; il a acquis par là plus de douceur, et, en cet état, il est propre à beaucoup d'ouvrages de ferblanterie. Si l'ouvrier a besoin de le contourner avec un pli double ou une vive-arête, ou s'il est obligé de faire cela sur un toit, où il ne peut, comme dans son atelier, passer la feuille sur le fourneau, il se sert d'un outil à souder et d'un réchaud dont sont munis tous les plombiers. Il suffit alors qu'il échauffe, avec son fer à souder, la ligne du métal sur laquelle il veut faire un pli, en frottant successivement deux ou trois fois le fer échauffé sur cette ligne, sur une longueur de 33 centimètres environ, à mesure qu'il forme l'arête ; le métal se trouve recuit par ce frottement du fer chaud, et il est disposé à se plier avec facilité. Quelques ouvriers ne manqueront pas d'objecter qu'il est bien plus aisé de tourner une feuille de plomb sur un toit. Cela est vrai, car ce métal est si mou, qu'à peine est-il nécessaire d'y appliquer le marteau, la pression des mains y suffit souvent ; mais aussi l'ouvrage est d'autant plus sujet à des réparations continuelles, par le défaut de ténacité de ce métal.

Si l'on voulait travailler dans un atelier un tuyau de zinc, on le ferait avec plus de facilité en le faisant traverser par une barre de fer un peu chauffée. Cependant les gros tuyaux d'un diamètre au-dessus de 7 centimètres se travaillent aisément à froid si le zinc a été recuit à un feu doux.

§ 4. — MANIÈRE DE SOUDER LE ZINC.

La soudure s'en fait à l'étain pur. Il convient que l'ouvrier emploie un outil à souder en acier, pareil à celui que les ferblantiers ont en cuivre, qu'ils font rougir et dont ils se servent pour étendre la soudure. Quand elle est bien faite, elle est d'une adhérence plus forte que celle du métal même.

Pour souder solidement, il faut commencer par nettoyer les deux places qui doivent être soudées l'une sur l'autre, les gratter avec un racloir et les découvrir à blanc, de manière que la surface soit bien métallique, et qu'elle ne présente aucune crasse ni aucune partie étrangère ; puis on étame les deux parties avec de l'étain pur ; dans cet état, on les rapproche l'une de l'autre, et avec une plume servant de pinceau, on étend sur le joint un goutte du fondant dont on va donner la composition. On prend ensuite l'outil à souder, qu'on a fait chauffer sur le réchaud, on le passe sur le joint une ou deux fois ; la soudure coule, les deux parties étamées s'unissent entre elles avec une telle force, que l'on fait des efforts inutiles pour séparer les pièces à l'endroit de la soudure : le métal se rompt plutôt à côté.

Pour faire couler la soudure, on emploie la composition suivante : on fait dissoudre du sel ammoniac dans de l'eau, et de la poix-résine ou colophane dans de l'huile, on mêle ensemble ces deux dissolutions, et l'on se sert de ce mélange comme fondant, en l'étendant avec une plume ou un pinceau, sur le joint des deux pièces, que l'on a pressées l'une contre l'autre.

Un produit dont l'excellence est aujourd'hui parfaitement établie pour la soudure, est le chlorure neutre de zinc et d'ammoniaque, préférable à l'emploi du sel ammoniac simple, et qui d'ailleurs était employé depuis longtemps, car les ferblantiers avaient coutume de mettre dans leurs bidons d'esprit de sel, des rognures de zinc.

CHAPITRE II

Fabrication industrielle du Zinc.

---

§ 1. — DU LAMINAGE.

Les détails que nous avons donnés au sujet du laminage du plomb, nous permettront d'être assez bref sur celui du zinc, les deux opérations se faisant exactement de la même façon d'après le même principe.

On remarquera que dans la fabrication du plomb en feuilles, on a pu employer divers procédés, tandis que pour le zinc on ne peut recourir qu'au laminage seulement. Cela tient à la facilité avec laquelle le plomb peut être fondu, tandis que le zinc ne pourrait être fondu à l'air sans une vive oxydation qui entraînerait une perte considérable de métal.

Une autre propriété du zinc qu'il ne faut jamais oublier lorsqu'il s'agit de le laminer, c'est la variation de son état de dureté suivant les températures. Cassant à la température ordinaire, il le devient encore bien davantage lorsqu'on le chauffe vers 200°, mais, chose bizarre, vers 100° à 150°, il jouit d'une très grande malléabilité.

Le zinc, que livrent au commerce les usines métallurgiques où l'on fait son extraction, est en lingot plat de forme rectangulaire mesurant environ 50 à 60 centimètres de long sur 25 à 30 de large et 3 à 4 d'épaisseur, dimensions d'ailleurs qui varient un peu d'une usine à l'autre.

Ce sont ces lingots qu'on soumet à un léger réchauffement, de façon à les porter à la température de 100 à 150°, où le zinc est le plus malléable, et on les passe ensuite dans une série de laminoirs gradués, analogues à ceux que nous avons décrits pour le plomb, jusqu'à ce qu'ils soient réduits en feuilles minces de l'épaisseur convenable. Ces feuilles sont ensuite portées sur une table et émargées à la cisaille.

Un procédé assez simple pour porter les lingots à la température convenable, consiste à les plonger dans une cuve d'eau bouillante. On peut de même employer pour les laminoirs des cylindres creux traversés par un courant d'eau bouillante.

Nous donnons dans le tableau ci-joint les numéros et dimensions des feuilles que l'on trouve dans le commerce, ainsi que les poids correspondants.

Les numéros de commerce vont de 8 à 26, et sont taxés à tant les 100 kilogr., suivant les cours du moment.

Les numéros inférieurs à 8 ont toujours une plus-value sur les cours moyens.

Les épaisseurs employées pour doublages sont celles de 15 à 17.

Les évaluations de poids doivent supporter une tolérance de 250 grammes dans le poids de chaque feuille.

NUMÉRO DU ZINC	ÉPAISSEUR approximative en millimètres		Poids moyen approximatif d'une feuille des dimensions suivantes :						POIDS MOYEN APPROXIMATIF DU MÈTRE CARRÉ
			Pour toitures et autres emplois				Pour doublages de navires		
			$2^m \times 1^m$	$2^m \times 0,80$	$2^m \times 0,65$	$2^m \times 0,50$	$1^m,30 \times 0,40$	$1^m,15 \times 0,35$	Kil.
1	0.05	Progression : $0^m,05$	»	»	»	»	»	»	0.350
2	0.10		»	»	»	»	»	»	0.700
3	0.15		»	»	»	»	»	»	1.050
4	0.20		»	»	»	»	»	»	1.400
5	0.25		»	»	»	»	»	»	1.750
6	0.30		»	3^k 35	2^k 70	2^k 10	»	»	2.100
7	0.35		»	3.90	3.15	2.45	»	»	2.450
8	0.40		»	4.45	3.65	2.80	»	»	2.800
9	0.45		»	5. »	4.10	3.15	»	»	3.150
10	0.50		7^k »	5.60	4.55	3.50	»	»	3.500

11	0.58	Pr. 0m,08	8.120	6.50	5.25	4.06	»	»	4.060
12	0.66		9.240	7.40	6. »	4.62	»	»	4.620
13	0.74		10.360	8.30	6.75	5.20	»	»	5.200
14	0.82		11.480	9.20	7.45	5.75	3k »	2k30	5.750
15	0.95	Progr. 0m,13	13.300	10.65	8.65	6.65	3.45	2.65	6.650
16	1.08		15.120	12.10	9.80	7.56	3.95	3. »	7.560
17	1.21		16.940	13.55	11. »	8.47	4.40	3.40	8.470
18	1.34		18.760	15. »	12.20	9.40	4.85	3.75	9.400
19	1.47		20.580	16.45	13.35	10.30	5.35	4.15	10.300
20	1.60		22.400	17.90	14.55	11.20	5.85	4.50	11.200
21	1.78	Progr. 0m,18	24.920	19.90	16.20	12.45	6.45	5. »	12.450
22	1.96		27.440	21.90	17.80	13.70	7.15	5.50	13.700
23	2.14		29.960	23.90	19.50	15. »	7.85	6. »	15. »
24	2.32		32.480	26. »	21.10	16.25	8.45	6.55	16.250
25	2.50		35. »	28. »	22.70	17.50	9.10	7. »	17.500
26	2.68		37.520	30. »	24.40	18.75	9.75	7.55	18.750
Surface de chaque feuille dans les diverses dimensions.			2m	1m,60	1m,30	1m	0m,52	0m,4020	

C'est avec ces feuilles que l'on fait la couverture des bâtiments, ou que l'on fabrique en les découpant en bandes, des tuyaux, des gouttières, des cuvettes, des réservoirs, etc.

Bien que ce travail puisse en quelque sorte se faire à la main, on emploie plus spécialement, dan le cas des tuyaux et gouttières, des machines spéciales. Nous allons donner la description de celles qui sont les plus intéressantes.

§ 2. — DIVERSES MACHINES EMPLOYÉES POUR LA CONFECTION D'OBJETS EN ZINC.

Machine à fabriquer les tuyaux, de M. ROSSER.

On doit à M. Rosser une machine assez utile pour fabriquer les tuyaux, et qui peut être assez avantageusement employée pour faire les tuyaux en zinc.

Elle se compose de quatre roues ou disques disposés deux à deux dans des plans perpendiculaires. Ces disques portent sur le milieu de leur tranche une cannelure, de telle sorte qu'entre ces quatre disques il existe un vide de forme circulaire que l'on peut faire varier de grandeur d'après l'écartement des disques. L'appareil est combiné de telle sorte, que le mouvement se transmet mutuellement d'un disque à l'autre par l'intermédiaire de roues à engrenages coniques parfaitement semblables et montées chacune sur l'axe des disques, et cela, pour maintenir l'égalité de vitesse de rotation des quatre disques.

La feuille de zinc ayant été, à son extrémité, façonnée à la main sur un mandrin, avec un recouvrement, suivant la forme du tuyau que l'on veut obtenir, on engage l'extrémité de ce tuyau entre les quatre disques, et on met la machine en mouvement. La feuille de métal est entraînée et façonnée sur toute sa longueur en un tuyau, auquel il n'est plus besoin pour le terminer que de faire une soudure suivant la ligne de recouvrement. On comprend qu'en écartant les centres des disques, et en les maintenant toujours sur un même cercle, on puisse obtenir des tuyaux de diamètres légèrement différents.

Machine à fabriquer les tuyaux, soudés ou agrafés, ainsi que les gouttières, de M. Jordan.

L'un des outils les mieux conçus pour faire des tuyaux, ou des gouttières en zinc, est la machine dont nous allons donner la description. L'appareil pour faire des tuyaux, que montrent en élévation longitudinale et latérale les figures 28 et 29, pl. II, se compose d'un banc *z*, sur lequel sont disposés deux paliers *b*, entre lesquels roulent des cylindres en bois servant de mandrins intérieurs pour les tuyaux. Ces cylindres portent des axes en fer, formant tourillons, qui se disposent dans des encoches *a*, formant coussinets, disposées sur les paliers de façon à pouvoir monter à volonté des cylindres de diamètres différents. Le mouvement de rotation se communique directement à l'arbre d'un des cylindres, soit à bras d'homme soit par transmission de machine, et le cylindre commandé directement entraîne le second par frottement.

Voici quelle est la disposition originale de cette machine. L'un des cylindres porte une sorte de lame de couteau *c*, encastrée dans le corps même du cylindre suivant la direction indiquée fig. 30, et derrière cette lame est pratiquée une rainure formant un vide longitudinal sur la surface extérieure du cylindre. Si l'on prend une feuille de zinc ou de tout autre métal, qu'on l'introduise dans le vide pratiqué derrière le couteau, en la ployant pour la faire appliquer contre le cylindre, elle prend l'aspect représenté figure 35. Si l'on fait tourner ceux-ci, la feuille métallique sera enroulée sur elle-même suivant une forme cylindrique, avec un recouvrement. On n'aura plus qu'à enlever le cylindre du banc, et à le faire glisser hors du tuyau formé, que l'on achèvera, soit en le rivant, soit en le soudant.

Les tuyaux ainsi fabriqués s'assemblent généralement par emboîtement, et le tuyau porte à une extrémité un bourrelet *a*, comme l'indique la figure 32. Voici la machine, au moyen de laquelle on fait après coup ce bourrelet sur le tuyau. C'est une sorte d'enclume *a* portant deux mâchoires *c* et *b*, dont la seconde molette se fixe dans une mortaise par un tenon traversant l'enclume et est retenue par un boulon *e*. Celle-ci sert de passage à une forte tige *f*, dont l'extrémité vient épouser la forme d'un mandrin *x* enchâssé dans la mâchoire *c*.

Le tuyau *h* est disposé horizontalement, son extrémité venant reposer sur le mandrin *x*, on l'y fait tourner en même temps qu'on frappe avec un marteau *i* sur l'outil *f*, et qu'on façonne ainsi l'extrémité du tuyau.

Souvent, pour les tuyaux en zinc, on veut obtenir des tuyaux agrafés, afin d'éviter la soudure ou la rivure. La machine que nous avons décrite en premier reçoit la disposition représentée par la figure 47, et le cylindre à rainure est préparé d'une façon nouvelle.

La lame, vissée sur le cylindre de bois, a son rebord dans la direction de la tangente à la circonférence de celui-ci. Par conséquent, si l'on insère le bord d'une feuille dans la gouttière formée ainsi entre la lame et le cylindre, comme le montre la figure 40, et qu'on tourne dans la direction de la flèche, la feuille pressée par le cylindre supérieur sera rebordée lorsqu'on aura amené la plaque vissée dans une direction horizontale, comme le montre la figure 39. Ce résultat obtenu, on replie la feuille à la main de bas en haut, dans la direction de la flèche, puis on la rabat pour lui faire prendre la forme de la figure 41. Alors on retourne cette feuille et l'on façonne l'autre bord de la même façon, comme le montre la figure 42. Enfin l'on achève au cylindre le tuyau, qui retiré, de dessus le mandrin, présente la forme indiquée par la fig.43. On termine l'agrafage à la main (fig. 45), puis on introduit dans le tuyau un tube en fer creux *b*, qui porte à sa surface une rainure longitudinale *a*, qui forme l'empreinte du bourrelet de l'agrafe. A l'aide d'un maillet de bois, on frappe sur le tuyau tout le long de cette agrafe, pour bien la refermer et en assurer la fermeture solide (fig. 44).

Pour fabriquer les gouttières dont on fait usage pour recevoir les eaux pluviales, on se sert d'un autre mécanisme fort simple. Ces gouttières sont ordinairement rebordées en *a a*, comme on le voit figure 33. Lorsqu'on a donné cette forme aux feuilles, on les rapproche les unes des autres et on les soude bout à bout, pour en faire des gouttières d'une longueur quelconque.

Le mécanisme pour reborder les feuilles consiste dans un banc de bois dur (fig. 36), qu'on fait ordinairement en deux morceaux *b*, *c*, assemblés à vis, et dans lequel on a percé un trou rond, ouvert à la partie supérieure, formant mortaise. La seconde pièce du mécanisme consiste en une broche de fer *a* avec une poignée *f* (fig. 46), qui entre librement dans ce trou, en laissant assez de jeu pour le libre passage d'une feuille de zinc.

Tout le long de cette broche, on a pratiqué une rainure de 3 à 4 millimètres de profondeur et d'une largeur proportionnée à l'épaisseur des feuilles. L'un des côtés du banc porte une plaque de fer *e* percée d'un trou, du diamètre exact de la broche de fer.

La pièce de bois s'assujettit par une queue *d* sur un établi, on introduit la broche de façon que la rainure soit dirigée en haut. On prend une feuille de métal *i* (fig. 31), dont on fait entrer le bord dans la rainure et qu'on maintient d'une main pendant que de l'autre on tourne la manivelle *f* dans le sens de la flèche, on forme ainsi un des rebords *a*, comme le montre la figure 34. Avant de retirer la broche, on courbe la feuille sur le banc *g* (fig. 31) et elle présente la forme indiquée figure 27. On retire la broche, on retourne la feuille, on fait la même opération sur l'autre bord, et la gouttière se trouve ainsi terminée.

Machine à étirer les tuyaux à agrafes, de M. Ledru.

On doit à M. Ledru une machine à étirer à froid, qui sert à fabriquer des tuyaux à agrafe, principalement ceux en tôle galvanisée.

Le principe de cette machine est le suivant. Imaginez le travail de la charrue du Brabant avec deux socs, ramenant la matière de droite et de gauche, en la courbant en dedans du sillon situé au centre, de la même manière qu'elle exécute ce travail en dehors.

La machine dont nous nous occupons, fig. 52, pl. II, se compose d'un banc ordinaire à étirer avec filière et d'un coulisseau devant servir d'agrafe. Or, c'est le coulisseau qui marche et c'est l'outil représentant le soc qui, placé en saillie, perpendiculairement à la partie supérieure de la filière, demeure immobile. La tôle, pour s'arrondir en tube et franchir la filière, tend à réunir ses bords entre lesquels l'outil résiste. Pressés alors fortement contre cet obstacle, au lieu de joindre, ils sont forcés de se replier en x sous les bords de l'agrafe.

Les fig. 48 et 49, pl. II, montrent en élévation les deux filières. La fig. 50 est une élévation latérale et partie en coupe d'une filière avec une portion du tube et le coulisseau. La fig. 51 est la coupe transversale d'un tuyau terminé.

Pour employer cette machine, il n'y a qu'à façonner légèrement l'extrémité de la feuille sur le mandrin. On fait un passage dans deux filières graduées et, par un martelage sur un mandrin, on complète l'agrafage du tuyau.

Machine américaine à plier et agrafer les tuyaux.

Cette machine a été employée pour faire des tuyaux de poêles, des tuyaux acoustiques, des tuyaux de conduite, etc. On a fabriqué ainsi des tubes en zinc, en cuivre, en laiton, qui avec un diamètre de 26 mill. ont résisté, dit-on, sans fuite, à une pression de 18 kilog. par millimètre carré.

L'agrafe se fait à volonté à l'intérieur ou à l'extérieur du tuyau. Ce système emploie plus de métal que celui de la soudure par approche ou de l'étirage, mais d'autre part il est beaucoup plus expéditif, de telle sorte qu'il peut y avoir compensation.

La machine se compose d'une série de couples de cylindres, se commandant directement dans le cas où ils doivent avoir la même vitesse, ou reliés par des engrenages intermédiaires dans le cas contraire.

Les tuyaux sont fabriqués avec des feuilles plates, dont on alimente le premier couple de cylindres, et dont les extrémités sont repliées suivant une certaine inclinaison sur la feuille même ; le repli d'un côté étant en largeur environ deux fois plus grand que l'autre.

En passant dans le second couple, la feuille prend la forme d'un V dont les deux branches sont un peu divergentes, les deux plis persistants sur les arêtes extrêmes. De là, par une petite paire de cylindres, elle est complètement enroulée et fermée; les deux parties, qui avaient été repliées, se dressent à côté dans le prolongement d'un rayon.

Le travail consiste ensuite à replier deux fois à angle droit sur elle-même la partie la plus large de la feuille relevée dès l'origine, de façon à envelopper la partie la plus étroite, qui reste dirigée normalement au cylindre, puis à rabattre le système des deux replis sur le corps du tuyau.

Il peut arriver, dans la confection d'une foule d'objets en zinc, que l'on ait à y pratiquer des rebords, des ourlets, des moulures, surtout pour les pièces établies en vue de la décoration des bâtiments. Ces travaux, lorsqu'ils acquièrent une certaine importance, font l'objet d'industries spéciales, et le plombier-zingueur a généralement recours à elles pour les faire exécuter. Toutefois, dans quelques circonstances, il pourra les exécuter par lui-même. L'outillage, propre à ce genre de travaux, est analogue à celui qui est décrit dans le *Manuel du Ferblantier-Lampiste,* auquel nous renvoyons nos lecteurs. Il ne faudra jamais perdre de vue que le zinc doit être recuit avec soin, quand il doit supporter ces manipulations un peu compliquées.

Procédé du Dr WAIDELE *pour découper les plaques épaisses de zinc.*

Ce procédé est excessivement curieux, en ce qu'il permet d'obtenir le résultat cherché sans le secours d'aucun appareil, surtout pour les plaques épaisses que les machines découpent mal. Il peut encore être avantageusement appliqué même pour des feuilles minces, lorsque l'on aura à découper un patron de contours excessivement sinueux. On graisse la plaque au moyen d'un chiffon trempé dans du suif en fusion, en suivant le contour de la découpure à exécuter et cela sur une largeur de 0m25 à 0m30; puis, au moyen d'un instrument aigu, on trace dans la partie grasse le dessin exact du contour à découper. Il n'y a plus alors qu'à faire courir une goutte de mercure sur ce sillon. Cette ligne s'amalgame presque instantanément; et alors le zinc devient assez friable sur ce tracé pour qu'en appuyant la plaque sur le bord d'une table en suivant le contour tracé, on puisse, par une simple pression de la main, obtenir la séparation des deux parties. On découpe ainsi très aisément des plaques dont l'épaisseur atteint 0m005.

Machine à canneler les feuilles de zinc par estampage, par MM. MORENWOOD *et* ROGERS.

Nous verrons plus loin, dans la partie qui traite de la couverture, que l'on emploie beaucoup les feuilles de zinc ou de tôle cannelées. Voici comment est établie la machine qui produit ce cannelage.

Un arbre, monté entre deux paliers parallèles, reçoit un mouvement de rotation autour de son axe par l'intermédiaire de roues d'engrenages et d'une manivelle. Cet arbre porte une série d'excentriques commandant des leviers rectilignes.

Au-dessous est un banc fixe percé de trous servant de guides aux leviers attachés aux manivelles. Ces leviers portent une traverse constituant l'étampe.

Au-dessous est la contre-étampe sur laquelle sont creusés deux sillons formant les creux de deux cannelures successives.

Une deuxième barre mobile, semblable à l'étampe, est mise en mouvement par une autre série de leviers commandés comme les premiers, seulement les deux mouvements de ces bancs ne sont pas identiques. La façon dont travaille la machine est facile à comprendre. Plaçant la feuille de zinc ou de tôle sur la contre-étampe, on abaisse l'étampe qui vient tracer une cannelure, on avance la feuille de façon que la première cannelure vienne reposer dans le second creux de la contre-étampe ; la seconde barre vient alors former presse et empêcher que la feuille ne se dérange pendant que l'ètampe détermine la seconde cannelure, et ainsi de suite.

Machine à découper les feuilles de métal, *de* M. Wermington.

Cette machine, combinée sur un principe tout différent des cisailles ordinaires, permet de découper des feuilles d'une longueur quelconque sans qu'elles puissent se rouler ou friser, condition si difficile à obtenir, et de plus l'opération est continue. Elle est basée sur la combinaison de deux mouvements, l'un horizontal, l'autre circulaire.

La figure 54, pl. II, montre une élévation latérale de la machine, la figure 55 la même élévation par devant, et la figure 53 la disposition en plan.

Elle repose sur un sommier *a* ; un arbre *c*, supporté par deux montants *b*, porte à l'une de ses extrémités une roue d'angle *l*, et à l'autre un disque *d* armé d'une lame d'acier *e**. Un arbre *v*, à angle droit avec le premier, porté par des montants spéciaux *s*, sert d'organe de transmission à l'appareil par deux roues d'angle *m* et *n*, embrayant alternativement la roue *l* et renversant par suite le mouvement de la roue *d*. Celle-ci engrène avec une crémaillère *f*, fixée sur le bord d'une plate-forme *e* qui par suite se meut alternativement en va et vient sur des rails triangulaires *r*; *k* est un couteau plat monté sur la plate-forme, laissant entre lui et la crémaillère un espace voulu pour la manœuvre du disque *d*.

Voyons maintenant comment se détermine automatiquement le mouvement de va et vient de l'appareil.

Un arbre *w* est disposé sous le sommier, suivant sa longueur, et porte à ses extrémités deux leviers *p* et *x*. Le premier commande l'embrayage *y* des roues *m*, *n*, et *l*, le second *x* est commandé par deux excentriques *y** *y***, qu'on ajuste à volonté sous la plate-forme *e*, de façon que, quand cette plaque s'est avancée suivant une direction à la distance requise, l'un d'eux frappant sur le levier *x* change l'embrayage des roues *m*, *n* et force la plate-forme à se mouvoir en sens inverse.

La feuille de métal est placée sur la plate-forme *e* et présentée par un de ses bords au disque *d*, pendant qu'on imprime le mouvement à l'arbre *c*. Le disque *d* tourne, saisit la tôle entre la lame et le couteau *k*, découpe une bande de métal qui tombe dans l'espace *h*, tandis que simultanément la portion dentée *g* agit sur le dos du disque, opère sur la crémaillère *f* et fait marcher la plate-forme horizontalement vers le couteau tournant. Puis s'opère le renversement du sens de la machine, qui découpe une nouvelle bande en revenant, et ainsi de suite.

Fabrication du fil de zinc.

Le procédé général de fabrication des fils métalliques, consiste à prendre des barres de métal, amenées soit par le laminage ou le martelage à des dimensions petites, sous lesquelles on les désigne souvent sous le nom de verges, indiquant l'usage auquel elles sont destinées; puis à passer ces verges dans des laminoirs à cannelures cylindriques et enfin dans des filières pour terminer le fil.

Voici une machine qui apporte une grande simplification dans la fabrication du fil de zinc. On prend des feuilles de zinc dont l'épaisseur est égale au diamètre du fil à obtenir et l'on y découpe une bande continue circulaire, dont la largeur égale l'épaisseur; cette bande passe dans une filière, et l'on obtient ainsi directement du fil, en partant des feuilles telles que les livre le commerce.

Les figures 18 et 19, pl. I, montrent cette machine en plan et en élévation ; la figure 20 est une section transversale suivant la ligne A B de la figure 18.

a a' est un bâti en fonte servant de support à l'appareil, sur lequel sont disposés deux arbres parallèles *b* et *b'*, communiquant entre eux par deux roues dentées identiques *e*. L'arbre *b* porte à l'une de ses extrémités les deux poulies folle et fixe *f f'*, à l'aide desquelles on met la machine en mouvement, et à l'autre un disque ou couteau circulaire *c*, disposé dans un plan perpendiculaire à l'axe de l'arbre. L'arbre *b'* porte un couteau semblable *c'* qui vient en regard du premier; de plus, par l'intermédiaire des engrenages *i*, *j*, *g*, *n*, *n'*, il transmet le mouvement à une vis sans fin *d*, sur laquelle se déplace un petit chariot *h*. La feuille de zinc est disposée sur une table *k* et est percée d'un trou dans lequel passe librement un axe monté sur *h* et retenu par un écrou. Si l'on met l'appareil en marche, il est facile de voir ce qui arrivera. La feuille de zinc recevra une double impulsion de translation, par l'intermédiaire du chariot *h* et de la vis *d*, et de rotation autour du centre *h*, par suite de l'action qu'exercent sur elle les deux couteaux *c* et *c'*. La machine découpera donc une bande continue dans la feuille. En réglant convenablement la vitesse de translation, par l'intermédiaire des deux roues *n* et *n'*, on pourra obtenir une égalité continue dans la largeur du ruban découpé et faire que cette largeur soit égale à l'épaisseur de la feuille de zinc.

A l'aide d'une courroie, d'un câble ou de toute autre transmission, l'arbre *b'* communique le mouvement de rotation à un tambour *m* sur lequel le fil carré, obtenu au découpage, vient s'enrouler. Il n'y aura plus qu'à enlever ce tambour et à le porter devant la filière, où le fil se déroulera d'une façon continue pour être terminé et enroulé de nouveau sur un autre tambour, et être livré en bottes au commerce.

Ces bottes de fil doivent être généralement recuites surtout pour les fils de fer et de cuivre. On a depuis quelques années modifié le four où s'exécute cette opération. Les bottes sont enfermées entre deux cylindres creux en fonte, munis de couvercles annulaires, de sorte que la masse du fil se trouve soumise à la chaleur sur toutes ses faces, et que le recuit ainsi obtenu est de beaucoup supérieur à celui que donnait l'ancien procédé.

CHAPITRE III

Emplois industriels du Zinc.

§ 1. — EMPLOIS GÉNÉRAUX DU ZINC.

Le zinc reçoit de nombreuses applications industrielles; une des plus considérables est sans contredit la couverture des bâtiments à l'aide des feuilles de ce métal. Bien qu'il soit inférieur au plomb pour cet usage, néanmoins, à cause de la grande différence du prix des deux matières, il n'en est pas moins aujourd'hui au moins autant, sinon plus répandu, que le plomb. D'ailleurs, au point de vue de la couverture, ses applications sont des plus larges, car on fait avec lui toutes les diverses parties de ce travail : chéneaux, noues, etc.; il s'allie avec les ardoises et quelquefois même avec les tuiles pour le revêtement de quelques parties spéciales du toit. Les tuyaux de descente pour les eaux, le long des bâtiments, les gouttières qui sont d'un emploi si répandu pour toutes les petites constructions ou toutes les grandes toitures de halles, de gares, etc., se font uniquement en zinc. Nous avons indiqué les procédés divers employés pour ces fabrications. Quant au mode d'emploi de ces divers objets, aussi bien que le travail proprement dit de la couverture, nous ne nous étendrons pas davantage sur ce sujet, qu'on trouvera traité avec tous ses détails dans la troisième partie de ce manuel, consacrée spécialement à la couverture.

Le zinc est encore employé à confectionner une foule d'objets que l'on rencontre couramment dans les usages domestiques : seaux, brocs, vases de formes diverses, baignoires, cuvettes, réservoirs, etc. Nous nous étendrons peu sur ce sujet, car ce travail est identique à celui qu'exécute le ferblantier et est décrit en détail dans le manuel spécial consacré à cette industrie.

D'une façon générale, ce travail s'effectue de la façon suivante. Ayant pris le développement de l'objet ou des diverses parties qui le constituent, on les trace sur une feuille de zinc et on les découpe. On les contourne ensuite et les façonne sur des modèles en bois de manière à leur en faire prendre la forme ; au moyen de la soudure, on forme chacune des parties, les réunissant ensuite entre elles par le même moyen.

Les parties les plus susceptibles, comme les fonds ou les rebords inférieurs portant sur le sol, sont renforcées par une bande, de hauteur appropriée et soudée sur la pièce.

On établit beaucoup de réservoirs en zinc pour conserver les eaux. C'est ainsi que souvent, à la campagne, on emmagasine les eaux pluviales recueillies de la descente des toits. L'eau a une certaine action sur le zinc, il se forme une couche d'oxyde qui ne tarde pas à produire une couche de vernis, protégeant et arrêtant toute nouvelle action destructive. Quant à la formation de cet oxyde, elle n'a aucune influence fâcheuse au point de vue de l'emploi des eaux aux usages domestiques.

L'action du chlore et de certains chlorures est plus nuisible et entraîne bien plus rapidement la destruction du métal. M. Zurek, qui a étudié cette question, recommande dans ce cas de préserver les réservoirs en les enduisant d'une couche de bon ocre ou d'asphalte, en ayant bien soin de ne pas employer de matière plombeuse.

Le zinc est toujours laminé et numéroté. Il faut, pour être sûr de ne point se tromper, spécifier dans le marché le n° du zinc qui doit être employé et en prendre un échantillon pour être comparé avec celui mis en œuvre ; cela est d'autant plus important que l'on trouve souvent des feuilles qui n'ont pas la même épaisseur partout, quoiqu'elles aient le même poids entre elles, et que cela sert quelquefois de prétexte au fournisseur pour placer des feuilles plus minces que celles du numéro convenu. Avec la précaution que nous indiquons, le plombier sachant que toute erreur ou toute fraude est impossible, mettra de côté les feuilles ou parties de feuilles défectueuses, et chacun aura son compte.

Il est encore quelques autres applications du zinc, dont nous n'avons point à nous occuper ici, parce qu'elles dépendent d'industries qui n'ont aucun point de commun avec celle qui nous occupe. Nous voulons faire allusion à l'emploi du zinc dans la construction des piles électriques, des planches de zinc pour la gravure, de la désincrustation des chaudières à vapeur, et enfin de la substitution du blanc de zinc au blanc de plomb dans la peinture.

Toutefois, il en est une sur laquelle nous croyons devoir nous étendre davantage, parce qu'elle intéresse le zingueur, au point de vue des matériaux qu'il peut être appelé à employer, surtout dans la couverture. Nous voulons parler du zincage des métaux et en particulier du fer, opération que l'on désigne souvent sous le nom de *galvanisation du fer*.

Nous n'entrerons pas dans de grands détails sur l'opération du zincage par la voie électro-chimique, les appareils et procédés usités dans ce cas rentrant dans ceux dont la description forme le sujet d'un

Manuel de l'*Encyclopédie-Roret*, où l'on trouvera cette étude avec des détails que nous ne pourrions reproduire ici. Nous nous contenterons d'indiquer seulement quelques-unes des formules les plus recommandées pour la composition des bains.

M. de Ruolz employait le sulfate ou le chlorure de zinc, avec le zinc disposé au pôle positif, ou bien de l'oxyde de zinc et de l'alun.

Le docteur Elsner indique, comme donnant d'excellents résultats, les compositions suivantes :

Le sulfate de zinc, en solution étendue et un courant faible, que l'on prépare en prenant de l'eau saturée d'acide sulfureux et y dissolvant de l'hydrate de carbonate de zinc jusqu'à saturation.

Ou bien un sel double, chlorure de zinc et d'ammoniaque, que l'on prépare en dissolvant 1 partie de zinc dans l'acide chlorhydrique, y ajoutant 1 partie de sel ammoniac et évaporant jusqu'à cristallisation.

L'application du zincage du fer, généralement désigné sous le nom de *galvanisation du fer*, a reçu surtout une grande application pour l'enduit des fils de fer destinés à faire les fils télégraphiques. Cette fabrication est restée longtemps défectueuse; on se contentait, après avoir décapé les tourteaux de fils de fer, de les plonger dans de grands creusets de zinc fondu contenant jusqu'à 7 à 800 kil. de métal, puis on les secouait pour détacher le zinc en excès. Il se perdait des quantités considérables de zinc, près des 9/10 par la formation d'un alliage de fer, qui se détachait et tombait dans le creuset. Les creusets étaient facilement perforés, le fil trop zingué devenait cassant, enfin on ne pouvait appliquer cette méthode à des fils de petit diamètre.

M. Muller a perfectionné cette opération. Par son procédé, la perte du zinc est presque annulée et le système peut s'appliquer à tous les diamètres. Le fil est décapé dans l'acide sulfurique, passé à l'acide chlorhydrique et passé tout mouillé dans un bain de zinc fondu, à la sortie duquel il rencontre une filière qui assure une égalité suffisante de la couche de zinc; le mouvement est communiqué à l'aide d'un dévidoir sur lequel le fil zingué s'enroule. La vitesse du dévidoir qui commande l'opération, varie en raison inverse du diamètre du fil.

§ 2. — DU ZINCAGE DES MÉTAUX OU GALVANISATION.

Le zincage des métaux, et en particulier du fer, a pris une grande extension. Cette opération industrielle a pris un grand développement, non qu'elle soit tout à fait comparable à l'étamage, seulement elle est beaucoup plus économique à cause de la grande différence de prix entre les deux matières, le zinc et l'étain. Nous donnerons donc quelques détails sur les divers procédés employés pour l'opérer.

Ces procédés appartiennent à deux genres bien distincts. Le premier semblable à l'opération de l'étamage, se fait en plongeant le fer ou le cuivre dans du zinc fondu; le second, emprunté aux moyens électro-chimiques, en déposant le zinc, par la décomposition d'un sel de zinc au moyen de la pile voltaïque.

Le zincage obtenu par le premier système présente quelques inconvénients. Le fer s'y alliant au zinc constitue un alliage superficiel très cassant, et le fer dans cette opération perd un peu de sa ténacité. Cependant ce changement de qualité du fer est en général assez peu sensible pour pouvoir être négligé si ce n'est pour des tôles très minces ou pour le fil de fer, et, dans ces deux cas, il sera toujours préférable de recourir aux moyens empruntés à l'électro-chimie.

Quant à l'importance du zincage, nous n'avons pas à y insister beaucoup, tant il est évident. Le fer ou la fonte, qui à lui seul forme la presque totalité des outils ou engins, employés dans les industries de la construction, de l'agriculture, de l'économie domestique, présentait, à côté de ses qualités, ce grand inconvénient d'être facilement altérable aux actions de l'air, et tout le monde sait avec quelle rapidité la rouille le ronge. Aussi l'opération du zincage qui moyennant une dépense très minime, augmente la durée des objets dans des proportions considérables, est-elle une découverte précieuse, et ses applications se sont-elles multipliées considérablement. Fil de fer, toiles métalliques, tôle, grilles en fer et en fonte, boulons, clous et bien d'autres objets qu'il serait trop long d'énumérer ne s'emploient-ils plus aujourd'hui qu'après avoir subi cette préparation.

Lorsque l'on veut opérer le zincage d'un objet en fer, au moyen de l'immersion dans un bain de zinc fondu, une des difficultés que l'on a rencontrée pour obtenir un bon résultat était de décaper convenablement le fer, et surtout au point voulu. M. Sorel, qui a beaucoup étudié cette question, indique comme préférable, pour le cas actuel, à tous les procédés employés pour le décapage, les deux suivants :

On fait une dissolution d'eau acidulée à l'acide sulfurique qui marque 10° au pèse acide, et l'on forme le bain suivant, qu'on emploie à la température de 15° :

Dissolution acide............	96
Protochlorure d'étain.........	4
	100

Ou bien le suivant :

Dissolution précédente.......	96
Sel de cuivre (sulfate)........	4
	100

Ou bien encore une dissolution d'eau et d'acide chlorhydrique marquant 8°.

Dissolution acide............	98
Sel ammoniac..............	2
	100

On peut également y ajouter du sel de cuivre, mais en proportion moitié moindre que dans la formule précédente.

D'autres auteurs, Dowling, St-Paul, recommandent de ne pas employer pour décaper le fer, une solution acide faite directement, et préconisent l'emploi des eaux acides provenant de la fabrication des huiles. Ils recommandent de ne pas plonger le fer zingué dans l'eau froide aussitôt qu'on le retire du bain de zinc.

Le fer, la tôle, la fonte, ayant été décapés, il n'y a plus qu'à les passer aussitôt, pour que les surfaces soient restées intactes, dans un bain de zinc fondu que l'on recouvre d'une couche de sel ammoniac, ou d'un flux de résine et de poix.

L'appareil de M. Girard, que nous avons indiqué en étudiant le plombage, est très propre à l'opération du zincage, lorsqu'on aura affaire à des plaques de métal. Si au contraire on veut zinguer des objets en fer, ou mieux en tôle plus ou moins épaisse, comme on en fait l'application à un certain nombre d'objets pour l'usage domestique, tels que seaux, boîtes, etc., on les plongera dans un simple bain de zinc fondu, recouvert de chlorure de zinc.

Voici un perfectionnement dans le zincage des métaux proposé par M. A. Smith.

Ordinairement, pour préparer le bain de zinc liquide dans lequel on trempera les objets que l'on en veut recouvrir, on dispose la chaudière de façon que la flamme circule tout à l'entour; les impuretés tombant au fond de la bassine y forment une incrustation qui occasionnerait la détérioration de la bassine si la flamme se portait en ce point.

Pour remédier à ces inconvénients, voici comment M. Smith opère. L'appareil à fondre le zinc se compose d'une grande chaudière en fonte disposée sur un foyer, dans laquelle on suspend la bassine doublée d'argile réfractaire où se trouve le zinc; celle-ci plonge dans une sorte de bain marie, d'un alliage fondu de plomb et d'étain, ou même de plomb seul, qui maintient la température constante.

L'expérience a montré que la meilleure proportion à adopter était une épaisseur de 40 millimètres pour le bain de plomb.

Voici un autre procédé qui a été indiqué, et désigné sous le nom de *Peinture galvanique*.

On fond du zinc dans un fourneau et on l'y chauffe près du rouge à l'abri de l'air. On ouvre le fourneau, on écume le bain, on y ajoute 1/10 de son poids de limaille qu'on a imprégnée d'acide chlorhydrique et de sel ammoniac, on couvre la surface du bain avec de la poudre de charbon et on le chauffe au rouge cerise, puis on le coule dans un bassin d'eau où il se réduit en grenailles.

La grenaille de zinc ainsi obtenue peut-être facilement réduite en poudre. On fait avec cette poudre une sorte de pâte, soit avec de l'huile de lin, des huiles de résidus de goudrons, ou bien de la cire et du suif, on en enduit la pièce à zinguer qui a été préalablement décapée, et on la chauffe dans un four rempli de vapeurs de zinc.

M. Dowling a même proposé une simplification à ce dernier procédé.

On plonge les objets à zinguer, pendant 24 heures, dans un bain composé de :

Eau....................	500 litres.
Soude..................	50 kilog.
Craie..................	15 kilog.
Huile..................	5 kilog.

On les retire, on les sèche, et on les frotte énergiquement, soit au tour, soit avec une sorte de lissoir comme celui employé pour faire le grain de la peau, avec du zinc métallique. Puis on porte l'objet au four rempli de vapeurs de zinc.

Lorsqu'on veut effectuer le zincage des clous et autres articles du même genre, on les dispose dans un panier de fil de fer, qu'on plonge dans le bain de zinc liquide, couvert d'une couche de sel ammoniac. Lorsqu'on retire le panier, on le secoue de façon à détacher l'excès de zinc qui resterait adhérent, et on plonge brusquement le tout dans l'eau pour obtenir une couche uniforme sur les objets.

TROISIÈME PARTIE

ART DU COUVREUR

CHAPITRE PREMIER

De la Couverture en général.

La couverture des bâtiments se trouve intimement liée aux deux industries que nous venons d'étudier, et le plus souvent, ces trois corps de métier n'en font à proprement parler qu'un seul, réunis dans les mêmes mains. Elle se pratique à l'aide de matières différentes, soit en métal à l'aide de feuilles de plomb, de cuivre ou de zinc, employées en grandes surfaces, unies ou découpées en petits fragments de forme déterminée, soit à l'aide d'ardoises et de matériaux désignés sous le nom général de tuiles, enfin de matériaux divers, des tuiles métalliques, ainsi nommées par suite d'une appropriation spéciale du métal travaillé, des tuiles en verre, du feutre ou du carton bituminé, etc.

Nous nous sommes déjà étendu suffisamment sur la fabrication des feuilles de plomb et de zinc, pour n'avoir pas à y revenir, et nous pourrons passer immédiatement aux divers procédés usités pour les appliquer. Quant aux tuiles proprement dites, leur fabrication, intimement liée à celle des briques, est décrite dans le *Manuel du Briquetier-Tuilier*, de l'*Encyclopédie-Roret*, avec des détails plus étendus que ceux que nous pourrions donner ici ; nous y renverrons donc nos lecteurs.

Nous donnerons, au cours de ce chapitre, les détails nécessaires sur la provenance ou le mode de fabrication des autres matériaux employés, afin que l'on puisse se rendre compte des qualités et propriétés des éléments employés.

Lorsque l'on se trouve en présence d'un ouvrage de couverture à exécuter, l'on a un toit d'une forme quelconque dont il n'existe que la carcasse ou mieux le squelette, soit en charpente de bois, soit en charpente métallique. La première partie du travail à exécuter consiste à disposer sur ce squelette une forme qui reçoive les matériaux formant la couverture proprement dite.

Lorsque la charpente est en bois, ce premier travail consiste à clouer sur cette charpente de la volige de peuplier, de blanc de Hollande ou de tout autre bois. Les planches devront être posées les unes à côté des autres perpendiculairement au sens de l'inclinaison du toit, de façon à former une surface continue. Ces voliges se vendent au cent sur des dimensions variables, mais qui se présentent en moyenne de la façon suivante : 1m95 de longueur sur 11 à 16 centimètres de largeur. Le travail est quelquefois un peu plus compliqué. On recouvre intérieurement cette sorte de plancher d'un enduit de plâtre, couvrant cette surface d'une façon hermétique.

Dans d'autres cas, on se contente de clouer sur la charpente des lattes en cœur de chêne, ou des baguettes carrées de sapin, qui servent de supports et d'agrafes aux pièces de la couverture. Les ouvriers couvreurs emploient des clous spéciaux dits clous à lattes et clous de couvreurs.

L'opération d'une couverture de bâtiment comprend la pose des matériaux formant le revêtement général, en débutant par déterminer l'égout, c'est-à-dire le bord extrême de la toiture. On continue en posant les tuiles, les ardoises ou les tables métalliques, pour arriver au sommet, et l'on donne le nom de faîtage aux arêtes horizontales du toit, qui se font avec la même matière, ou avec des pièces spéciales.

On appelle noue l'angle rentrant et en pente, à la rencontre de deux pans de combles différents, pour laquelle il faut toujours un travail spécial. L'arêtier correspond à la noue mais pour un angle aigu. En général, on procède pour les arêtiers comme pour le faîtage. Pour plus de détails sur les pièces qui composent la charpente d'un bâtiment, nous renvoyons nos lecteurs au *Manuel du Charpentier*, de l'*Encyclopédie-Roret.*

On désigne par solin, la bande de plâtre que l'on met le long d'un pignon pour y joindre les premières tuiles, et qui, formant une légère saillie sur elles, oppose un obstacle au déversement des eaux pluviales.

Lorsque ces diverses opérations sont terminées, on pose les gouttières, les tuyaux de descente, etc.

Nous allons étudier d'abord chacun des systèmes employés dans la couverture, au point de vue de l'application de la matière que chacun comporte, puis nous examinerons les diverses opérations communes à tous les systèmes.

CHAPITRE II

Des Couvertures en métal.

§ 1. — COUVERTURE EN PLOMB.

Les couvertures en plomb sont de deux espèces : l'une en ardoises de plomb et l'autre en nappes.

La première espèce se fait avec de petites tables de plomb découpées comme les ardoises ordinaires, et clouées de même sur la volige ; mais on en fait rarement usage, si ce n'est dans les couvertures des flèches aiguës ou dans quelques autres circonstances analogues.

Quant à la deuxième espèce, pour laquelle on se sert de nappes de plomb de 98 centimètres à 1m30 en longueur et en largeur, on l'emploie particulièrement dans les couvertures des dômes, des combles à surfaces planes ou courbes, des auvents, des terrasses, etc.

Pour découper les nappes, on développe d'abord les diverses parties à couvrir, et c'est au moyen de ces développements que l'on trace les panneaux sur les feuilles de métal, en ayant soin toutefois d'y comprendre les parties qui doivent se superposer. Ces panneaux s'appliquent ensuite sur l'aire destinée à les recevoir ; et, afin de bien les aplanir, de manière que le plomb porte également bien partout, on les bat avec des battes plates ou avec des battes rondes, selon le cas.

Les diverses pièces qui forment une couverture en plomb, peuvent être fixées sur les voliges par différents moyens.

Les feuilles se disposent, le petit côté dans le sens de la pente du toit, elles sont retenues dans le bas par un crochet de cuivre étamé et le bord supérieur est cloué avec de fortes pointes sur les chevrons.

Quant à ce qui concerne leur jonction, on les place de manière qu'elles se recouvrent un peu, puis on les soude ensuite. Mais comme dans ces sortes de couvertures, de même que dans toutes celles qui sont en métal, il faut prévoir et prévenir les inconvénients qui résultent des effets de la dilatation, il est préférable d'accrocher les feuilles les unes dans les autres au moyen d'un repli, ce qui permet à celles-ci de s'étendre et de se mouvoir sans laisser pénétrer les eaux. (Voyez la figure XCIV.)

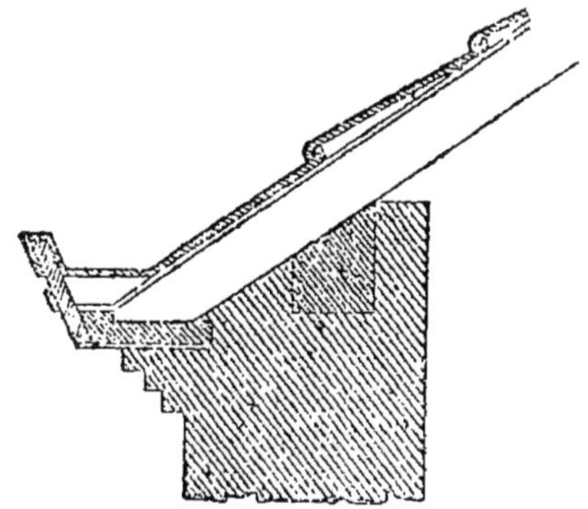

Fig. xciv.

Bien que le plomb soit encore d'un usage assez général, il n'est cependant pas également avantageux dans toutes les circonstances, principalement dans son application aux couvertures des combles en charpente; outre qu'il est très dispendieux, il a l'inconvénient de les charger considérablement, et de rendre les constructions dans lesquelles il est employé en grande quantité, inabordables en cas d'incendie, parce qu'il se fond facilement, et que son écoulement peut entraîner à de graves inconvénients, dont le moindre est sans contredit de retarder l'extinction du feu. Cet effet a plus d'une fois été observé dans les constructions anciennes. On a remarqué aussi que, dans ces sortes de couvertures, le plomb est assez fréquemment percé par les vers qui travaillent dans l'intérieur de charpentes faites en bois susceptible d'être attaqué par ces insectes, ce qui donne lieu à des infiltrations préjudiciables, surtout lorsqu'elles sont situées dans la partie de la toiture destinée à recueillir les eaux. Dans ce cas, on peut le remplacer avec avantage par le cuivre, qui est le meilleur de tous les métaux propres à former des couvertures; et bien qu'il soit beaucoup plus dispendieux que le plomb, il doit y avoir à la longue quelque économie à l'employer, parce qu'il conserve aussi sa valeur intrinsèque, qu'il n'exige aucun entretien, qu'il charge moins les charpentes, attendu qu'il peut être utilisé en feuilles beaucoup moins épaisses, et qu'enfin il n'est sujet à aucun des inconvénients signalés plus haut. On le remplace aujourd'hui par des feuilles de zinc, dont le prix est inférieur à celui du plomb.

Indépendamment de toutes les raisons qui motivent la préférence que l'on accorde maintenant à certains métaux sur le plomb, on a aussi objecté, et c'est avec raison, qu'ayant une valeur intrinsèque qui ne diminue guère, même après son emploi, il a souvent excité la cupidité des malfaiteurs, et donné lieu à des vols parfois très considérables. Aussi le prodigue-t-on moins aujourd'hui qu'on ne le faisait autrefois; non-seulement pour les couvertures, mais pour les tuyaux de conduite et de descente, où il peut être avantageusement remplacé par le zinc ou par le fer-blanc, et mieux encore par la fonte. Toutefois, nous n'ignorons pas qu'il est des circonstances où il serait difficile de le remplacer.

L'expérience a démontré que les feuilles de cuivre l'emportent sur le plomb, sous tous les rapports, dans les grandes constructions, mais le zinc est

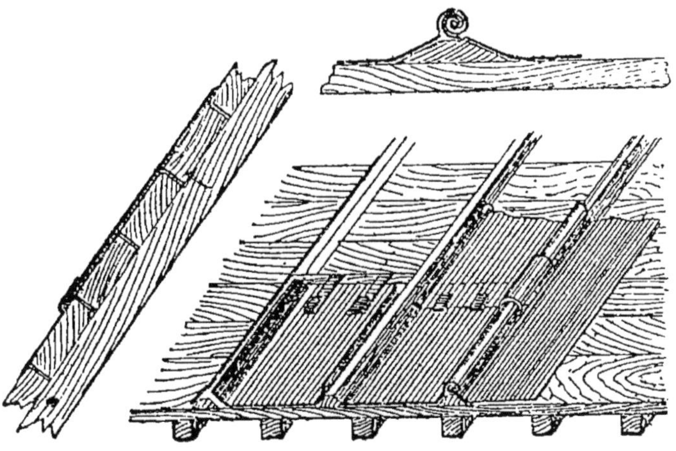

Fig. XCV.

devenu d'un emploi plus fréquent, parce que le prix du cuivre a presque doublé.

Parmi les exemples intéressants de couverture de plomb en feuilles, puisé dans les derniers travaux, on peut citer celle de l'église Notre-Dame de Paris. Elle a été faite en feuilles de plomb coulé de 5/4 de ligne d'épaisseur, posées sur un voligeage jointif en chêne. Les feuilles sont déroulées horizontalement et enroulées l'une avec l'autre latéralement.

Les figures XCV montrent comment les enroulements ont été disposés. Les rebords sur la gauche de chaque joint sont une fois plus larges que celui conservé à droite; cette partie de gauche est repliée sur l'autre adjacente et le tout est replié sur lui-même; des champs en chêne biseautés relèvent l'enroulement sur le niveau général.

Les joints horizontaux sont formés par un recouvrement à plat de 0m20 de largeur.

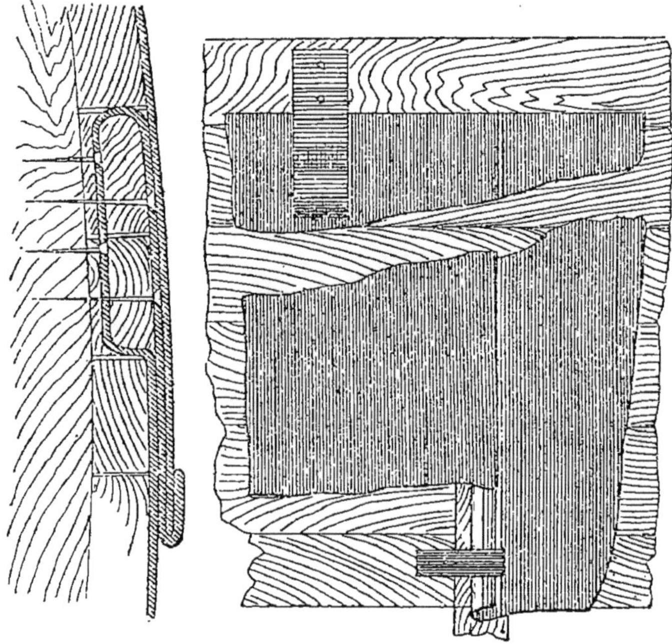

Fig. xcvi.

Les feuilles sont clouées par le haut et retenues au bas par des agrafes en fer forgé; enfin, de plus, la feuille est rabattue sur le champ de la solive qui supporte le clouage.

Le dôme des Invalides a été récemment recouvert en plomb et les détails de construction peuvent être intéressants à consulter comme spécimen de travaux de ce genre. Les feuilles sont semblables aux précédentes et disposées de la même façon, sauf pour le système des joints verticaux et d'attache.

Les joints horizontaux, fig. XCVI, se font également par recouvrement, et les feuilles sont retenues dans le bas par des pattes de cuivre étamé. La grande différence, entre ces deux exemples, consiste dans l'attache de la tête. Dans le cas précédent, la feuille est clouée en haut sur la solive et retournée sous elle ; ici, cette solive est divisée en deux feuillets, la feuille de plomb embrasse l'un d'eux et est clouée sur les deux à la fois.

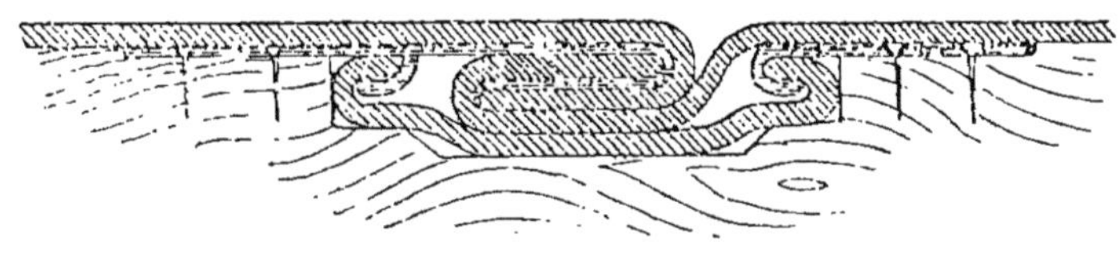

Fig. XCVII.

Les joints verticaux, fig. XCVII, sont également un peu différents. Au lieu d'un tasseau en saillie, nous trouvons un creux dans le voligeage, où vient se noyer l'enroulement des deux feuilles, et, en plus, l'adjonction d'une patte de sous-joint, bordée de pinces latérales, dans lesquelles s'agrafent des pattes en cuivre rouge étamé, ainsi que le montrent les figures XCVII et XCVIII.

Les couvertures où le plomb est employé sous forme de *tuiles plates* découpées comme des ardoises, ne s'appliquent que dans des cas très restreints et presque exclusivement pour les flèches aigues ou pour les dômes de petites dimensions. Ces tuiles sont fixées à la couverture inférieure étanche, par des soudures en tête et des agrafes à gaîne.

On emploie beaucoup les feuilles de plomb pour recouvrir les balcons et les terrasses. Nous verrons tout à l'heure que le zinc a en partie remplacé le plomb dans la couverture des bâtiments, mais dans le cas spécial qui nous occupe, le plomb est de beaucoup supérieur. Sous la marche, il ne produit pas le bruit désagréable du zinc, il n'est pas aussi glissant, il n'a pas une couleur aussi désagréable et enfin il adhère beaucoup mieux.

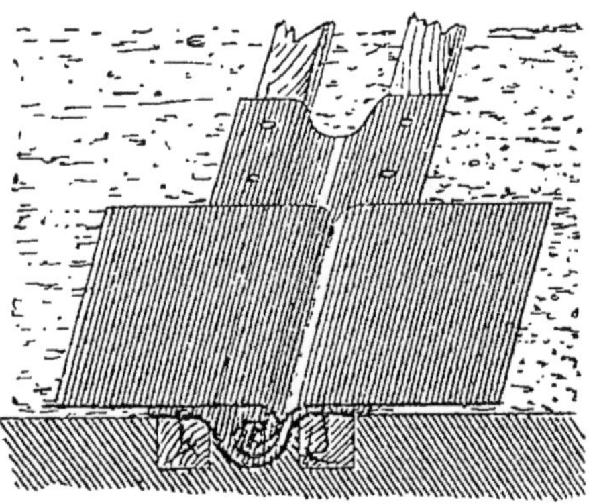

Fig. xcviii.

Les feuilles ont alors leur longueur dirigée dans le sens de la pente et sont agrafées dans ce sens ; on ménage de petits gradins au droit des joints horizontaux. On emploie encore une autre disposition : on place les joints dans des rainures où se dissimule l'agrafe, et qui sont revêtues d'une bande de plomb formant cuvette, pour déverser les eaux au dehors, ainsi que le montre la figure XCVIII.

Il faut toujours avoir le soin, dans la partie des feuilles qu'on relève contre le mur, de ne pas opérer ce relèvement d'équerre, car on fatigue la feuille et

l'on amène rapidement sa rupture; il faut la relever en pente et la maintenir par des pattes, en recouvrant le joint par un solin.

Les couvertures des terrasses sont traversées par les supports des balcons, supports qui sont scellés dans la pierre au moyen d'un alliage métallique qu'on y coule en fusion. Le meilleur à employer dans ce cas est formé de :

Plomb	2 parties.
Zinc	1 —

Pour faire le joint de ce support avec la feuille de plomb qu'il traverse, on se contente ordinairement de garnir ce joint d'une sorte de solin en soudure. Mais il serait préférable de pratiquer sur ce support un larmier, soit venu avec lui, soit formé d'une petite lame de cuivre, qui protège ce joint contre les infiltrations. Ce détail est trop souvent négligé, car il est rare que l'infiltration ne se produise en ce point, causant des dégâts et surtout des taches d'un fâcheux effet sur la corniche située au-dessous.

L'emploi du plomb à la confection des chéneaux, des revêtements de lignes de faitages, etc., sera présenté plus loin en même temps que celui du zinc approprié aux mêmes usages.

§ 2. — DES COUVERTURES EN ZINC.

Les couvertures en zinc ont pris une grande extension due à leur bas prix.

Le zinc est cependant moins malléable que le plomb, et par suite d'un travail et d'une application plus difficile; il se dilate et se resserre sans cesse sous l'action de la chaleur et du froid et il est sujet à de fréquentes crevasses.

Il a été fait de nombreuses expériences sur la durée de ces toitures. On a trouvé qu'en 27 ans une feuille de zinc perd 83gr.815, par mètre carré, ce qui correspond à 0m.0062 d'épaisseur.

D'autre part, le directeur du Conservatoire a fait sur le même sujet les observations suivantes :

Il examina chaque jour quel effet produiraient, sur ce métal, les variations de l'atmosphère.

Il reconnut :

1° Qu'après les premières pluies, le zinc s'est couvert d'un oxyde blanc sur toute sa surface ;

2° Que le vent et les pluies subséquentes n'ont enlevé que la couche supérieure et superficielle de cet oxyde, dont une partie a résisté et est restée adhérente à ce métal ;

3° Que, dans l'espace de trois mois environ, il s'est formé successivement de nouvelles couches d'oxydation de plus en plus légères, sur les parties qui d'abord avaient été le moins oxydées, et qu'à la fin il ne se formait plus d'oxyde ;

4° Après le quatrième hiver passé, il s'est formé, sur toute la surface, une espèce de vernis naturel ou d'émail, d'un gris blanc et mat, sur lequel les eaux pluviales coulaient sans produire aucun effet. Ce vernis, à la couleur près, ressemble beaucoup à l'oxyde qui se forme sur le bronze, et que l'on nomme patine, et à la couche brune qui se forme sur le plomb.

Un chimiste a fait oxyder, par la vapeur et l'exposition à l'air, une pièce de zinc laminé, l'a essuyée et fait oxyder de nouveau pendant quelques jours, puis l'a trempée dans de l'acide nitrique : il a fait tremper aussi, dans le même acide, une pareille pièce de zinc dont la surface était neuve ; il a observé que l'acide attaquait vivement la pièce de zinc neuve, et qu'il ne mordait qu'à peine, et plus à la longue, sur la lame qui était bronzée par son oxyde.

Toutes ces remarques sont encore confirmées par ce qui est journellement pratiqué à Paris dans quelques ateliers où l'on emploie de grands vases, des réservoirs et des fontaines en zinc. Les premiers jours, on hâte l'oxydation, et on la produit artificiellement ; on essuie et l'on frotte fortement l'intérieur des vases, mais sans enlever le vernis qui s'est formé ; on se sert ensuite de ces vases, et il ne s'y forme plus d'oxyde.

On a dit que le zinc, employé pour les couvertures d'édifices, pourrait présenter un grand inconvénient en cas d'incendie, qu'il s'enflammerait et brûlerait avec vivacité.

Il est connu que le zinc fondu dans un creuset ou dans un four à réverbère avec le contact de l'air, ne s'enflamme pas à son simple état de fusion : on peut même le chauffer au point de le faire rougir, et il ne s'enflamme pas encore. Il faut pousser le feu jusqu'à ce qu'il passe du rouge au blanc ; alors il s'enflamme, se volatilise et se répand dans l'air sous la forme d'un flocon aussi blanc et aussi léger que du coton ; dès qu'il est volatilisé sous cette forme de laine blanche, il est consumé et dépourvu de tout principe inflammable.

Pour établir une couverture en zinc, on commence par disposer sur les chevrons une première couverture en voliges de peuplier ou de sapin, de 0^m12 à 0^m15 de largeur sur 0^m05 d'épaisseur, clouées sur les chevrons, avec des joints de 1 centimètre de large, par des clous dont la tête est enfoncée pour n'être pas en contact avec le zinc. Dans les grands bâtiments, on emploie deux voligeages disposés diagonalement l'un sur l'autre à recouvrement. Sur ce voligeage, on pose le zinc.

Le plus ordinairement, dans ce genre de couvertures, on emploie, pour réunir entre elles les feuilles de zinc, des tasseaux en bois, de forme quadrangulaire ou en dôme. Les bords des feuilles de zinc sont relevés et adossés contre le tasseau, lequel est, à son tour, recouvert d'une feuille de zinc qui se rabat, à ses extrémités, sur les bords des feuilles de zinc formant la toiture, et sert à les maintenir contre le tasseau.

A l'état normal, ce mode de jonction des feuilles de zinc est suffisant; mais si une pression quelconque, telle que celle du poids d'un homme, et cela est fréquent sur les terrasses, vient à s'exercer sur le tasseau, les bords ne se trouvant plus maintenus, tendent d'eux-mêmes à quitter le point d'appui.

L'eau et les ordures, qui séjournent habituellement sur les toits ou sur les terrasses, pénètrent alors entre les joints et dégradent promptement les parties que les feuilles de zinc devaient protéger.

Pour remédier à ces inconvénients et rendre les couvertures en zinc tout à fait parfaites, M. Gardissal a eu l'idée de remplacer le tasseau plein, ordinairement employé, par un tasseau de la forme indiquée fig. XCIX, c'est-à-dire par un tasseau évidé.

Ce tasseau est enveloppé par une feuille de zinc *b*, dont les extrémités *c*, *c*, se rabattent dans la cannelure du tasseau A. Etant ainsi enveloppé, au lieu de faire appuyer les bords *a* *a*, des feuilles de zinc D, D, de la couverture, comme nous l'avons dit plus haut, on met le tasseau à cheval sur ces feuilles de zinc, de manière que les bords *a*, *a*, relevés d'ailleurs comme d'habitude, se trouvent dans la cannelure. Par ce moyen, on n'a plus à craindre aucune dégradation.

En effet, le tasseau complètement enveloppé de zinc n'a rien à redouter de l'humidité et, une fois en place, il ne peut se déranger, et les feuilles de zinc de la couverture ne peuvent se disjoindre, puisqu'elles se trouvent retenues dans son intérieur. De plus, la pression, loin de nuire à la couverture, comme dans le système actuel, ne peut que la consolider, car elle ne peut que faire adhérer plus fortement ensemble la feuille de zinc qui enveloppe le tasseau et celles de

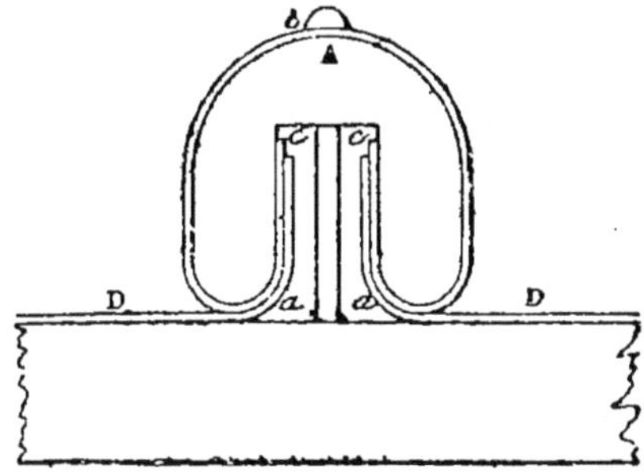

FIG. XCIX.

la couverture. On n'a pas à craindre, non plus, que ce tasseau ainsi évidé ou cannelé, soit moins solide que les pleins, car les feuilles de zinc, rabattues dans la cannelure, lui donnent au contraire plus de force. Enfin, rien n'empêche, avec ce système, de faire usage comme par le passé, de soudures ou d'agrafes, quelles qu'elles soient.

Les couvre-joints peuvent être fixés de diverses manières sur les tasseaux : au moyen de clous couverts de calottes de plomb, qui empêchent le contact du fer et du zinc ; ou de vis garnies de plomb, dans le même but ; ou enfin de pattes à gaine soudées dans le fond du couvre-joint, et passant sous une traverse en zinc clouée sous le dessus du tasseau. Ils ont 2^m de long comme les feuilles, et sont cloués *en tête*, avec une patte au milieu et au pied.

On a essayé divers systèmes pour réunir les feuilles de zinc, par agrafure, par coulisseau, par recouvrement avec pattes; mais l'expérience a montré qu'aucun d'eux n'était à comparer avec le système à tasseaux qui est presque seul employé aujourd'hui.

Bien que nous ayons déjà donné un tableau des grandeurs et des poids des feuilles de zinc, nous rappellerons ici, celles qui sont le plus spécialement employées pour la couverture.

	Numéros.	Épaisseur.	Dimensions et Poids Longueur : 2^m Largeur : 0^m.50	0^m.65	0^m.80	POIDS au mèt. carré.
		m/m	kil.	kil.	kil.	kil.
Couvertures provisoires, tuyaux de descente, recouvrement des saillies et des corniches..	12	0.69	4.65	6.10	7.50	4.65
	13	0.78	5.30	6.90	8.50	5.30
Couvertures ordinaires..	14	0.87	5.95	7.70	9.50	5.95
Monuments publics....	15	0.96	6.55	8.55	10.50	6.55
	16	1.10	7.50	9.75	12.00	7.50

Lorsque la pente ne dépasse pas les proportions de 2 de base pour 1 de hauteur, les feuilles de zinc formant la couverture peuvent être simplement superposées ; mais au delà, il est indispensable de souder les joints horizontaux.

Il est rare que ces joints horizontaux se fassent par simple superposition ; on forme généralement un joint à agrafe, plus ou moins emboîté, de façon à laisser toujours la libre dilatation des métaux, et on ajoute de plus des pattes clouées sur le voligeage et venant, par le repli de l'agrafe, retenir une des deux feuilles.

La soudure employée est un alliage de plomb et d'étain dans la proportion de 60 du premier pour 40 du second. Les feuilles à réunir sont placées de manière à se recouvrir, ou si elles se présentent bout à bout, on intercalle une petite bandelette sous le joint. On emploie des fers à souder en cuivre rouge.

On fabrique aussi *des toitures en zinc cannelé*, dont les feuilles présentent alors assez de rigidité pour éviter le voligeage préalable. Elles sont simplement posées sur des pannes en bois ou en fer, sans aucune agrafure qu'une petite patte en équerre, dont une branche est soudée sous la feuille, et l'autre fixée sur la panne ; elles se placent en recouvrement par emboîtement. Ces feuilles ont $2^{m},35$ de long sur $0^{m},80$ de large, elles sont du n° 14 et pèsent 7 kilog. le mètre carré.

Une des infériorités que présentent les couvertures en zinc par rapport à celles en plomb, provient de leur aspect. Neuves, elles ont un éclat insupportable, qui d'ailleurs ne dure pas longtemps, et disparaît pour laisser place à une couleur grise noirâtre, terne et d'une apparence très désagréable. De plus, la couverture en zinc est à l'œil d'une sécheresse qui devient pauvre d'aspect quand on la compare avec le plomb, qui est d'une apparence grasse, riche, ni trop brillante, ni trop terne.

En étudiant les applications industrielles du zinc, nous avons vu qu'on pourrait, par un plombage ou un étamage superficiel, détruire cette mauvaise apparence. Mais cette application est rarement faite à cause du supplément de dépense qu'elle occasionne.

Voici un procédé plus économique, bien qu'imparfait, que l'on peut employer. Une fois la couverture terminée, on lave la toiture avec une eau acidulée par l'acide chlorhydrique, et on la frotte au balai ou à la brosse avec la préparation suivante :

Graphite porphyrisé..........	14
Chlorate de potasse...........	5
Acide sulfurique..............	28

On obtient ainsi une apparence assez semblable à celle du plomb.

Le zinc sert encore à la fabrication des bavettes, bandes de rive, chéneaux, gouttières et raccords de toute espèce. Il est aujourd'hui généralement employé dans ces diverses circonstances, à l'exclusion du plomb; et bien que son emploi présente au premier abord une économie incontestable de premier établissement, nous engagerons vivement à choisir le plomb, toutes les fois que la dépense qu'il entraîne pourra être supportée, les effets obtenus dans le résultat d'exécution, comme solidité, qualité, durée, effet harmonieux, etc., étant de beaucoup supérieurs.

Nous allons passer en revue, les divers ouvrages que l'on peut avoir à établir, le mode d'exécution étant d'ailleurs indépendant de la nature du métal employé.

Ils ont presque tous le même but, conduire les eaux loin de certaines parties des toits ou des murs, et s'opposer à leur infiltration.

Le premier point à observer, c'est de prendre le développement des parties à recouvrir, de les tracer sur les feuilles de métal, en tenant compte des suppléments à ajouter pour les enroulements, de les découper et de les appliquer, en leur faisant épouser les formes à revêtir en les frappant avec une batte. Lorsque l'on voudra revêtir une corniche saillante, on aura le soin d'enrouler ou de replier sur elle-même la partie saillante de la feuille de métal, ainsi que l'indique la fig. C. Il n'y a pas de distinction

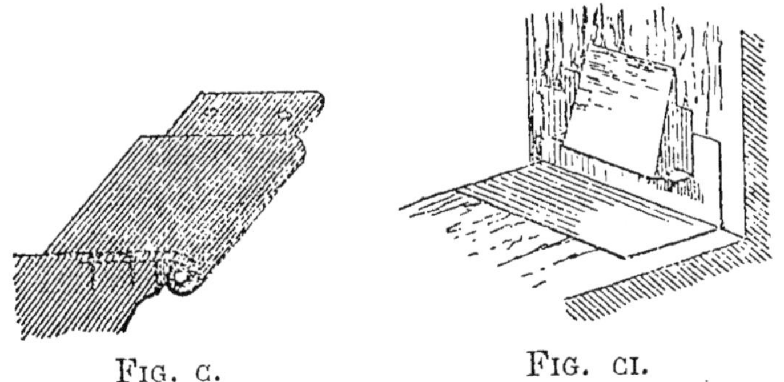

Fig. c. Fig. ci.

à faire entre l'emploi du zinc ou du plomb ; en général, il est préférable d'employer des feuilles superposées à des feuilles soudées. On les fixera avec de petits crochets à tête plate, ou bien avec des petits crampons de zinc s'agrafant l'un dans l'autre, et l'on posera sur les bords des pattes en fer étamé.

Lorsqu'une toiture rencontre un mur vertical, voici comment on dispose le joint des feuilles de métal, pour éviter toute infiltration sur la toiture. On relève la feuille de couverture contre le mur vertical, tout en ayant soin de ne pas replier trop à l'angle droit, parce qu'on risquerait ainsi de déchirer le métal, on la recouvre d'une petite bande en équerre clouée sur le mur et qui sert de soutient à un solin en plâtre, qui forme jet d'eau, ainsi que l'indique la figure CI.

Cette petite bande d'équerre peut être disposée, ou parallèlement aux faces de l'angle du toit et du mur, ou à l'inverse, ou bien encore avec un relèvement, mais ces diverses modifications ne changent rien au travail.

Les chéneaux sont des canaux placés au bas de la couverture, recevant les eaux de pluie, et les conduisant au dehors; ils sont placés sur les corniches des bâtiments. Leur construction doit toujours être faite avec le plus grand soin, car c'est ordinairement là que se produit toujours le siège des infiltrations de la couverture, ils doivent présenter une pente de $0^m,01$ par mètre dirigée vers le point d'évacuation.

On limite ordinairement le chéneau, d'un côté par la sablière et le bas du voligeage, de l'autre par une planche de $0^m,034$ inclinée en dehors, afin de n'avoir pas à redresser le métal sur des surfaces à angle droit, travail plus difficile et qui amène souvent des déchirures.

Cette planche est maintenue solidement par un scellement et des équerres, et la surface extérieure, peut en être décorée par des feuilles estampées, ou toute autre pièce ornementée.

On dépose au fond du chéneau, une couche de plâtre suivant la pente d'écoulement, et l'on dispose par dessus les feuilles de métal, qu'on borde d'un ourlet du côté extérieur. Quelquefois, on emploie une seconde bande recouvrant la première et bordant spécialement la partie extérieure. La figure CII montre le détail d'une pièce semblable.

Nous indiquerons la manière de faire un chéneau bien étanche, en renvoyant à la figure CIII. Les feuilles de zinc qui viennent surplomber le chéneau, sont bordées et ont en dessous, sur leur bord une forme

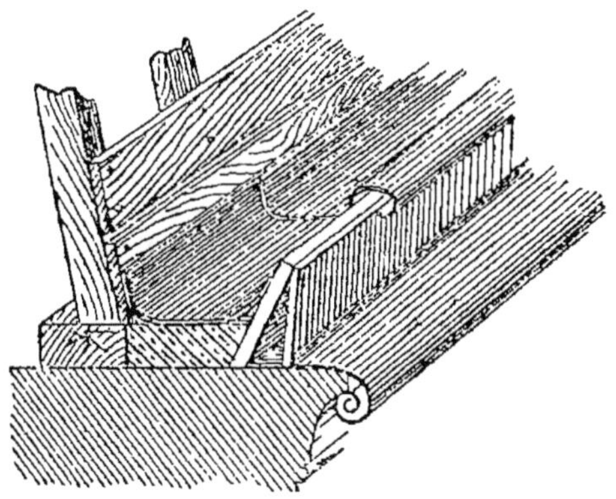

Fig. cii.

courbe, pour faire larmier, et celle qui constitue le chéneau lui-même est pliée en forme de U avec deux ailes, qui sont clouées sur les solives de la charpente.

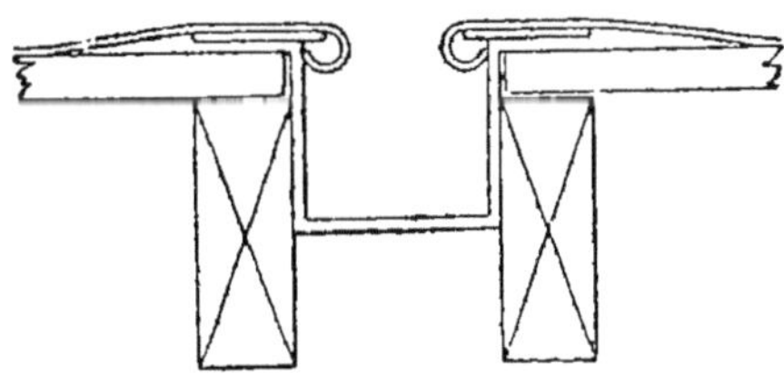

Fig. ciii.

Dans bien des circonstances, on ne construit pas de chéneau, et l'on se contente de disposer au bord de l'égoût du toit, une gouttière qui remplit le même but. Ces gouttières sont en zinc, nous en avons décrit la fabrication, elles sont formées par une portion de tuyau d'une section, plutôt elliptique que circulaire, bordée suivant une des arêtes par un bourrelet; quelquefois le bourrelet est pratiqué des deux côtés.

On trouve généralement dans le commerce trois modèles de gouttières, différents par la longueur du développement de la section, et qui présentent les grandeurs suivantes :

$0^{m},165 — 0^{m},250 — 0,325$

Elles se posent au moyen de clous spéciaux en fer plat, dits clous à crochet, qui sont formés par une

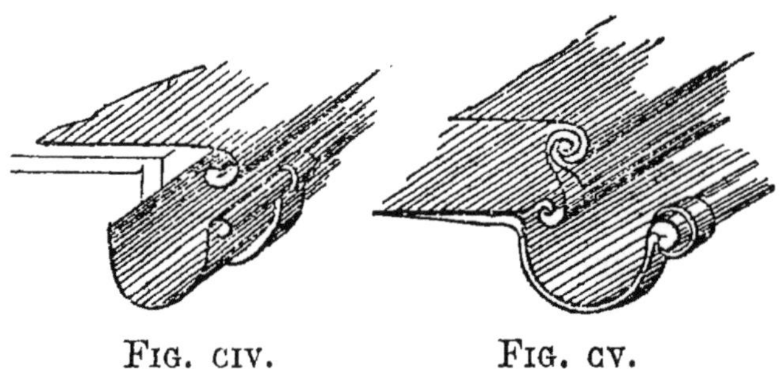

Fig. civ. Fig. cv.

partie droite en pointe suivie d'une partie courbée et pouvant enchâsser le profil de la gouttière. Cette partie courbe est à son tour recourbée sur elle-même à son extrémité, de façon à venir serrer spécialement le bourrelet, comme le montre la figure CIV. Ces clous se disposent en général à $0^{m},50$ les uns des autres, on les place au cordeau, de façon qu'ils suivent la ligne de pente et que la gouttière en venant s'appuyer sur eux, épouse à son tour la même inclinaison. La gouttière se fait à l'aide de tronçons qu'on emboîte à recouvrement les uns sur les autres. Bien qu'on ne le fasse pas toujours, et cela à tort, une bonne soudure est utile aux divers joints. Les deux bouts extrêmes d'une gouttière sont fermés à l'aide de deux plaques soudées; celle qui se trouve au sommet de la pente reçoit un excédant de hauteur et deux joues, permettant l'élévation du niveau de l'eau vers cette partie, au cas d'obstruction, sans avoir à craindre de déversement.

La feuille de zinc formant l'extrémité de la couverture est terminée par un ourlet, qui doit venir surplomber la gouttière, environ au-dessus de sa ligne médiane.

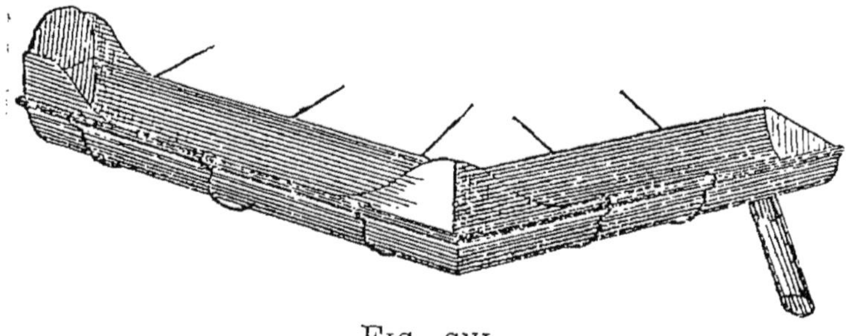

FIG. CVI.

Dans la partie de basse pente, c'est-à-dire vers l'extrémité de l'écoulement, il est bon de faire rejoindre la couverture avec la gouttière au moyen d'un larmier qui dirige les eaux, comme on le voit figure CV.

C'est vers cette même extrémité qu'est soudé, au point le plus bas, un tronçon de tuyau qui sert d'amorce à la conduite de descente.

Enfin, lorsque par suite d'un angle dans le bâtiment, la gouttière doit en présenter un, ainsi que le montre la figure CVI, on a soin de souder au sommet deux petites languettes verticales en dehors, qui ont pour but d'empêcher un déversement de l'eau, lorsque par une grande averse, l'eau coule abondamment et rapidement, et vient briser son cours en ce point. Le bord de l'égout doit recouvrir la moitié environ de la largeur de la gouttière.

Si les gouttières sont beaucoup plus économiques que les chéneaux, elles sont d'un aspect bien moins décoratif. On peut facilement poser la gouttière de façon à en conserver les avantages économiques, tout en arrivant au même résultat décoratif qu'avec le chéneau.

Il n'y a pour cela qu'à disposer les choses comme le montre la fig. CVII. La corniche, étant un peu au-

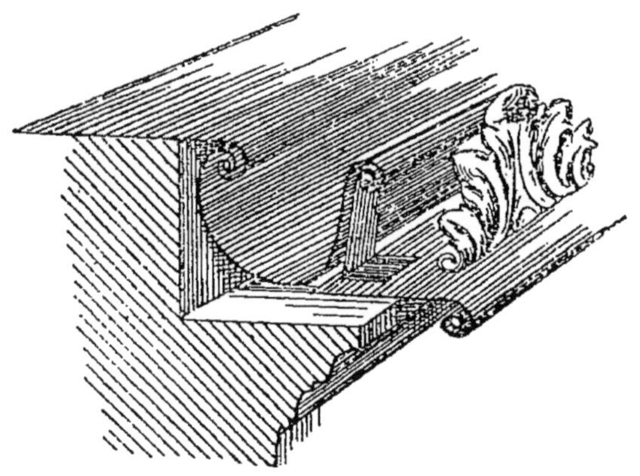

FIG. CVII.

dessous de l'affleurement de la toiture, sert de support à la gouttière, qu'une bande d'équerre maintient par devant, sur la bande de recouvrement de la corniche ou après le rebord de la gouttière; on dispose un ornement qui la masque entièrement, et qui donne à l'ensemble, avec peu de frais, l'apparence des constructions ordinaires à chéneau.

Les noues peuvent se disposer de plusieurs façons. La plus simple consiste à les recouvrir par une suite

de feuilles de métal, qui en épousent la forme, qui sont clouées en tête et retenues par des agrafes. Ces feuilles sont disposées à simple recouvrement, la couverture vient reposer par dessus. On se sert quelquefois des noues, et avec grand avantage, pour établir des chemins de service, permettant de gravir les pentes. Pour cela, on dispose des barres de fer de distance en distance, fortement montées par dessus les feuilles dans la charpente du toit et qui font une sorte d'échelle, préférable à celle que l'on dispose aussi quelquefois en mettant au fond de la noue des tasseaux transversaux que viennent recouvrir les feuilles de métal, et qui forment autant d'obstacle pour la libre circulation de l'eau.

De même que les arêtiers sont l'inverse des noues, leur revêtement suit la même loi. L'arêtier se recouvre par une série de bandes superposées à recouvrement, seulement au lieu que ce soit la couverture qui recouvre les bords de ces feuilles, comme dans la noue, c'est au contraire le revêtement de l'arêtier qui recouvre les feuilles de la toiture, exactement comme pour un joint sur un tasseau dirigé suivant la pente du toit.

Le faîtage se revêt exactement comme l'arêtier.

Quant aux tuyaux de descente, nous aurons peu de choses à en dire après les développements que nous avons déjà donnés, au sujet des divers tuyaux et procédés d'assemblage. Ils sont généralement en fonte ou en zinc, quelquefois en simple poterie. Les tuyaux de fonte ou de poterie sont disposés à emboîture dans un épaulement. Une portion de tuyau se dispose toujours le bout femelle en haut, et le bout mâle en bas. Des clous à crochets, semblables aux clous à gouttières, qui sont représentés dans la fig. CVIII, servent à maintenir cette conduite et dans son aplomb vertical et dans son adhérence contre le mur. Ces clous sont disposés de façon à pouvoir à l'aide d'un coin les enfoncer tout en leur faisant embrasser le tuyau.

Pour les tuyaux en zinc, on apporte souvent une simplification à cet assemblage. On prend des tuyaux courants, sans aucune disposition spéciale à leur extrémité. On les engage l'un dans l'autre, et l'on soude sur la portion du tuyau qui forme la partie extérieure du recouvrement, un petit appendice semblable à un demi-cornet, dont la pointe serait placée en l'air. C'est cette sorte d'arrêt qui sert au clou à crochet à supporter la colonne.

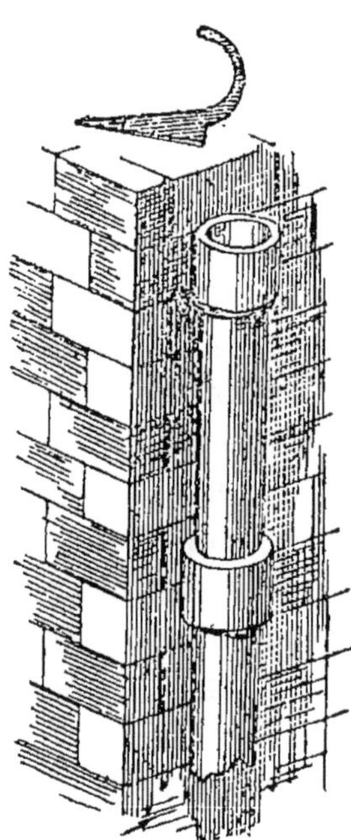

Fig. cviii.

Généralement, on ne fait pas communiquer directement le tuyau de conduite, avec l'amorce soudée à la gouttière; on fait déboucher celle-ci dans une cuvette ou hotte.

La confection des cuvettes, auxquelles on donne tantôt la forme d'un cône renversé, c'est-à-dire d'un entonnoir, tantôt la forme d'une hotte pour pouvoir mieux les appliquer contre les murs, et quelquefois aussi celle d'un prisme triangulaire ou quadrangulaire, ne présente dans aucun cas la moindre difficulté.

Pour tracer une cuvette en forme d'entonnoir, on détermine à l'avance le diamètre que l'on voudra donner à la plus grande ouverture ou base du cône renversé. On portera ce diamètre sur la feuille de métal destinée à former la cuvette en *a b* par exemple, fig. CVIX, on partagera cette ligne en deux parties égales *a c*, et *c b*, et du point *c*, comme centre, on décrira le demi-cercle *a d b*, qui sera la courbe suivant laquelle on découpera la feuille, pour avoir le bord supérieur de l'entonnoir. Ensuite du même point *c*, et avec un rayon égal à celui de l'ouverture

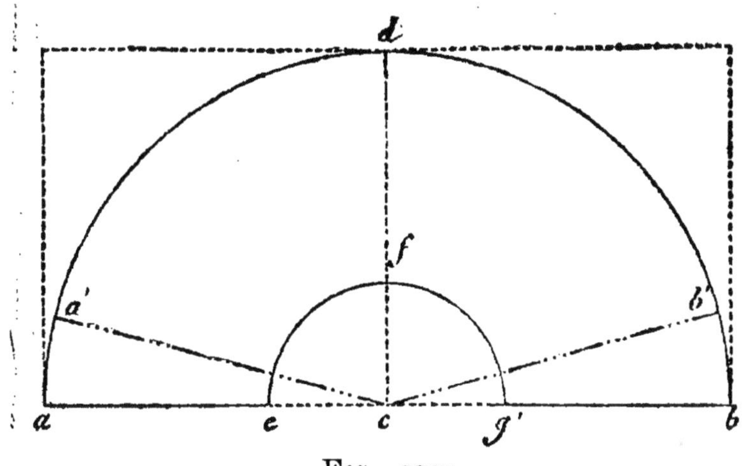

FIG. CVIX.

inférieure, on décrira l'arc *m*, *f*, *g*, on évidera le cercle *c*; *e*, *f*, *g*, et la courbe *e f g* sera le bord inférieur auquel on devra ajuster le tuyau de descente. Cela fait, on relèvera la feuille et l'on rapprochera les deux arêtes *a e*, *g b* pour les souder ensemble.

Le rapport qui doit exister entre les deux diamètres *a b* et *e g* ne peut être constant, parce qu'il dépend du plus ou moins d'ouverture que l'on veut donner à la cuvette. Cependant, celui que nous avons indiqué est le plus grand que l'on puisse raisonnablement admettre, c'est-à-dire une partie pour le diamètre de l'ouverture inférieure et trois pour celui de l'ouverture supérieure, en supposant l'une de ces parties égale à la distance *f d* de la surface du cône.

Enfin, lorsqu'on voudra lui donner moins d'ouverture, il suffira de tirer des rayons tels que *c a'*, *c b'*, en place de ceux *c a*, *c b*; de découper la nappe de métal suivant leur direction, et l'on diminuera ainsi d'autant le développement du pourtour et conséquemment l'ouverture supérieure du cône.

Les cuvettes à *hotte* sont formées de deux parties : l'une qui en est le dossier, est le côté qui doit être appliqué à plat contre le mur; l'autre en est le devant, mais n'est autre chose qu'un demi-cône tronqué et soudé au dossier. On donne ordinairement à ce dossier 487 millimètres dans sa plus grande largeur.

Quant aux cuvettes qui affectent d'autres formes que celle d'un cône entier ou d'une hotte, notamment les cuvettes qui sont placées dans les coins ou angles formés par deux corps de bâtiments, elles se tracent toujours, lorsqu'elles ont une partie circulaire, d'après le même procédé que nous avons indiqué pour le cône entier; mais dans cette hypothèse, elles doivent avoir deux dossiers ou parties plates au lieu d'un. Souvent aussi les cuvettes sont triangulaires.

Enfin, lorsque les cuvettes sont destinées à être placées près des croisées, leur forme peut être celle d'un prisme quadrangulaire; mais, dans tous les cas, l'ouvrier le moins intelligent le sera toujours assez pour exécuter des tracés aussi simples, sans que nous pensions qu'il soit nécessaire d'indiquer la marche à suivre pour y parvenir. Cependant, nous ferons remarquer que, indépendamment des côtés qui forment les parties de ces cuvettes, il faut encore qu'elles aient un fond incliné, et percé d'un trou circulaire auquel doit s'adapter le tuyau de descente.

Pour fortifier les cuvettes, on leur fait un bourrelet, en abattant le bord supérieur avec un instrument de bois léger appelé *bourseau*, sorte de maillet ; et lorsqu'elles sont destinées à servir d'entonnoir aux tuyaux de descente des eaux, on ne doit point omettre d'y mettre ce qu'on appelle une *crapaudine* ou *pommelle*, espèce de plaque trouée, ou de demi-boule percée de petits trous, qui se soude ou s'emboîte sur le fond, cette dernière méthode étant de beaucoup préférable. La crapaudine retient les corps étrangers qui pourraient, en s'introduisant dans les tuyaux, les obstruer.

On emploie avantageusement aussi la cuvette à siphon ; elle a la forme d'une boîte cylindrique ou demi-cylindrique dont les deux bases sont parallèles à la face du mur. Le tuyau d'arrivée arrive presque au fond, et le tuyau de départ, muni d'une petite grille, a au contraire son ouverture en haut de la cuvette. Les immondices entraînées sur le toit viennent tomber naturellement au fond de la cuvette, et y restent pour la plus grande partie, l'eau qui s'écoule étant prise au niveau supérieur est dégagée des immondices, et le peu qui reste est retenu par le grillage placé à la bouche du tuyau de départ.

Cette cuvette peut être nettoyée assez souvent pour que les eaux pluviales qui s'écoulent soient à peu près propres. Cela est assez important lorsqu'on les recueille pour les conserver dans une citerne.

§ 3. — COUVERTURES EN CUIVRE.

Ce système a été peu employé de nos jours, bien qu'on en trouve de nombreux exemples dans les temps anciens.

Le prix de la matière est d'ailleurs une des grandes raisons qui le font écarter de la pratique, car il ne peut être employé avec avantage que sous une certaine épaisseur, où il pèse 7 k. 625 au mètre carré.

Quant au mode d'emploi, il est identique à celui du plomb, avec la seule différence qu'on peut substituer aux clous des vis.

Il en a été fait quelques applications, pour certains monuments publics, la Bourse, le Panthéon, la Chambre des députés. Son emploi devient tout à fait légitime, lorsque par raison de décoration, on veut faire des toits dorés. Aussi pour cette raison, en trouve-t-on de fréquents exemples en Russie.

§ 4. — DIVERSES COUVERTURES EN MÉTAL, TUILES, ARDOISES, FEUILLES FAÇONNÉES.

On a proposé une foule de produits différents provenant de l'application de la fonte, de la tôle ou du zinc, pour les couvertures.

Nous en décrirons les principaux, en faisant remarquer que les couvertures en tôle, ne sauraient être recommandées dans nos climats, dont les variations fréquentes, et surtout les périodes humides lui sont des plus nuisibles et en amènent promptement la détérioration. On peut même dire que la tôle y est complètement impropre, si l'on n'a pas pris le soin de la recouvrir d'une autre couche de métal, étain, zinc ou plomb. Aussi son emploi est-il peu répandu dans nos contrées.

Tôle ondulée.

La seule exception que l'on puisse faire à ce que nous venons de dire pour l'emploi de la tôle en général, se présente pour la tôle ondulée. Ce système de couverture est exactement semblable à celui dont nous avons parlé déjà, dans la couverture en zinc, pour le zinc cannelé. Nous n'avons donc pas lieu de nous y étendre davantage.

Tuiles métalliques galvanisées ou vernies, de M. MENANT.

Ces tuiles sont disposées pour être appliquées indifféremment sur les charpentes en bois ou en fer.

Les deux figures CX et CXI, montrent la vue d'une de ces tuiles en dessus et en dessous, ainsi qu'une

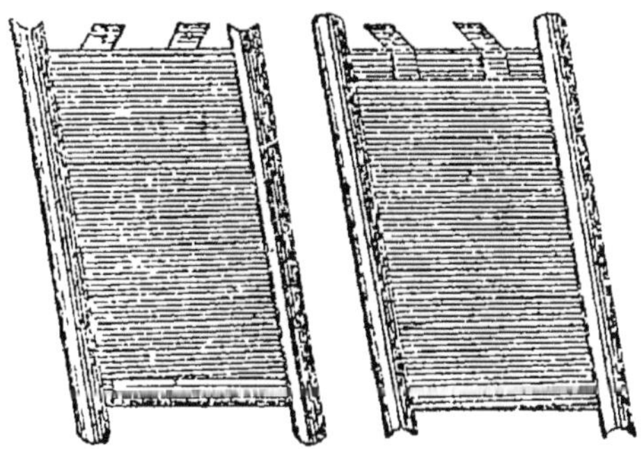

FIG. CX.

portion de couverture établie dans ce système. Elles portent par elles-mêmes leurs agrafes, ainsi que des boudins latéraux, qui servent à former un recouvrement des tuiles les unes sur les autres.

Lorsqu'il s'agit de les poser sur une charpente de bois, il n'y a qu'à les placer sur des tasseaux cloués sur les chevrons, et dont la distance se trouve par suite de la grandeur des tuiles, fixée à 333 millimètres, mesurée entre le dessus de chaque tasseau, et à clouer les pattes sur ces tasseaux.

On commence par le bas, en remontant jusqu'au faîtage. Il est bon de faire un léger battage sur les agrafes pour les bien appliquer sur les tasseaux, et de bien observer la distance de 333^{mm} entre les rangs des tuiles, d'une rangée à l'autre.

Pour les charpentes en fer, l'opération est semblable ; seulement les tasseaux sont remplacés par une

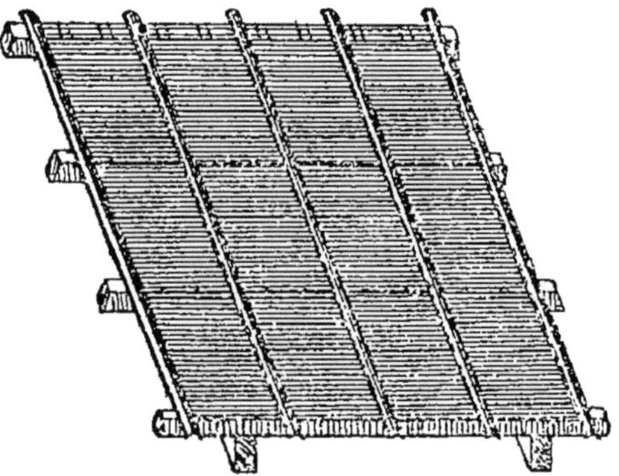

Fig. cxi.

petite cornière de 25 sur 8. On ne cloue plus les agrafes, on les recourbe sur la cornière.

Le faîtage se fait avec des bandes de zinc, ainsi que les rives.

Ce système est économique et avantageux. Les réparations sont faciles, pour déplacer une tuile, il suffit de déclouer et de relever les agrafes, puis de faire glisser la tuile de haut en bas, pour dégager d'abord l'agrafe du bois, enfin par un mouvement inverse, on enlève la tuile tout à fait.

Elles sont légères, et ne pèsent au mètre superficiel que :

Pour les tuiles en tôle........... 4 k. 50
Id. en zinc.......... 3 k. 50

d'où une source d'économie à tous les points de vue.

La possibilité d'y appliquer des vernis de couleur, permet d'obtenir des effets décoratifs très élégants.

Enfin, à côté d'un bon marché de prix de revient, elles offrent encore une économie, en ce que une fois hors d'usage, elles peuvent être revendues comme métaux.

Tuiles en fonte.

On avait déjà essayé de fabriquer des tuiles en fonte, mais on n'avait pas réussi à les faire entrer dans le commerce, ces tuiles ayant le double défaut d'être lourdes et de coûter fort cher. Aujourd'hui, l'on en fabrique qui ne pèsent que de 1 à 1 1/2 kilogr.; il en faut 20 pour couvrir un mètre carré, dont le poids total n'excède pas 25 kilogr., ce qui est moins lourd qu'un mètre carré de tuiles ordinaires.

Ces tuiles de fonte sont fixées par deux clous, dont la tête est préservée de la rouille par la rangée supérieure de tuiles. Celles-ci sont elles-mêmes garanties de l'humidité par une couche de bitume. Le faîte du toit est couvert par des tuiles de forme particulière.

Les lattes, nécessaires pour ce genre de couverture, sont distantes de 5 centimètres l'une de l'autre.

En Allemagne, l'emploi des tuiles en fonte commence à se généraliser. Le prix de 100 tuiles bitumées est de 31 marks ; les tuiles émaillées ne coûtent que 20 marks ; les gouttières en fonte se vendent 36 marks les 100 kilogr.

Les toits ainsi couverts ne reviennent pas plus

cher que s'ils l'étaient en ardoises, et ils sont beaucoup plus solides.

Ardoises métalliques en tôle galvanisée.

Ce nouveau produit, qui a été introduit dans le commerce par les usines de Montataire, sous la direction de M. de la Martellière, et qui consiste dans la substitution d'ardoises en tôle galvanisée à tous les autres systèmes employés, présente à la fois tous les avantages d'élégance, de légèreté et d'économie, réunis à ceux d'une pose des plus simples qui peut être faite par tous les ouvriers. Ce système, vu sa durée, est d'une économie incontestable. Le mètre carré superficiel peut peser environ 4 kil. et revient à 4 fr.

Fig. CXII.

Nous donnons dans les fig. CXII à CXVII, le détail des différentes parties du système.

La figure CXII fait voir une ardoise prise isolément, ainsi qu'une coupe pour bien montrer le détail de la forme.

La figure CXIII, une portion de toiture exécutée avec des ardoises de ce genre.

Non-seulement l'usine fabrique des ardoises uniformes pour la couverture courante, mais encore des pièces spéciales pour les détails du travail. Ainsi pour les faîtages, on a des pièces représentées par les

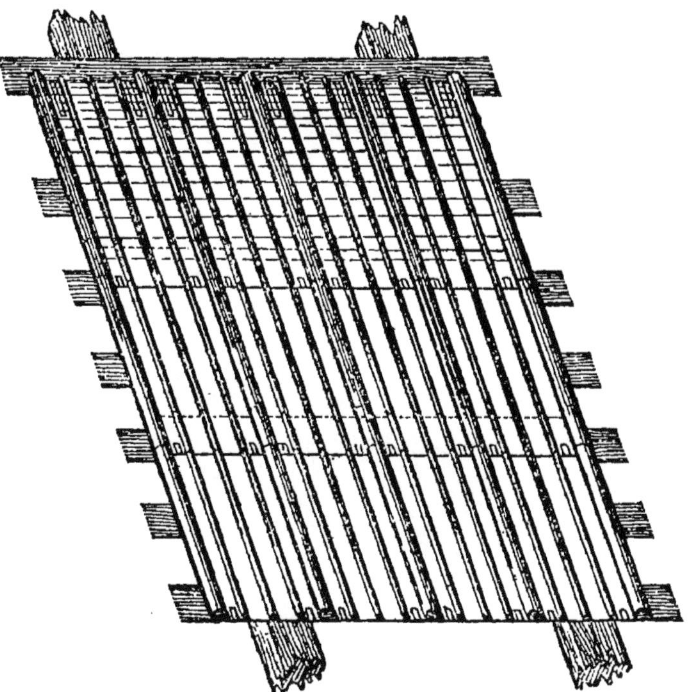

Fig. CXIII.

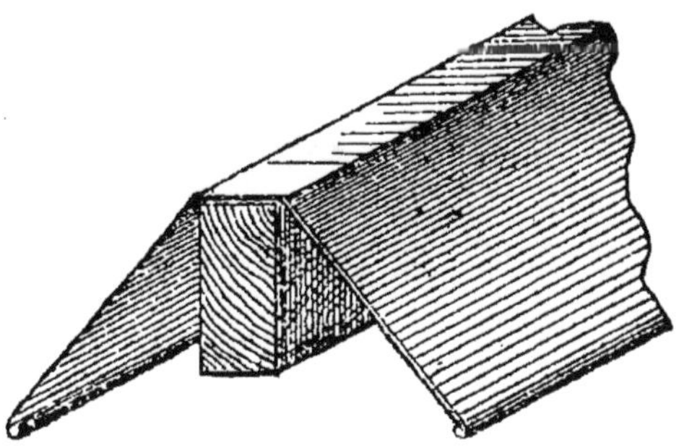

Fig. CXIV.

figures CXIV à CXV, qui font voir les diverses par-

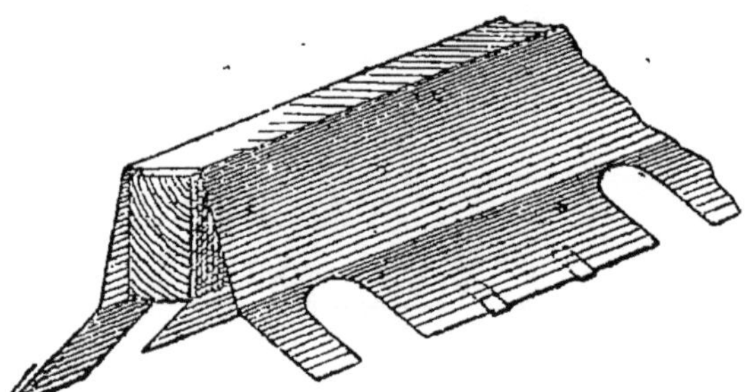

Fig. cxv.

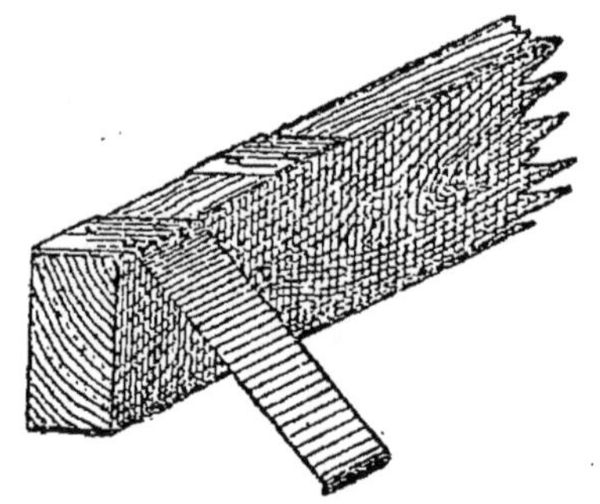

Fig. cxvi.

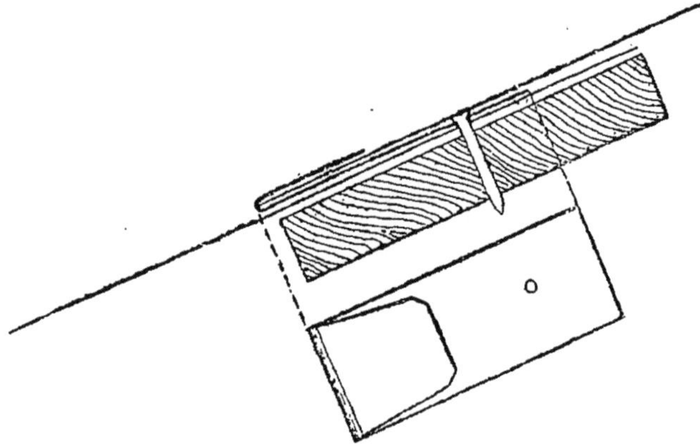

Fig. cxvii.

ties et le mode de fixation de ces ardoises spéciales.

Les figures CXVI et CXVII montrent les détails de l'assemblage et de l'agrafe des ardoises.

On voit combien toutes ces pièces sont simples, il n'y a qu'à les rapprocher les unes des autres et à les mettre en place, de telle sorte que le premier ouvrier en bâtiment peut exécuter ce travail.

Couvertures en feuilles de zinc cannelé.

Ce système a déjà été indiqué dans la couverture en zinc, car elle diffère peu de l'emploi des feuilles de zinc unies. Ainsi que nous l'avons dit, ce sont des feuilles cannelées dont l'emploi évite celui du voligeage, par la plus grande rigidité qu'elles présentent. Elles sont simplement posées sur des pannes en bois ou en fer, avec une patte d'équerre soudée par un bout sous la feuille et fixée par l'autre à la panne. Bien qu'un peu plus lourdes que les feuilles unies, elles peuvent présenter une certaine économie, par la suppression du voligeage. La Compagnie de l'Est en a fait un grand usage pour les couvertures des petites gares, hangars et marquises.

Toitures métalliques en feuilles de zinc estampé, de M. Coutellier.

La couverture en zinc est d'un effet incontestablement désagréable à l'œil, la pose et l'entretien en sont difficiles et demandent des ouvriers exercés et soigneux, sinon on a un travail défectueux exigeant continuellement des réparations. M. Coutellier a cherché à corriger ces inconvénients, par un nouveau mode d'emploi du zinc. Il fabrique donc des feuilles de zinc, découpées comme de grandes ardoises, et qui par l'estampage, sont ornées d'un dessus en relief analogue à celui que présentent les tuiles.

On obtient ainsi un nouvel élément pour les couvertures, réunissant l'élégance au bon marché, car le prix est le même que pour celle en feuille plate n° 14. La pose se fait au moyen de clous à crochets spéciaux, qui la facilitent et surtout simplifient beaucoup l'entretien.

Enfin on peut, en appliquant sur ces ardoises métalliques des vernis colorés, obtenir des dispositions très décoratives pour les toitures des bâtiments.

Toitures à écailles et à losanges en zinc, de la Vieille-Montagne.

Ce système plus coûteux que celui de la couverture ordinaire, s'emploie plus spécialement pour la décoration des combles en brisés. Il est vrai qu'on peut simplifier un peu la charpente, en supprimant les chevrons, et ne conservant avec les fermes que des cours de pannes espacées et servant à clouer le voligeage.

Chaque plaque d'écaille est bordée d'un repli tout autour, et s'attache au voligeage par des agrafes, dont l'une est soudée au sommet de la plaque, et dont les autres viennent s'agrafer dans les replis dont nous venons de parler. Ces agrafes sont ensuite clouées sur la volige.

Le poids est d'environ 6 kil. par mètre carré. Ces écailles reviennent à 80 fr. le kilog.

Le minimum de pente ne doit pas être inférieur à 45°.

On emploie aussi des losanges soit comme couverture de toitures, soit comme revêtements de murs qu'on veut abriter de la pluie ou du soleil. Ce losange se fixe par trois pattes, une soudée au sommet, les deux autres glissées dans l'agrafure des côtés formant l'angle supérieur, toutes étant clouées sur la volige. Il existe des demi-losanges pour les raccords, faîtage, arêtiers, chéneaux, etc.

Le poids total est de 6 k. 55 par mètre carré et le prix de 65 francs les 100 k.

On peut employer ce système sur des pentes de 20 et 22°.

On fabrique des losanges de plusieurs dimensions.

0m,28 de côté.
0m,35 —
0m,60 —
0m,75 —

CHAPITRE III

Des Couvertures en Tuiles.

Des couvertures en tuiles.

La tuile dont l'emploi pour les couvertures date de toute antiquité, a toujours été employée malgré la grande quantité d'inventions faites sur le même sujet, à cause des qualités qu'elle présente.

La tuile en effet est légère, dure et résistante, permettant aux ouvriers qui ont à monter sur les toits, d'y marcher assez aisément, elle offre un écoulement facile aux eaux de pluie, et est imperméable. Si l'on emploie de bonnes argiles, elle n'est pas gélive, et les meilleures pour ce résultat sont les argiles grasses.

Nous n'entrerons pas dans la description des divers procédés employés pour leur fabrication, ce sujet nous entraînerait trop loin, et d'ailleurs il a été complètement traité dans le *Manuel du Briquetier*, de l'*Encyclopédie-Roret ;* nous nous contenterons d'indiquer le classement de ces produits qui nous intéresse, par suite des procédés différents employés pour confectionner des couvertures.

On distingue dans le commerce :

Les tuiles plates de Bourgogne, subdivisées en grand modèle (ou moule) et petit modèle.

Les tuiles creuses.

Les tuiles dites mécaniques à emboîtement, dont il existe un nombre considérable de modèles, mais dépendants tous du même principe.

Le procédé général de couverture avec les tuiles diffère un peu de ceux que nous avons vu employer pour les couvertures en métaux. On se dispense généralement du voligeage, et l'on établit un lattis en lattes de cœur de chêne, de châtaignier ou des tringles en sapin, sur lequel les tuiles s'accrochent par des saillies disposées dans ce but.

Tuiles plates.

On emploie généralement deux sortes de tuiles plates, distinguées en :

Grand moule, qui a pour dimensions : $0^{m},300 \times 0,250 \times 0,015$, et que l'on pose avec 0,11 de *pureau.*

(On nomme ainsi la portion de la tuile qui reste à découvert.)

Et petit moule, ayant : $0,240 \times 0,195 \times 0,015$, que l'on pose avec 0,08 de pureau.

Elles sont légèrement bombées pour mieux rejeter l'eau, et viennent à la cuisson avec deux petits crochets qui servent à les fixer sur les lattes clouées aux chevrons.

En adoptant pour le pureau les valeurs indiquées, les couvertures se présentent avec une triple épaisseur de tuiles. Bien que la pose en paraisse excessivement simple, comme il est très fréquent de trouver pas mal de tuiles légèrement défectueuses et que le treillis formé par les lattes de chêne présente lui-même de nombreuses irrégularités, il faut que les ouvriers poseurs aient une grande habileté pour faire un choix judicieux de leurs matériaux, en appropriant les tuiles irrégulières aux défauts que présentent les lattes, et former ainsi un travail d'autant plus régulier. On donne généralement 40° à 60° de pente avec ces tuiles.

Généralement, les faîtages et les arêtes se font avec une tuile spéciale, dite tuile faîtière, formée de pièces demi-cylindriques, avec bourrelet à une extrémité, qui s'emboîtent l'une dans l'autre, et que l'on pose sur une embarrure en plâtre. Sans parler de leur avantage au point de vue de l'harmonie de la couverture, ces tuiles faîtières, comme usage, sont bien préférables aux filets ou solins en plâtre.

Lorsqu'on emploie des tuiles plates, les égouts peuvent se faire de différentes façons.

L'égout simple, lorsque le toit est muni d'un chéneau, la dernière tuile posée à l'extrémité du chevron recouvrant la feuille de zinc ou de plomb, avec laquelle on forme le revêtement du chéneau.

Lorsque l'on n'établit pas de chéneau, on cloue un petit coyau posé d'un bout sur l'extrémité du chevron et de l'autre sur un double rang de tuiles scellées sur le dessus de la corniche.

Cet égout s'appelle l'égout retroussé (fig. CXIX). Enfin, lorsque les chevrons dépassent le parement du

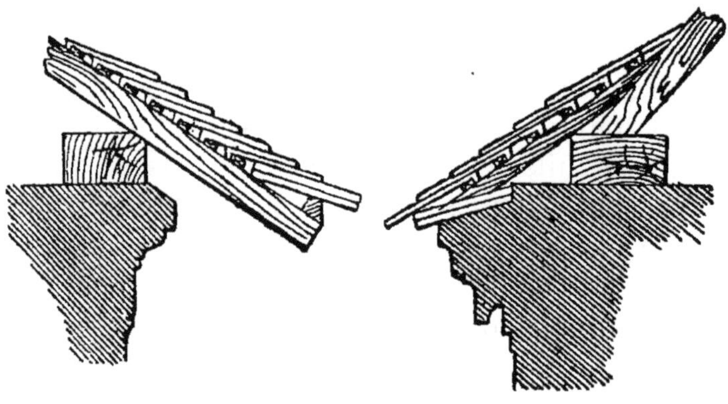

Fig. cxviii. Fig. cxix.

mur, on relie leurs extrémités par une tringle en bois, dite *chanlatte,* sur laquelle s'appuie le rang des deux tuiles superposées formant l'égout (fig. CXVIII).

Tuiles creuses.

Ces tuiles sont beaucoup employées en Italie, où l'on a dû s'inspirer comme modèle, des tuiles trouvées dans les monuments antiques. Les chevrons sont espacés de 0m032 et servent de support à une aire en maçonnerie de 0m02 d'épaisseur sur laquelle on pose les tuiles qui sont de deux sortes. Les unes plates en forme de trapèze nommées *tegole,* dont les bords latéraux sont saillants, espacées entre elles de 0m03 environ, et recouvertes au droit de ces vides par des tuiles en forme conique tronquée, dites *canali.* Ce système offre une durée très prolongée, seulement il est excessivement lourd.

Il a été appliqué en France avec quelques modifications. On emploie un seul modèle de tuile qui a, comme forme, à peu près un demi-cylindre, et que l'on pose sur une même rangée horizontale, alternativement dans le sens convexe et le sens concave, de façon à présenter une série de bombes et de creux. Elles s'adaptent par simple recouvrement, en assujettissant le tout par des pierres posées par dessus, de distance en distance. Ce système est évidemment un peu primitif, et est surtout sujet à se déranger facilement sous l'action du vent.

Les tuiles flamandes, qui dans leur section présentent la forme d'un S, sont assez semblables aux précédentes. Elles sont pourvues en dessous d'un arrêt, qui permet de les assujettir contre les lattes.

Comparées aux tuiles plates et aux tuiles mécaniques, dont nous allons parler, les tuiles creuses sont incontestablement moins avantageuses et doivent être rejetées.

Tuiles mécaniques.

Le problème qu'on a cherché à résoudre et dont la solution a été trouvée par la tuile mécanique, consistait à réduire les surfaces perdues par recouvrement, ce qui diminue le poids général de la couverture, à faciliter l'écoulement de l'eau, et à diminuer l'action du vent.

Le grand inconvénient que présentent ces tuiles, ce sont des déformations produites par la cuisson, les formes étant en général assez compliquées; malheureusement ce défaut ne peut être évité qu'en tombant alors dans ceux provenant d'un défaut de cuisson et qui rendent la terre poreuse, fragile et gélive.

Il nous serait impossible de décrire tous les systèmes répandus dans l'industrie. Nous nous contenterons d'en indiquer quelques-uns des plus répandus.

D'ailleurs ils reposent tous sur un même principe. Etant donnée une surface rectangulaire dont le plus grand côté correspond à la hauteur, on dispose sous la tuile des crochets venant à la cuisson et qui servent à la fixer contre les lattes carrées de sapin qu'on cloue sur les chevrons.

Cette tuile porte deux systèmes de rainures parallèles aux côtés du rectangle, l'une formant creux, l'autre saillie, de façon à les assembler par recouvrement comme deux planches posées l'une sur l'autre à mi-bois. Il en résulte nécessairement une grande diminution dans les parties recouvertes, qui, au lieu de mesurer les 2/3 de la tuile, ne mesurent plus que quelques centimètres. Toutes les variations de ces systèmes consistent dans la forme de la rainure, dans celle de la surface libre pourvue de divers ornements faisant saillie dans l'estampage. La pose en est rapide et simple; on pose le premier rang horizontal inférieur de tuiles, qui s'emboîtent successivement, parallèlement sur le grand côté, et qui viennent par les arrêts de la surface inférieure reposer sur les lattes en sapin clouées sur les chevrons. Ces lattes ont environ $0^{m}020$ sur $0^{m}023$; leur écartement est naturellement réglé par la hauteur des tuiles. Par dessus ce premier rang, on pose le second qui vient le recouvrir parallèlement sur le petit côté, et qui présente naturellement un chevauchement en diagonale.

Nous indiquons dans les figures CXX les vues en dessus et dessous ainsi que la coupe de quelques-unes de ces tuiles, dont l'examen suffit à compléter la description que nous venons de donner.

Quelques modèles ne présentent sur leur surface aucune autre partie saillante que les bourrelets correspondant aux recouvrements, d'autres offrent un

Dessus
Dessous
Coupe A.B
Coupe
Dessus. Coupe par l'axe. Dessous
Coupe A.B
Dessus. Coupe par l'axe. Dessous
Coupe C.D
Dessus. Coupe par l'axe. Dessous
Coupe A.B. A Dessous
Coupe C.D
Dessus
Coupe A.B.
A Dessous
Coupe C.D
Dessus
Coupe G.H
Coupe E.F
Dessus. Coupe par l'axe. Dessous
Coupe G.H
Coupe L.J
Coupe K.L
Dessus
Coupe E.F
Dessous
Coupe G.H
Dessus
Coupe E.F
E Dessous
Coupe G.H

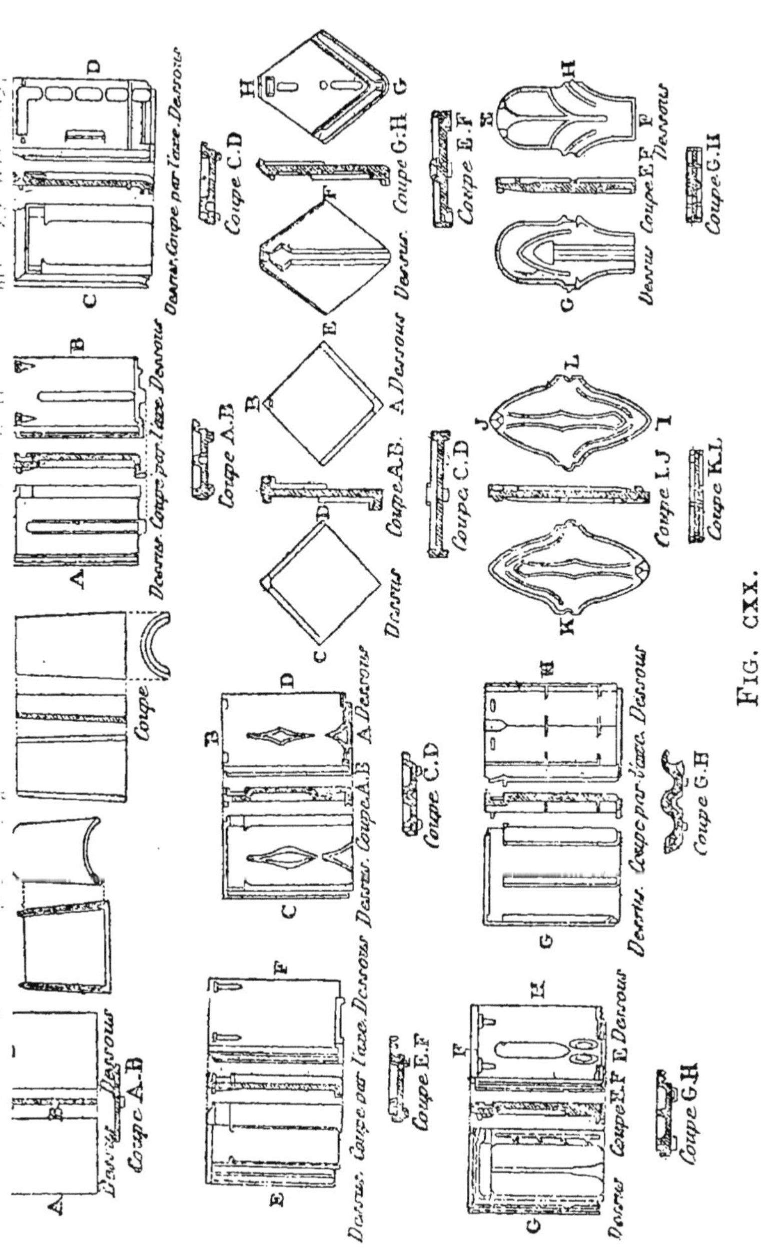

Fig. CXX.

bourrelet médiant parallèle, d'autres enfin un ornement isolé en losange.

Certaines fabriques, en particulier celle de M. Muller, à Yvry, livrent, concurremment aux tuiles, une série de pièces pour : faîtières, arêtiers, rives droites, etc., assorties aux modèles de tuiles fabriquées dans l'usine, et qui permettent d'établir la couverture d'un bâtiment d'une façon harmonieuse dans toutes ses parties.

On emploie également des tuiles établies suivant le même principe, mais qui sont en forme de losange et non en rectangle, ou en forme d'ogive ou d'écaille, ce qui est une modification du losange, et qui se prêtent avec avantage à une décoration heureuse.

Toutes ces tuiles, de forme si variées, et plus ou moins enrichies d'ornements, sont établies d'aprés le même principe. Il en résulte que la manière de s'en servir pour former la couverture des bâtiments est toujours la même. C'est du reste au point de vue de l'Art du couvreur, ce qui nous intéresse directement, et nous renvoyons le lecteur curieux de se rendre compte des procédés de fabrication des tuiles au *Manuel du Briquetier, Tuilier*, dont nous avons déjà parlé.

Nous terminerons ces renseignements par le tableau ci-après, emprunté au travail de M. C. Detain, ingénieur, publié dans la Revue de l'architecture et des travaux publics, de M. César Daly. Ce tableau renferme tous les éléments comparatifs des systèmes les plus employés, quant aux dimensions, poids, quantités, etc.

	DIMENSIONS				POIDS d'une tuile.		PUREAU	NOMBRE par Mètres		POIDS par mètre y compris les lattes		PENTE MINIMUM
	Surface totale		Surface découverte									
	Hauteur	Largeur	Hauteur	Largeur	Sèche	Mouillée 1/4 d'heure		de Lattes	de Tuiles	Tuiles sèches	Tuiles mouillées	
Tuiles plates de Bourgogne												
Grand moule..........	0.30	0.25	0.11	0.25	2.41	2.62	0.11	9.10	36.40	88	96	0.75
Petit moule...........	0.24	0.195	0.08	0.24	1.32	1.42	0.08	12.50	64.10	96	92	1.00
Creuses de Bourgogne	0.37	0.19 à 0.16	0.25 à 0.28	0.105	2.66	2.89	0.25 à 0.028	volige	34 à 38	98 à 100	98 à 100	0.50
Tuiles flam^des Moselmann	0.33	0.22	0.25	0.18	1.53	1.64	0.25	4.00	22.22	34	38	0.75
— Gérard...........	0.34	0.26	5.22	0.19	2.26	2.43	0.22	4.55	23.80	54	58	0.75
— Boyaux et Beglins.	0.30	0.22	0.22	0.19	1.37	1.50	0.22	4.55	23.80	33	36	0.75
— Gilardoni, n° 1...	0.38	0.23	0.33	0.20	2.55	2.97	0.33	3.05	15.15	39	45	0.50
— — n° 2...	0.38	0.23	0.33	0.20	2.73	3.14	0.33	3.05	15.15	42	48	0.50
— — n° 3...	0.42	0.23	0.33	0.20	2.52	2.89	0.33	3.05	15.15	45	48	0.40
— Muller...........	0.38	0.23	0.33	0.20	2.95	3.14	0.33	3.05	16.40	43	51	0.50
— Courtois	0.36	0.36	0.30	0.30	2.35	2.45	0.15	6.67	18.52	44	46	0.75
— Josson, gd. moule.	0.40	0.28	0.32	0.28	2.29	2.49	0.16	6.25	22.32	51	56	0.60
— — pet. moule.	0.28	0.19	0.22	0.19	0.79	0.87	0.11	9.09	47.87	38	42	0.75

CHAPITRE IV

Des Couvertures en Ardoises.

Les ardoises s'estiment dans l'industrie, d'après leurs qualités extérieures : finesse de grain, légèreté, peu d'épaisseur, dureté, couleur, dimensions. Les naturalistes les estiment plutôt d'après leurs différents gisements, et distinguent les ardoises sous ce dernier point de vue, en les désignant par les noms de phyllades, de schistes primitifs, secondaires, ou de transition, suivant qu'elles font partie des terrains granitiques ou des terrains plus modernes. Les schistes qui appartiennent à ces dernières formations sont susceptibles de renfermer sur leurs feuillets des empreintes de corps organisés, et particulièrement de poissons et de plantes, qui sont quelquefois si parfaitement conservés, qu'on peut en déterminer les genres et quelquefois même les espèces. Les ardoises des terrains primitifs, au contraire, ne renferment jamais aucune trace d'êtres organisés; car il ne faut pas confondre avec les vraies empreintes végétales, certaines herborisations pyriteuses, qui ne sont que des dentrites, et qui n'ont absolument rien de commun avec les plantes.

L'ardoise ordinaire est d'un gris foncé, qui tire sur le bleuâtre ; elle présente au soleil une multitude infinie de petits points brillants, allongés, qui sont tous dirigés dans le même sens, et qui ont fait penser à quelques minéralogistes que cette roche n'était qu'un mica compacte, cristallisé confusément. Cette ardoise est sonore, ne se laisse point attaquer par les acides, et se raie en gris cendré par une simple pointe de fer.

L'ardoise ne reçoit point un poli brillant, mais on parvient aisément à l'adoucir avec la ponce, et dans cet état, elle est onctueuse au toucher. Au reste, tous les schistes ou roches analogues, de quelques couleurs qu'ils puissent être, peuvent servir à fabriquer des ardoises, pourvu qu'ils soient susceptibles de se laisser diviser en feuillets minces, droits et sonores; qu'ils permettent qu'on les taille et qu'on les perce sans se briser, et qu'ils n'absorbent point l'eau quand on les y fait séjourner, car s'il en était ainsi, la gelée les détruirait bientôt, quelle que fût d'ailleurs leur dureté et leur solidité apparente.

Les schistes argileux ou bitumineux, les phyllades ou micaschistes, qui sont les roches dont on extrait les meilleures ardoises, varient infiniment de couleurs; il en existe de blanchâtres, de verdâtres, de bleuâtres, de noires, de violettes; mais la couleur par excellence, celle qui a reçu le nom spécifique de gris d'ardoise, appartient aux schistes qui fournissent les meilleures qualités : c'est la teinte des ardoises d'Angers, qui sont les plus communément employées en France, et particulièrement à Paris.

Ces différentes roches feuilletées forment dans les divers terrains que nous avons cités ci-dessus, des couches plus ou moins épaisses, dont l'inclinaison est souvent très forte, et qui s'approche même quelquefois de la situation verticale. De cette inclinaison et de l'épaisseur des couches dépend le mode adopté dans les exploitations des ardoisières : aussi serait-il assez difficile de prescrire des règles générales pour l'extraction de ces roches, puisque tel gisement exige un travail par galeries souterraines, tel autre des puits ou des rampes, tel autre encore un travail à ciel ouvert, etc. Ce sont donc les circonstances locales qui doivent déterminer le mode d'extraction ; et c'est à l'intelligence et à l'instruction des exploitants qu'il est réservé d'appliquer le mode de travail qui convient à tel ou tel gisement de la roche dont on veut extraire de l'ardoise.

Les feuillets dont les couches schisteuses sont composées, ne sont pas toujours parallèles à ces mêmes couches. Patrin remarque qu'ils leur sont presque perpendiculaires dans les terrains secondaires; tandis qu'ils suivent la même inclinaison dans les terrains primitifs. Enfin, l'on observe aussi que la masse entière de ces couches schisteuses est subdivisée par des retraits qui se croisent sous des angles assez constants, et qui donnent naissance à des blocs cuboïdes ou rhomboïdaux, qui sont quelquefois séparés par des filets de quartz ou de calcaire spathique blanc qu'on nomme : cordons, crins, fils, poils ou fronts. Cette dernière expression, qui est employée dans les Alpes, désigne plus particulièrement la tranche unie et naturelle des feuillets schisteux.

Les principales ardoises connues sont celles : d'Angers et de Charleville, en France ; de Lavagna sur la côte de Gênes; de Platzberg en Suisse; d'Eisleben en Saxe ; de Lautenthal et de Goslar, au Harz ; de Kaÿsersech, en Prusse, près de Mayence; du comté de Caernarvan, dans la principauté de Galles en Angleterre; des îles d'Easdale et de Fysdale, près de l'île de Jura, sur la côte occidentale de l'Ecosse. Mais outre ces exploitations, qui exportent leurs produits au loin, il en existe une infinité d'autres qui fournissent aux besoins des pays dans lesquels on les a ouvertes. Ainsi, pour la France seulement, on peut citer encore les ardoisières de Saint-Lô et de Cherbourg, département de la Manche ; celles des environs de Grenoble, département de l'Isère ; celles de Traversac et de Villac, près de Brive, départements de la Dordogne et de la Corrèze ; celles de Blâmont, près Lunéville, département de Meurthe-et-Moselle ; de Redon, département d'Ille-et-Vilaine ; celles de Taninge et de Conflans, en Savoie, et enfin, dans toutes les petites ardoisières qui sont ouvertes dans presque toutes les vallées des Alpes et des Pyrénées.

Les ardoisières d'Angers, département de Maine-et-Loire, sont ouvertes sur une couche de schiste argileux secondaire, d'une épaisseur énorme, qui se montre sur une étendue de deux lieues, à partir d'Avrillé jusqu'à Trelazé, en passant sous le sol de la ville d'Angers, où la Mayenne le coupe à angle droit. Ces ardoisières, au nombre de huit, sont sur la même ligne, et placées dans la direction où le banc de schiste se trouve le plus près de la surface du sol, c'est-à-dire de l'est à l'ouest. Immédiatement au-dessous de la terre végétale, on trouve un premier banc qui n'est composé que d'un schiste pourri, qu'on nomme cosse ; vient ensuite la pierre à bâtir, qui est un schiste non susceptible de se réduire en feuillets minces, et qui est employée comme moellon ; enfin, à 2m70 ou 3 mètres au-dessous de la surface, on trouve le franc quartier, ou la bonne ardoise, qui est légère, sonore et d'un gris foncé bleuâtre. On l'exploite par tranchées de 130 mètres de large, et jusqu'à la profondeur de 100 mètres seulement, laissant au-dessous de ce niveau une épaisseur inconnue, qui est d'autant plus à regretter que c'est précisément vers les parties inférieures de la couche que la pierre se trouve de meilleure qualité. Toute cette grande masse schisteuse présente des lits qui la croisent en deux sens et qui la divisent en rhomboïdes énormes, qui sont composés de lames ou feuilles parallèles entre elles, ainsi qu'à deux faces opposées aux lits qui les enveloppent; ce sont ces blocs que l'on refend ordinairement sur place avant qu'ils aient été desséchés par l'air; car on a remarqué qu'après qu'ils ont perdu leur humidité naturelle, leur eau de carrière, ils se divisent plus difficilement que quand ils sont nouvellement extraits; on s'est également assuré que la gelée favorise aussi cette division, pourvu cependant qu'elle n'ait point été répétée à plusieurs reprises sur les mêmes blocs. (Patrin).

Les ardoises qui proviennent de ces carrières se font remarquer par la finesse de leur grain, leur peu d'épaisseur, leur légèreté, et la manière soignée avec laquelle on les fabrique ; il s'en fait une exportation considérable ; toute l'ardoise qu'on emploie à Paris vient d'Angers ; elles ont 18 à 20 centimètres de large et 33 centimètres de long. La plus petite, nommée *cartelette*, est employée à couvrir les pavillons, et se taille quelquefois en forme d'écaille de poisson.

Les ardoisières de Charleville, département des Ardennes, sont situées à peu de distance de la ville, et s'étendent le long de la Meuse jusqu'à Fumay. La principale est ouverte à Rimogne, vers le sommet d'une colline dont le noyau est primitif, mais dont les flancs sont couverts de couches coquillères. La couche schisteuse qu'on exploite est inclinée à l'horizon de 40 degrés, en sorte qu'on l'attaque par des rampes ou par des galeries souterraines, qui plongent à 130 mètres de profondeur, et sont accompa-

gnées de galeries latérales, qui s'étendent à droite et à gauche de la voie principale. Ce banc, que les ouvriers nomment la planche, a 20 mètres d'épaisseur, mais il n'y en a guère que 14 qui puissent se laisser diviser et tailler en ardoises, l'autre tiers est intraitable; la pierre s'extrait des galeries en blocs à peu près carrés, du poids de 200 livres, que l'on nomme *faix*, et qui se transportent à dos d'homme jusqu'à l'atelier où les refendeurs les divisent en feuillets épais, qu'on nomme *repartons,* en ayant soin, comme à Angers, d'éviter que ces blocs ne se dessèchent et ne perdent la propriété de s'effeuiller.

Les repartons ont de 2 à 3 centimètres d'épaisseur et présentent grossièrement l'aspect des différentes ardoises. On les subdivise ensuite en suivant le fil de la pierre, en ardoise brute ou *fendis,* à l'aide d'un petit maillet ou d'un ciseau plat très mince, dit *dougé*, enfin on termine les ardoises et on leur donne la dimension et la forme voulues, en les taillant sur le *chaput,* billot en bois armé sur le bord d'une lame de fer qui forme l'arête, avec une petite hache ou *dobau*; cela s'appelle ondir l'ardoise.

On a remplacé ce travail manuel par un travail mécanique, offrant plus de régularité et moins de perte dans l'emploi de la matière. On trouvera plus loin la description de la machine appropriée à cet usage.

Voici un tableau comparatif des dimensions et poids des diverses sortes d'ardoises que nous empruntons au Dictionnaire des Arts et Manufactures.

DÉSIGNATION des ARDOISES		DIMENSIONS en Millimètres				POIDS de 1040 ardoises	PUREAU	NOMBRE d'ardoises dans un mètre	OBSERVATIONS
		Hauteur	Largeur	Epaisseur					
				Min.	Max.				
	ANGERS					kil.	m.	m. c.	
Ardoise ordinaire	1re carrée. Gd modèle	324	222	2.5	3.5	500	0.11	42	La plus employée. — Les trois sortes seules expédiées à grande distance. Durée : 25 ans.
	— demi-forte.	297	216	2.1	3	420	0.10	47	
	— forte......	297	216	2.5	4	560	0.10	47	
	2me carrée...........	297	195	2.1	3.5	410	0.10	52	
	Grande moyenne forte	297	180	2.1	3.5	400	0.10	55	
	Petite moyenne forte.	297	162	2.1	3.5	360	0.10	62	
	3me carrée. Flamande.	270	162	2.1	3.5	340	0.00	69	
	— ordinaire .	243	180	2.1	3.5	310	0.09	72	
	4me carrée, ou cartelette, nº 1.....	216	162	2.1	3.5	260	0.07	88	Combles courbes.
	nº 2.....	216	122	2.1	4	210	0.07	114	
	nº 8.....	216	95	2.1	4	155	0.07	146	
Non échantillonnée	Poil taché	297	168	2.1	4	450	0.19	60	
	Poil roux	270	141	2	4	310	0.09	78	
	Heridelle............	380	108	2	4	430	variabl.	varié.	

Mécanique { Grande écaille	296	198	2.5	2.5	520	0.10	50	Dômes sphériques. Couvertures d'ornements.
Petite écaille	230	132	2.5	2.5	240	0.08	94	
A. découpée	300	170	2.5	2.5	300	0.10	60	
N° 1	640	360	4.5	6	3.100	0.28	9.92	Ces types sont complètement rectangulaires et avec des plus-values reçoivent des tailles en ogive. Le n° 3 est le plus employé.
2	608	360	4.5	6	2.900	0.265	10.48	
3	608	304	4.5	6	2.450	0.265	12.40	
4	558	279	4.5	6	2.020	0.240	14.92	
5	508	254	3.5	5	1.510	0.215	18.31	
6	458	254	3.5	5	1.330	0.190	20.70	
7	406	203	3.5	5	920	0.165	29.85	
8	355	203	3.5	5	710	0.140	35.21	
9	355	177	3.5	5	630	0.140	40.32	
10	305	165	3.5	5	470	0.115	52.63	
ARDENNES								
Grande carrée	300	220	2	3	410	0.115	45	
Gde St-Louis (coupe Angers	300	190	2	3	350	0.115	55	
— ordinaire	300	190	2	3	350	0.115	55	
Grand Baras	320	190	2	3	450	0.115	55	
Fort Baras	300	190	3	4	425	0.115	50	
Grande démêlée	380	160	3	3	340	0.115	71	
Petite démêlée	265	150	3	3	270	0.115	90	

Voici comment, au point de vue commercial, on classe les ardoises d'après leurs qualités.

La carrée fine, qui est rectangulaire et a 0m30 de long, sur 0m22 de large et environ 0m003 d'épaisseur. C'est la première qualité, dépourvue de taches.

Le gros noir vient ensuite, et ne diffère de la précédente, qu'en ce qu'elle est un peu plus petite.

Le poil noir plus mince que la précédente.

Le poil taché, ardoise semée de taches.

Le poil roux.

La carté, comme la carrée, plus petite et plus mince.

L'héridelle étroite et longue à deux côtés taillés et deux bouts.

La coffine à surface courbe.

Enfin l'*écaille,* ardoise arrondie.

Les ardoises de Charleville sont les plus estimées après celles d'Angers. Il s'en fait également une grande consommation, tant en France qu'en Belgique et dans les Pays-Bas.

L'ardoise est plus légère que la tuile, plus facile à travailler. Elle donne des toits d'une surface brillante et parfaitement unie. Mais elle offre moins de solidité, plus de prise au vent, et est plus altérée par l'humidité.

On trouve dans diverses contrées des ardoises coloriées naturellement, au moyen desquelles on peut obtenir des effets très agréables de décoration. Voici les gisements où on les obtient.

Gris bleuâtre	....	Angers.
Id.	plus clair...	Chattemont (Mayenne)
Id.	plus foncé...	Renagé (Id.)
Id.	id.	Port-Launay (Finistère).

Gris verdâtre...............	Divers gites des Ardennes.
Bleu foncé et Violet........	Fumay, Haybes (Ardennes).

M. Violette a fait torréfier des ardoises jusqu'à leur communiquer une teinte rougeâtre, et il a augmenté leur dureté par cette cuisson, de manière à leur assurer une durée double de celles qu'elles ont ordinairement.

Les couvertures en ardoises sont faites sur une pente de 45° au moins.

Les ardoises se posent d'une façon fort simple. On les fixe par deux clous sur les voliges, en les disposant à recouvrement, par rangées horizontales, de la base au faîte.

Dans les combles ordinaires, on laisse environ 0m10 de pureau. Lorsqu'ils sont plus plats, on n'en donne que 0m09 et même 0m08.

Les voliges sont en sapin ou en peuplier; elles doivent être étroites, 0m11 de largeur sur 0m15 d'épaisseur, 2 mètres de longueur espacées de 0m04; trop larges elles se coffinent à la chaleur, et soulèvent les couvertures.

Les couvreurs de campagne emploient souvent une manière différente, ils tracent à l'avance sur le voligeage des traits indiquant les lignes de pureau, et opèrent par travées verticales. Cette manière de travailler donne un moins bon résultat.

Les modèles anglais permettent d'écarter davantage les voliges.

La pose des ardoises au moyen de deux clous fixés sur les voliges présente de nombreux inconvénients. Elle est la cause de fréquents accidents, et par suite de perte de matière, ensuite elle rend les réparations excessivement difficiles. On a cherché à y suppléer, en remplaçant ces clous par des agrafes ou crochets, en fer étamé, en zinc ou en cuivre. La fig. CXXI représente une de ces dispositions adoptée par la maison Mauduit et Béchet, qui augmente beaucoup la solidité et la durée de ce genre de couvertures.

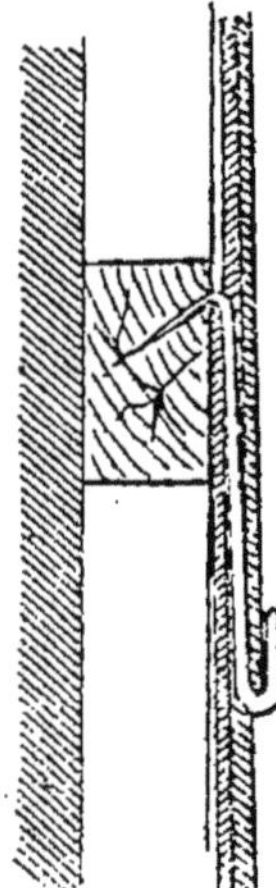
FIG. CXXI.

Le nombre des brevets pris pour des systèmes de crochets sont très nombreux. Nous en citerons un dû à M. Hugla, que la pratique a distingué entre tous. Les crochets (fig. CXXII) se fixent par un clou sur le voligeage et retiennent l'ardoise comme tous les autres, seulement ils portent un petit appendice qui s'engage sous les ardoises du pureau inférieur et les rend ainsi solidaires avec l'ardoise qu'ils retiennent directement. Ce petit détail produit un grand résultat. Tout le système des ardoises est ainsi rendu solidaire, et la solidité de la couverture est de beaucoup augmentée. M. Hugla a modifié ce premier système (fig. CXXIII) en ajoutant aux crochets une série de portions brisées analogues aux lattes, afin de supprimer ces dernières. Il y a évidemment là une source d'économie, mais nous

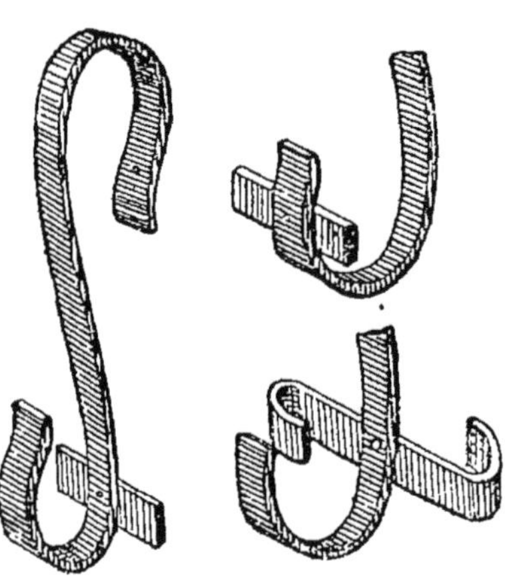
FIG. CXXII. FIG. CXXIII.

craignons que les frais d'installation ne s'élèvent à leur tour et ne détruisent cet avantage.

M. Regnard a inventé un nouveau procédé d'attacher et de consolider une toiture en ardoises, qui offre l'avantage capital de pouvoir être appliqué aussi bien à une couverture existante qu'à une toiture en cours de pose. Il se recommande à la fois par sa simplicité et la modicité de son prix, non moins que par son efficacité absolue, rendant solidaires toutes les ardoises d'une toiture, de façon à empêcher d'une manière absolue leur soulèvement, même par les plus violents ouragans. Des crochets, de préférence en cuivre ou en tout autre métal, affectant la forme d'un T, sont introduits avant la pose entre les ardoises, la branche horizontale passant sous deux ardoises voisines, et la branche verticale passant entre ces deux ardoises et à travers un petit trou à la partie inférieure de l'ardoise supérieure. La branche verticale est alors rabattue sur l'ardoise supérieure, qui se trouve ainsi liée d'une manière absolue avec celles inférieures. Cette branche est généralement faite de deux griffes ou parties symétriques, qui se rabattent l'une à droite, l'autre à gauche. Une légère rondelle, en cuivre zinc ou fer, a été, au préalable, posée sur l'ardoise, pour rendre impossible l'éclatement que pourrait, sans cette précaution, produire le rabattement des deux griffes ; cette rondelle peut avoir une forme quelconque, et même offrir un motif de décoration. La difficulté de percer le trou dans l'ardoise supérieure, difficulté qui semble assez grande au premier abord, a été surmontée de la façon la plus heureuse par l'emploi d'un emporte-pièce approprié, formé d'une pince de forme spéciale, assez analogue à une pince poinçonneuse de contrôle, et combinée de manière à percer très facilement et avec la plus grande netteté des ouvertures oblongues, sans faire éclater l'ardoise, quelque près du bord que l'on opère. Ce système a été appliqué, en 1876, sur plusieurs bâtiments de stations de la ligne de Brétigny à Orléans, ainsi qu'au château de M. Bidard, à l'Isle, près Vendôme. Les agrafes revenant à un ou deux centimes pièce, et la pose en étant très facile, on voit qu'il y a là un moyen économique et efficace de réparer et de consolider les toitures en ardoises. Dans les pays exposés à des vents violents surtout, ce procédé, qui est applicable par le premier venu, paraît appelé à rendre de véritables services.

On aurait pu craindre que ce procédé ne fût repoussé par les ouvriers, mais cet inconvénient ne s'est pas rencontré, grâce sans doute à l'extrême facilité avec laquelle se fait la pose des ardoises d'après le nouveau système.

On ne peut pas craindre non plus que le trou percé dans l'ardoise ne donne lieu à un défaut d'étanchéité, pouvant faire craindre la pénétration, à travers la couverture, de la pluie fouettée par les grands vents, parce que le jeu laissé dans le trou par le passage du crochet, ne dépasse pas 1/10 de millimètre, et que ce vide est bientôt bouché par les poussières qui forment un joint hermétique. On ne peut avoir à redouter l'invasion de l'eau que lors des rafales et des bourrasques, qui refoulent la pluie de bas en haut, et la font remonter entre les ardoises. Cette circonstance se présente d'ailleurs aussi dans le système ordinaire, mais avec plus de gravité que dans le système nouveau qui, maintenant les ardoises parfaitement serrées les unes contre les autres, les empêche de se soulever et pour ainsi dire de clapoter.

Les arêtiers peuvent être faits, soit en ardoise, soit en zinc ou en plomb.

La première manière est dispendieuse et difficultueuse. Elle oblige à une taille des ardoises, et à une multiplication des joints, et porte le nom de *tranchis biais apparents*.

Les ardoises, qui viennent former la ligne de l'arêtier, se trouvent coupées en fichu; et l'on est conduit à leur donner une taille spéciale pour leur conserver une largeur suffisante afin de les clouer et de les rendre solides, et en même temps d'établir une transition agréable à l'œil entre cette ardoise d'arêtier et les ardoises courantes.

Les ardoises biaises, qui terminent un pureau, sont au nombre de trois au plus, et nommées en partant de l'arêtier : les *contres*, les *approches* et les *contre-approches*.

Dans un toit où la pente est de 45°, on trouve ainsi les trois ardoises biaises. On prend le joint de la contre-approche, qui doit être vertical; il donne sur l'arêtier en le prolongeant, un point où viennent aboutir les prolongements des joints des deux autres ardoises biaises, et cela ainsi pour chaque pureau.

Si la pente est de 55°, il n'y a pas de contre-approche, elle est remplacée par une ardoise ordinaire mais à demi-recouvrement.

Pour 65° de pente, il y a : la contre, l'approche, la contre-approche.

Pour 75°, on introduit une nouvelle modification; de deux en deux pureaux, vient se placer sur l'arêtier une ardoise dite *sauton* qui ramène au système ordinaire de liaison à une largeur d'ardoise. Cela s'appelle *désauter*, et a pour but de corriger l'effet désagréable produit par le trop grand biais. Le sauton forme avec l'ardoise d'approche un joint parallèle à la ligne d'arêtier.

Sur l'arêtier même, le recouvrement se fait par pureau alternatif, ou par recouvrement total d'un seul côté. Cette deuxième méthode est d'une exécution beaucoup plus facile.

L'arêtier en métal peut se faire également de deux façons.

La *bavette* est une bande de zinc ou de plomb, ce dernier de beaucoup préférable, fixée par des pattes ou clous dits mouches, dont la tête est formée par une sorte de triangle plombé, qui, en s'écrasant, assure l'étanchéité du trou formé. On la pose sur une légère couche de plâtre et recouvrant les ardoises.

Le plus généralement aujourd'hui, on emploie deux bavettes en plomb, clouées sur un tasseau, avec un couvre-joint carré, maintenu par des pattes sur les couvertures en ardoises ; un couvre-joint en zinc ou en plomb recouvre le tasseau. Ce système est très semblable à la garniture de l'arêtier décrit pour la couverture en zinc. Il se dispose facilement pour une décoration élégante.

On peut au lieu de bavette, employer les *noquets*. Ce sont des feuilles de zinc découpées en forme d'ardoises d'arêtier. Elles s'assemblent sur l'arête, soit au moyen d'agrafes, soit sur couvre-joint à tasseau. On les dispose comme les ardoises biaises.

Les noquets sont encore employés pour raccords de rive droite, de crochets, etc. Pour les raccords de rive droite, ils sont en plus garnis d'un solin en plâtre.

Tout arêtier nécessite une disposition spéciale du voligeage. Il faut le rendre jointif sur une certaine largeur à droite et à gauche de l'arêtier ; puis on établit un parement en plâtre, formant une arête régulière, avec devers des deux côtés dans le cas d'emploi de la bavette.

Les noues se garnissent en plomb, bordé par un ourlet, retenu par des pattes au voligeage. Le raccord se fait en tranchis biais apparent, suivant l'arrivée à chaque pureau, ce que l'on nomme *épointillons*. Les faîtages se garnissent comme les arêtiers.

Il faut avoir soin de disposer dans un toit en ardoises, de forts crochets fixés aux chevrons, permettant d'accrocher les échelles qui serviront à s'y maintenir pour les réparations. Ces crochets devront être fixés solidement à la charpente, à l'aide de boulons, car de leur solidité dépend la vie des ouvriers qui travaillent sur les toits.

On ménage des chemins d'accès, soit à l'aide des noues et des faîtages, soit en disposant des bandes de zinc sur une partie du voligeage tenu jointif, avec des tasseaux formant échelons.

La pose des châssis se fait toujours avec deux bavettes en métal au-dessus et au-dessous, clouées sous les ardoises et posées sur pente en plâtre, cintré avec voligeage jointif. On peut les établir directement sur la couverture qu'on prolonge à la rencontre du châssis, en donnant un peu de devers, afin de rejeter les eaux en dehors, ou bien sur un châssis de bois qui les exhausse, raccordé à la couverture par des noquets bordés d'un relief pour le reject des eaux.

Les couvreurs ont peu d'outils pour ces ouvrages. Ce sont en effet leurs échelles et quelques cordages, une petite auge et une truelle pour faire les solins, les ruellées et le scellement des pièces d'égout; un marteau à manche plat et tranchant nommé *essette*, pour travailler l'ardoise sur l'enclume, ayant une pointe d'un côté pour percer les trous des clous, et une tête méplate de l'autre pour les frapper; l'enclume en forme de T, dont un côté est à pointe, pour être piquée sur les chevrons, et l'autre affilée en lame pour découper l'ardoise suivant l'emplacement qu'elle doit occuper; un tire-clou pour arracher, lors des recherches, les clous des pièces à remplacer; enfin un compas en fer pour tracer les pureaux, et un cordeau pour les tringles.

Il est incontestable qu'une des qualités de l'ardoise consiste dans sa légèreté et la netteté de ses surfaces. Cette qualité provient de la façon dont est conduit le débitage des blocs extraits de la carrière.

Lorsque ce travail est fait à la main, il est d'une part assez coûteux et de plus irrégulier, aussi a-t-on cherché à le remplacer par un travail mécanique, dans lequel on puisse éviter ces deux inconvénients.

Voici la description d'une de ces machines, que les figures 57 et 58, pl. II, montrent de face et vue de bout. Une roue *a* renvoie le mouvement à une poulie *b*, calée sur un arbre *c*. Sur un des bras de cette roue est solidement boulonnée une lame d'acier *d* dont la face est à $0^{m}15$ du plat de la roue, de façon à pouvoir loger les inégalités ou anfractuosités que présente le bloc d'ardoise brute. *e* est une lame immobile à découper, sur laquelle on pose l'ardoise, solidement établie sur un bâti, dont l'extrémité est de niveau avec la ligne centrale de l'arbre *c*. Ces deux lames laissent entre elles un espace de un demi-millimètre, et se rencontrent sous un angle de 8°.

En avant du couteau, est un plateau guide sur lequel on pose le bloc d'ardoise. L'appareil porte une pointe se mouvant sur une échelle graduée pour déterminer les dimensions des tranches coupées.

On a également cherché le moyen de percer mécaniquement les ardoises pour le passage des clous, opération assez délicate pour laquelle le couvreur est mal installé sur un toit, et qui donne lieu à beaucoup de déchets. Voici comment est combinée la machine construite à cet effet par M. Wesster.

Sur un banc solide sont disposés deux montants formant potence à leur partie supérieure. Sur cette partie élargie du palier, sont montés deux coussinets spéciaux recevant un arbre, de sorte qu'en tournant la manivelle qui le commande on détermine à la fois son mouvement de rotation et son abaissement horizontal. Cet arbre porte deux roues dentées, qui commandent deux pignons disposés sur un arbre parallèle, et qui sont eux-mêmes disposés sur les axes de deux tiges formant des tarauds cylindriques.

On comprend que, si sur des supports convenablement disposés on place une ardoise, le mouvement de un quart de cercle donné à la manivelle du premier arbre détermine la rotation et la descente progressive des tarauds, qui percent dans l'ardoise deux trous réguliers et parfaitement équarris. Le mouvement de la manivelle dans le sens inverse, ramène l'appareil dans sa position primitive.

Cet outil, d'un maniement très simple, donne d'excellents résultats, et apporte une économie considérable dans l'emploi de la matière.

CHAPITRE V

Couvertures économiques.

Dans ce chapitre, nous comprenons la description et le mode d'emploi de matériaux divers employés pour des couvertures passagères et qui peuvent, dans certains cas, rendre de grands services. Bien que ce genre de travail ne soit pas une partie spéciale à l'ouvrier couvreur, et que tous les corps d'état qui ont trait au bâtiment, puissent également exécuter ces petits travaux, nous l'avons inséré dans la partie spéciale à l'art du couvreur, parce qu'elle forme le complément de l'étude complète de ce qui est relatif à la couverture.

§ 1. — COUVERTURE EN PLANCHES.

Les couvertures en planches sont souvent employées, lorsque l'on veut mettre à l'abri des magasins, des hangars provisoires. L'on pourrait dire que ce mode de couverture, n'est qu'une réduction d'un des précédents, ou pour mieux dire une abréviation, puisque nous avons vu que dans certains cas, l'on établissait, sur la charpente, un premier revêtement en voliges de bois clouées dessus.

Lorsque l'on veut exécuter un pareil ouvrage, il est bon de choisir des planches un peu plus larges que la volige ordinaire, afin de pouvoir les disposer en recouvrement avec pureau, comme les ardoises et les tuiles. Quant à la longueur de ces planches, rien ne la limite, il faudra seulement que les planches soient recoupées de façon à mesurer dans leur longueur un nombre exact d'intervalles de chevrons, afin que les joints tombent sur la ligne médiane de l'un d'eux. Il est d'ailleurs facile de comprendre que plus les planches seront longues, et plus rares seront les joints bout à bout, et par suite meilleure sera la couverture.

Ce sont les joints qui, dans cette sorte de travail, sont les causes principales de détérioration, par les infiltrations qui peuvent s'y produire et qui amènent les gauchissements, les déformations et les détériorations de la toiture.

Pour éviter les accidents provenant des joints en recouvrement suivant les lignes horizontales, il sera bon de donner à ces toits une pente un peu forte, supérieure aux pentes ordinaires, c'est-à-dire plus grande que 2 de base pour 1 de hauteur, on obtiendra ainsi un écoulement rapide de l'eau et moins de chances d'infiltrations.

Pour garantir les joints des planches posées bout à bout sur un chevron, dans le sens de la pente, il sera bon de clouer, suivant ce joint, une petite planchette dont les bords parallèles au chevron seront taillés en biseau.

Lorsque des circonstances, rares d'ailleurs, auront conduit à établir une toiture en planches, il sera bon, dût-elle ne pas être d'une trop longue durée, de bien enduire ces planches, avant de les employer, d'une bonne couche de goudron; on augmentera ainsi considérablement leur durée.

Nous avons dit tout-à-l'heure : lorsque des circonstances rares conduiront à exécuter un pareil ouvrage. C'est qu'en effet les exemples que l'on rencontre de toiture en planches sont peu nombreux; cela non pas à cause de l'imperfection du procédé, car on peut certainement, en y mettant le soin voulu, construire ainsi des toitures très résistantes, mais surtout à cause de leur prix élevé de revient. Le bois, comme on sait, devient tous les jours plus rare et plus cher, et l'on aura peu l'occasion d'en faire des applications courantes et continues à la toiture.

Néanmoins, dans de petits ouvrages, à la campagne, où l'on peut quelquefois se procurer sur place des déchets de sciage de bois en planches, ou utiliser de vieux matériaux, si l'on a le soin d'appliquer un bon goudronnage, et de conduire son travail avec attention, on établira un ouvrage dont la durée sera souvent bien plus considérable qu'on ne pourrait le prévoir.

On doit à M. Cubett, architecte, un système très ingénieux de couverture en planches, où la cherté de la matière est compensée par une économie dans la charpente, car les chevrons se trouvent supprimés de telle sorte que, dans certaines circonstances, ce système pourrait être utilisé avec avantage. On prend des planches ayant en général 8 à 9 centimètres de largeur et 37 à 38 millimètres d'épaisseur, et d'une longueur à celle du toit. Chacune de ces planches est sciée en deux parties, et les traits de scie sont dirigés parallèlement aux diagonales, en partant de deux joints situés sur les petits côtés à 1 centimètre environ de la base. On obtient ainsi dans une même planche deux parties, dont l'une forme une sorte d'arête, et l'autre une gouttière. Il suffit de clouer ces planches parallèlement à elles-mêmes, suivant la pente du toit, ainsi que l'indique la figure CXXIV, en disposant une deuxième planche, moins large, sous la partie en arête, de façon que cette partie surplombe et recouvre la partie en gouttière. La figure CXXIV montre la disposition de ce toit qui, ainsi que nous l'avons dit, peut rendre dans cer-

Fig. cxxiv.

tains cas, des services importants. Ajoutons qu'au point de vue décoratif, ce toit est d'un aspect agréable.

§ 2. — TOITURES EN ASPHALTES ET EN CARTON BITUMÉ.

On fait aujourd'hui un grand usage pour les couvertures des asphaltes et des bitumes. Les premières applications de l'asphalte aux toitures, qui eurent lieu il y a déjà fort longtemps en Allemagne, donnèrent lieu à une série d'expériences intéressantes, pour établir, dans le cas d'incendie, le mérite relatif de ce genre de couverture, avec les couvertures en tuile; circonstance pour laquelle ce genre de travail semblait devoir être très défectueux, et ne présenter aucune condition de garantie.

On construisit une série de petites cabanes en briques, faites toutes dans des conditions identiques, avec des ouvertures combinées de façon à remplir les conditions d'une construction ordinaire. Elles présentaient toutes un toit ayant la même superficie, environ 8 mètres, sur les mêmes dimensions et la même pente.

Les unes étaient couvertes en asphalte sur papier, les autres en asphalte sur aire de plâtre, ou en asphalte sur papier avec aire en plâtre, et enfin les dernières en tuile ordinaire.

On disposa des fagots, dans des conditions identiques, dans chacune des cabanes, et on y mit le feu; notant les périodes d'affaissement, d'écrasement du toit dans chaque cabane, le moment où les flammes s'échappaient et celui de l'écroulement.

On a pu ainsi comparer entre elles, les durées au feu, des deux toits en asphalte et des toits en tuile.

Le toit en tuile s'est écroulé en un temps moitié moindre de celui qui a été nécessaire pour les toits couverts en asphalte. Cela s'expliquerait aisément par ce fait que les tuiles laissent entre elles beaucoup de jour, ce qui produit un courant d'air et un tirage activant l'intensité de l'incendie. Quant aux deux toits d'asphalte, leur résistance est sensiblement la même, bien que les toitures avec aire en plâtre résistent un peu plus longtemps, comme il était d'ailleurs facile de le prévoir.

Aujourd'hui on emploie beaucoup le feutre et le carton bitumés pour toiture. Le commerce livre ces produit tout préparés et l'emploi en est assez facile. Très convenable pour des hangars , des campements et des constructions passagères, par ses qualités de légèreté, facilitant leur établissement, il joint à ces premières qualités des conditions de durée qui le rendent également propre pour des constructions fixes.

Voici quelques détails sur la fabrication du carton bitumé dans le Nassau :

On dispose les feuilles entassées dans une chaudière de goudron, où on les laisse cinq heures; on les retire et pour bien déterminer la pénétration du goudron dans le carton, on les plonge dans de l'eau bouillante, puis on leur fait subir un nouveau passage dans la chaudière de goudron, on les saupoudre de granit ou de sable pulvérisé, et on les fait sécher à l'air.

On peut en une heure préparer ainsi une superficie de 98^{mc},50 de carton bitumé, avec une surface de chauffe de 1^{mc},970 et une surface de grille de 0^{mc},295. Cette surface de 98^{mc},50 correspond à 51^{k}400 de carton, et à une consommation de 154^{k} de goudron.

Cette fabrication a été établie d'une façon mécanique et l'on arrive à livrer cette matière à des prix très avantageux. On la trouve, dans le commerce, en rouleaux de 12 et 20 mètres, sur des largeurs variant de 0^{m}70 à 1 mètre, sablé soit d'un, soit des deux côtés.

On fabrique aussi une matière plus épaisse, un feutre préparé de la même façon, qui revient un peu plus cher, mais qui peut offrir des avantages dans quelques cas.

Voici, sur l'emploi du carton bitumé, quelques renseignements au moyen desquels on pourra le faire disposer par le premier ouvrier venu.

La toiture en carton bitumé doit avoir une pente moyenne de 20 à 30 centimètres par mètre, les voliges doivent être unies, et se toucher à joints plats.

On dispose la première bande de carton bitumé en commençant par le bas, dans toute la longueur de la gouttière, mais en la faisant déborder de 5 centimètres à chacune de ses extrémités, ainsi que sur le devant, et on la fixe dans le haut seulement, avec des pointes, pour l'empêcher de glisser.

La deuxième bande et les suivantes se placent de même; mais en recouvrant la bande inférieure de 10 centimètres environ, et de manière que les pointes fixant la bande précédente soient recouvertes.

Arrivé au faîte, ou bien on replie le carton du côté opposé, ou bien on l'arrête au mur, suivant que la toiture est à deux pentes ou bien à une seule. Dans le cas de deux pentes, on opère de la même façon sur les deux faces, et on dispose une bande à cheval sur le faîtage. Dans l'autre cas, on fait un solin en plâtre pour éviter que l'eau ne puisse couler entre le mur et le carton.

Au moyen de petites lattes de bois, de un demi-centimètre d'épaisseur sur deux de largeur, posées suivant la pente du toit, et à 30 centimètres d'écartement les unes des autres, on fixe tout le carton en place, et on assujettit le pourtour au moyen des mêmes lattes clouées contre les voliges.

On donne ensuite une couche de goudron de gaz et en prenant la précaution de renouveler cette couche de goudron tous les ans, on assure une durée illimitée à la toiture.

Voici, pour terminer, une comparaison détaillée des toitures en carton bitumé avec les divers autres systèmes employés.

1° *Avec les tuiles.* — Les toits en tuile n'offrent qu'une imperméabilité discutable, à cause des joints qui souvent laissent un passage à l'eau, en tous cas à l'humidité, source de bien des avaries dans les greniers. Enfin elles sont susceptibles de se fendre par la gelée.

En cas d'incendie, si elles protégent contre les étincelles provenant du voisinage, elles ont le grave inconvénient d'éclater rapidement sous l'action du feu intérieur, et par suite de déterminer des ouvertures qui viennent activer l'incendie.

Elles sont solides, mais lourdes. Cette toiture pèse de 60 à 90^{k} le mètre carré; de plus, elles exigent une assez grande pente, 30 à 45°, ce qui augmente le développement du toit, et par suite la dépense.

2° *Avec les ardoises.* — Les ardoises, au point de vue de l'imperméabilité, de l'incendie, sont analogues aux tuiles. Elles sont solides, mais encore assez lourdes, environ 38 k au mètre carré, et exigent une pente de 33° au minimum.

3° *Avec le plomb et le zinc.* — Les couvertures en métal remplissent évidemment toutes les conditions voulues au même degré que le carton bitumé, si ce n'est qu'elles sont beaucoup plus lourdes, 35 à 45 k pour le plomb, et 8 k 50 pour le zinc.

Le carton bitumé permet d'établir des toits où l'imperméabilité est assurée, ainsi que l'expérience l'a prouvé ; en cas d'incendie, il résiste plus longtemps que les autres matières, sauf les métaux. Beaucoup plus léger, il procure uue grande économie dans la construction de la charpente, et enfin la pente qu'il exige étant beaucoup moins grande qu'avec les tuiles, ou les ardoises, il présente encore de ce chef une nouvelle économie.

On peut dire que les toits en carton bitumé offrent 25 % d'économie sur les toits en tuile, et 16 % sur les toits en ardoise.

Dans le tableau suivant, nous donnons la comparaison des prix d'établissement des divers systèmes de couverture, rapportés au mètre superficiel :

	Matière première.	Charpente.	Couverture avec voligeage.	Total.
Tuiles....	9.20	5.30	5.50	20.00
Ardoises .	5.25	3.60	5.00	14.50
Carton ...	2.25	2.00	3.50	8.45

Couverture en chaume, paille ou jonc.

Ce système de couverture presqu'exclusivement employé autrefois dans les campagnes, tend de plus en plus à disparaître. Son prix augmentait, alors qu'il s'est produit des systèmes très économiques; mais son plus grand défaut, c'était les grandes chances d'incendie qu'il présentait. Aussi n'est-il guère plus employé que pour de petites constructions isolées qui servent à l'ornementation des jardins et des parcs.

Ce travail consiste simplement à attacher, avec des liens de paille, le chaume sur des perches placées en travers des chevrons disposés pour le recevoir.

§ 4. — VERRES DE TOITURE ET TUILES EN VERRE, DE LA COMPAGNIE DE SAINT-GOBAIN (AISNE).

Nous n'avons pas cru devoir ouvrir un paragraphe spécial aux couvertures en vitres ou glaces, cette nature de travail différant en réalité complètement de l'art du couvreur proprement dit, et n'étant généralement pas exercé par lui. On n'emploie, en effet, cette couverture que dans des cas tout-à-fait particuliers, pour des serres, des marquises, des verandahs, où elle joue bien plutôt le rôle de vitrage, comme dans les croisées, que de couverture proprement dite. Aussi ce travail est-il confié aux peintres-vitriers.

Toutefois, nous avons cru devoir parler d'un produit spécial, qui, par sa nature et sa résistance, peut être comparé aux tuiles, et dont l'emploi peut en être fait concurremment avec ces dernières, surtout pour les baies sur de grandes toitures destinées à laisser passer la lumière.

La manufacture de Saint-Gobain fabrique depuis 1858, un produit désigné sous le nom de verres de

toitures, à l'instar des Volled-Glass d'Angleterre, qui, grâce à leurs dimensions, leurs résistances et leurs prix modérés, répondent aux besoins des constructions modernes.

Ils ont une épaisseur qui varie de 4 à 6 mill.; ils sont généralement verdâtres ou blancs, suivant l'usage auquel on les destine; l'une des faces est lisse et brillante, l'autre présente de légères rayures saillantes qui brisent les rayons lumineux pour les transformer en lumière diffuse, en empêchant aussi de voir au travers des vitres sans intercepter d'une manière sensible le jour du dehors, contrairement à l'effet produit par le verre mat ou dépoli.

La face rayée peut être ornée de dessins en relief comme en présentent les échantillons à losanges. En Angleterre, où cette fabrication a pris naissance, on varie les dessins à l'infini suivant les applications; on peut même faire des verres qui simulent, par de fortes nervures, les baguettes de plomb des vitrines de couleurs; on réunit de la sorte la solidité et la modicité des prix.

La fabrication de ces verres n'offre rien de particulier; c'est un verre à glace, plus ou moins commun, coulé par les procédés ordinaires, avec cette seule différence que les appareils de coulage sont disposés de manière à donner par moulage les cannelures, rayures et autres ornements. On obtient ainsi des feuilles de verre pouvant aller facilement de 80 centimètres de largeur à 2m50 de hauteur : l'épaisseur est en quelque sorte illimitée, mais généralement il est inutile de dépasser 5 millimètres pour des surfaces qui arrivent au mètre carré.

Dans les constructions importantes qui s'exécutent aujourd'hui dans les grands centres industriels, dans les villes importantes, dans les chantiers de la marine et sur les chemins de fer, il doit être important de laisser pénétrer le jour jusque dans les parties les plus centrales.

Le verre à vitre soufflé ne répond qu'imparfaitement à toutes les conditions que nous venons d'énumérer. Dans certains cas, la transparence est nuisible, sinon inutile : on ne la supprime généralement qu'en perdant beaucoup de lumière, soit par le dépolissage, soit par des rideaux, soit par les badigeons.

La faible épaisseur du verre à vitre simple s'oppose à son usage dans les circonstances où la surface à couvrir est assez considérable. Quant aux verres doubles ou triples, quant aux glaces sans tain, qui présentent plus de résistance et pourraient supporter d'assez grandes dimensions, le prix en est trop élevé pour les couvertures où le luxe doit être soigneusement évité.

Les verres de Saint-Gobain participent à la fois du verre à vitre et de la glace sans tain ; ils ont la solidité des uns, le bas prix des autres ; ils remplissent donc la lacune qui écartait ces produits. Ils s'emploient avec avantage pour couvrir les serres, les passages, les cours et les lanternes des cages d'escalier ; ils se placent même verticalement sur panneaux à larges surfaces pour éclairer les arrière-boutiques et pièces qui ne reçoivent que des jours de souffrance.

Ils conviennent surtout pour couvrir et vitrer les magasins, les ateliers élevés, les chantiers de construction, les gares de chemin de fer et les hangars à grande portée.

Des couvertures faites avec des feuilles de verre de Saint-Gobain qui ont $1^{m}.50$ à 2 mètres de long sur

0m.35 à 0m.50 de large ne présentent qu'un petit nombre de joints à recouvrements qu'ils est facile d'ailleurs de dissimuler en les plaçant au-dessus des pannes qui supportent les chevrons.

Les feuilles se posent sur les chevons eux-mêmes, qui peuvent être en bois ou en fer profilé dit *fer de vitrage.* Dans ce dernier cas, on les maintient économiquement par de petites broches ou goupilles qui les empêchent de glisser ou de se soulever. Etablies dans de bonnes conditions, elles résistent à la grêle plus que les couvertures ordinaires et supportent sans avaries le poids des neiges qui viennent s'y accumuler. Les gares couvertes de cette manière sont parfaitement éclairées sans insolation directe et sans infiltration des eaux pluviales ; il en résulte une économie considérable sur les frais d'éclairage des gares proprement dites ainsi que des salles et bureaux qui les entourent.

La Compagnie de Saint-Gobain a encore apporté un perfectionnement considérable dans l'utilisation du verre pour les toitures, qui en rend l'emploi plus facile et a produit une grande extension dans l'usage de ces nouveaux produits. Elle fabrique aujourd'hui, à l'aide d'un outillage très ingénieux disposé tout spécialement, des tuiles en verre, offrant exactement les mêmes formes que les tuiles mécaniques, et dont la pose s'opère, par conséquent, avec la même facilité. On peut désormais, en mariant ces tuiles de verre avec des tuiles ordinaires, ménager sur les toits de grands passages à la lumière, sans être obligé de recourir à la construction de châssis spéciaux. Pour les hangars, les magasins, les halles, etc., ce nouveau procédé offre des avantages assez évidents, pour qu'il soit inutile d'insister.

CHAPITRE VI

Comparaison des divers systèmes de Couvertures.

Nous venons d'exposer les différents modes que l'on peut employer pour la couverture des bâtiments, il nous reste à les examiner les uns par rapport aux autres.

Nous laisserons de côté les divers procédés désignés sous le nom de couvertures économiques, qui, s'ils justifient leur titre, ne le font qu'autant que l'on s'adresse à des ouvrages relativement peu importants, et surtout d'une durée qui, comparée à celle des autres systèmes, permet d'ajouter à leur première qualification, celle de provisoire, aussi bien méritée que la première.

Nous restons donc en présence des procédés suivants :

Couverture en métal	Plomb Zinc Cuivre	Soit en feuilles, soit en sortes de tuiles ou d'ardoises métalliques.

Couverture en tuile	Tuile de Bourgogne. Tuile mécanique.

Couverture en ardoises.

Ils peuvent être comparés à plusieurs points de vue.

La pente qu'ils exigent dans la construction du toit, et qui, déterminant une surface plus ou moins considérable, influe sur la quantité de bois qui entrera dans la charpente.

Le poids au mètre carré du produit employé qui régit la force des bois de soutien, et devient un second élément influant aussi sur la quantité de ce bois.

Ces deux points de vue peuvent se ramener à un seul : Quantité de bois par mètre carré.

Ensuite le prix de revient du produit employé au mètre superficiel.

Enfin la durée et l'entretien.

Le plus souvent, le choix du système est plutôt déterminé par les circonstances locales, que par toute autre considération. La proximité de telle ou telle fabrique est ordinairement le grand motif qui régit le mode employé dans une contrée, à cause des facilités à se procurer tel ou tel produit, et des facilités de transport.

On comprend que ce dernier élément, le transport, doive jouer un grand rôle, si l'on se rapporte par exemple au tableau que nous avons donné dans le paragraphe de la couverture en tuiles, et qui permet d'estimer pour des surfaces de toits un peu grandes, combien il en faut de grandes quantités.

Cependant l'on pourra se trouver quelquefois à même de choisir entre plusieurs systèmes. Le tableau suivant présente comparativement quelques-uns des éléments que nous venons de définir; nous le faisons suivre d'une comparaison particulière dans l'emploi des métaux entre eux.

DÉSIGNATION du Système de Couvertures.	Pente.	Poids au mètre carré effectif.	Quantité de bois par mèt. carré.	Poids total au mètre carré.
	dégrés.	kil.	mèt.	kil.
Tuiles plates de Bourgog.	45 à 33	90	0.063	125
— creuses à sec...	27 à 21	100	0.058	200
— maçonnerie....	31 à 27	136	0.068	
— mécaniques....	24 à 40	50		
Ardoises............	45 à 33	38	0.056	100
Cuivre laminé........	21 à 18	14	0.042	
Plomb.............	21 à 18	45 à 50		
Zinc n° 14..........	21 à 18	8.50	0.042	64
Tole galvanisée.......	21 à 18	8.50	0.042	

Ces résultats ne peuvent être regardés que comme des moyennes générales.

On entend par poids effectif au mètre carré, le poids de la couverture proprement dite et de son voligeage, et par poids total, celui qui comprend la couverture, la charpente en sapin, et une couche de neige pesant 25 k. au mètre carré.

Si l'on compare en particulier les couvertures en tuiles, ardoises et zinc qui sont les plus employées, la dernière est la plus chère comme premier établissement, mais elle demande le moins de réparation, et conserve, au point de vue des matériaux de démolition, environ deux tiers de sa valeur, alors que la tuile et l'ardoise ne valent plus rien. La tuile est d'une très longue durée, supérieure à l'ardoise, mais ces deux couvertures demandent toujours, après un temps plus ou moins long, à être remaniées pour la reconfection du lattis inférieur, et dans ce cas, la dépense est plus grande pour la tuile que pour l'ardoise.

On voit donc que sans pouvoir faire intervenir les circonstances locales, il est difficile de décider absolument quel serait le système le plus avantageux à adopter.

Comparaison du Plomb et du Zinc.

On a voulu comparer la ténacité du zinc avec celle du plomb; pour cela, on a pris deux bandes de l'un et de l'autre métal, dans des dimensions de 1 décimètre de longueur, 1 centimètre de largeur, sur 1 millimètre d'épaisseur; les extrémités étant chargées de soudures, pour les fixer par des étaux, on les a suspendues l'une et l'autre par leur extrémité supérieure, chacune à un point fixe; on a adapté, à l'extrémité inférieure de chaque lame, un étau à main, portant par en bas un crochet que l'on a chargé de poids. La lame de plomb a rompu une fois à 17, une autre fois à 19 kilogrammes de charge; celle de zinc a cédé sous l'effort de 112 kilogrammes la première fois, et de 115 la seconde. Ces deux bandes avaient été prises dans le sens de la longueur de la planche laminée. Une troisième bande prise dans le sens de la largeur de la planche a rompu sous 110 kilogrammes.

Donc, en prenant 18 et 112 pour terme moyen, il s'ensuivrait que le zinc a une force 6 fois plus grande que celle du plomb, ou que la ténacité du zinc est à celle du plomb comme 6 est à 1. Il faut conclure de cette expérience, qu'une planche de zinc de 1 millimètre d'épaisseur a autant de consistance qu'une planche de plomb de 5 millimètres. Mais, en n'adoptant même que la proportion de 4 à 1, il reste démontré, à bien plus forte raison, que la planche de zinc, à 1 millimètre d'épaisseur, que l'on fournit pour couvertures, a plus de consistance qu'une planche de plomb à 3 millimètres d'épaisseur, qui est la force à laquelle on emploie le plomb laminé sur les bâtiments.

La ténacité du zinc étant beaucoup plus grande que celle du plomb, on peut employer du zinc laminé à 3/4 de millimètre d'épaisseur, là où l'on emploierait du plomb à 2/5 millimètres d'épaisseur; il faut donc, dans le calcul de l'économie, établir le rapport de 7 1/2 : 11, qui est celui de la pesanteur spécifique, avec celui de 4 : 15, qui est celui que nous avons adopté pour l'épaisseur relative, et nous aurons le rapport suivant :

Le poids du métal, pour établir 1 mètre carré de couverture en zinc, est au poids de 1 mètre carré de couverture en plomb :: 30 : 165 ou 2 : 11.

Ainsi, toute partie de couverture qui coûterait en plomb 500 francs, ne coûtera en zinc que 200 francs de premiers déboursés, indépendamment de la grande différence des intérêts qui courent sur les deux capitaux, et de l'économie sur la force des charpentes.

En résumé, si l'on admet qu'on emploie le plomb sous une épaisseur de 3mm, qui est la véritable épaisseur qu'on doit adopter lorsqu'il s'agit d'un travail un peu important, et qu'on le compare au zinc courant qui est le n° 14, et qui a pour épaisseur 0mm,87 en tenant compte de tous les détails du travail, on peut dire que la couverture en plomb reviendra environ six fois plus cher que celle en zinc.

A côté de cela, avec le plomb, on a un travail dont la durée est incomparablement plus grande, et dont l'aspect est de beaucoup préférable à celui des couvertures en zinc. Ajoutons encore que le plomb comme matière de démolition perd peu de sa valeur, alors que le zinc perd plus de moitié.

Comparaison du Cuivre et du Zinc.

Deux feuilles de la même épaisseur, l'une en zinc et l'autre en cuivre, offrent la même fermeté et la même résistance à la force qui tendrait à les plier; et pour les travaux des édifices, tels que les couvertures et les chéneaux, ces deux métaux peuvent être employés à la même épaisseur. Ainsi, les rapports d'économie ne proviennent plus que de leurs poids et de leurs prix relatifs.

Pour 200 mètres carrés en zinc, la dépense en capital et intérêts serait de................. 20.025 fr.

Pour 200 mètres carrés en cuivre rouge, la dépense en capital et intérêts serait de. 59.250 fr.

Excédant de la dépense du cuivre sur le zinc................................. 39.225 fr.

Ainsi, la dépense d'une couverture en cuivre est à celle d'une couverture en zinc : : 3 : 1, à très peu de chose près;

Et le poids d'une couverture en cuivre est au poids d'une couverture en zinc, en les prenant d'égales épaisseurs : : 250 : 186 ou : : 4 : 3.

Les chéneaux que l'on pose le long des toits, sont l'une des choses pour lesquelles les feuilles de zinc conviennent le mieux.

Pour cet usage, on les fait de 25 centimètres de large, de 2 à 3 mètres de long, et d'un demi-millimètre d'épaisseur. Les 33 centimètres courants ne pèsent alors que 75 décagrammes. Ces chéneaux étant légers, surchargent peu les crampons; la longueur des feuilles fait qu'il n'y a de soudures que de loin en loin. Les chéneaux en plomb, ceux en fer-blanc, sont moins avantageux : les premiers sont trop pesants et plus chers, les derniers coûtent le même prix et sont trop promptement rongés par la rouille; mais il faut reconnaître que l'extrême dilatation du zinc lui donne une certaine infériorité pour cet usage.

Les tuyaux de descente d'eau, destinés à faire passer les eaux du toit d'une maison jusqu'au rez-de-chaussée, doivent être faits en zinc plutôt qu'en cuivre, en plomb, en fonte, ou en fer-blanc. Le cuivre est trop cher pour cet emploi, le plomb est trop lourd, il entraîne les crampons qui le soutiennent ou il se déchire; la fonte, si elle vient à se briser dans les gelées, ne peut se souder sur place, il faut alors remettre des tuyaux neufs; le fer-blanc est rempli de soudures de 40 en 40 centimètres, il se rouille et dure peu, et quand il est brisé, les morceaux n'ont aucune valeur. De pareils tuyaux en zinc n'offrent aucun de ces inconvénients; ils sont moins chers de moitié qu'en cuivre, plus légers, plus forts, et par là moins chers qu'en plomb, ils peuvent se souder et se raccommoder sur place, ils n'ont de soudures que tous les trois mètres, et ne sont pas plus chers que ceux en fer-blanc.

QUATRIÈME PARTIE

ART DE L'APPAREILLEUR A GAZ

L'industrie de l'appareilleur à gaz peut être considérée sous deux aspects différents. Soit que l'on s'occupe spécialement de la partie du travail, plus ordinairement désignée sous le nom d'installation du gaz, soit que l'on considère la fabrication des divers appareils employés dans l'éclairage au gaz.

La première se rattache si intimement aux travaux ordinaires du plombier, que souvent dans la pratique, ces deux industries sont réunies dans le même corps d'état; et c'est pour cela que nous avons cru devoir en résumer les notions principales dans ce manuel. Quant à la seconde, elle se rattache plus particulièrement à l'industrie appelée fabrication du bronze, où, à côté des questions techniques de fabrication, vient s'ajouter le côté artistique qui y joue un grand rôle. Nous ne saurions l'aborder sans sortir du cadre que nous nous sommes proposé.

Notre intention est donc d'examiner seulement ce qui a trait à l'installation du gaz; c'est à dire les travaux que l'on sera obligé de faire, pour amener le gaz à l'aide d'une conduite branchée sur les conduites principales de distribution établies par les Compagnies sur la voie publique, dans un local déterminé; pour disposer sur elle les conduites secondaires, et les appareils de mesure ou de sûreté ou d'attente, de façon à n'avoir plus, pour jouir du gaz et pour l'employer à l'éclairage, qu'à monter sur ces pièces d'attente les appareils spéciaux que l'on trouve dans le commerce.

Etablissons tout d'abord les liens qui rattachent cette industrie à celle proprement dite du plombier, avant d'entrer dans l'examen des divers détails d'exécution.

L'appareilleur à gaz emploiera presque toujours des tuyaux de plomb, à cause de la facilité que ceux-ci présenteront par suite de leur malléabilité, à s'adapter facilement aux contours plus ou moins sinueux qu'il devra leur faire suivre. Toutefois, il pourra dans certains cas employer des tubes de fer, et en particulier ceux dus à la fabrication de MM. Mignon et Rouart, qui jouent un rôle d'une certaine importance dans les installations provisoires. Il emploiera quelquefois, bien que rarement, de petits tubes de cuivre. On trouvera dans les parties précédentes tout ce qui concerne les procédés de fabrication et d'assemblage de ces divers tuyaux. Il nous suffira donc ici de désigner au milieu de tous les procédés décrits, ceux qui sont particulièrement employés par l'appareilleur, et de renvoyer pour les détails aux articles précédents.

Enfin pour compléter ce qui est relatif à cette installation du gaz, nous aurons à décrire les appareils divers que l'appareilleur devra disposer, soit pour permettre à l'abonné et à la Compagnie fermière d'établir un mode de mesure des quantités de gaz consommé, soit pour prévoir, découvrir et remédier aux accidents, soit enfin pour pouvoir établir sur cette canalisation les appareils d'éclairage. Et sans entrer dans l'étude de la construction de ces appareils, nous aurons à parler de certaines parties constitutives

communes à tous, indépendantes des formes plus ou moins artistiques, que l'appareilleur sera souvent appelé à modifier, corriger ou surveiller.

CHAPITRE PREMIER

§ 1. — Principes généraux de l'installation du gaz.

Nous admettons que l'immeuble dans lequel l'appareilleur doit établir une installation, est situé sur une voie publique que parcourt une des conduites maîtresses ou secondaires, installées par la Compagnie.

Cette conduite est située dans le sol à une certaine profondeur. Il faudra tout d'abord faire une tranchée dans une direction perpendiculaire à cette conduite, permettant de l'atteindre, et soit par une prise directe, soit par une prise sur un raccord préparé déjà par la Compagnie, brancher la conduite qui formera pour l'immeuble en question la conduite maîtresse de distribution, généralement appelée colonne montante. C'est qu'en effet dans les maisons à plusieurs étages, cette conduite est tout de suite disposée sur la hauteur de la maison, généralement dans la cage d'escalier, afin de pouvoir, à l'aide de branchements nouveaux, distribuer le gaz à chaque étage et à chaque locataire.

A Paris, ce travail est fait par la Compagnie du gaz elle-même.

La conduite maîtresse, située sur la voie publique, est ou en tôle bituminée, système Chameroy, ou en fonte. Dans le premier cas, la forme du branchement est des plus simples. On enlève le bitume à l'endroit voulu, on perce la tôle, on soude le branchement, et on remet un peu de bitume à la jonction.

Quand il s'agit de tuyaux en fonte, on peut opérer de plusieurs façons : ou profiter d'une tubulure de raccord déjà posée en attente, ou remplacer une portion de la conduite par une nouvelle munie d'une tubulure, ou enfin percer le tuyau à l'endroit où le branchement doit être établi, au moyen des outils spéciaux que nous avons décrits dans la 1re partie, Chapitre VI, Section de l'outillage.

Le trou percé, le tuyau en plomb est ajusté sur la conduite de fonte au moyen d'un collier, comme le montre la figure CXXV ; un collet en plomb est soudé

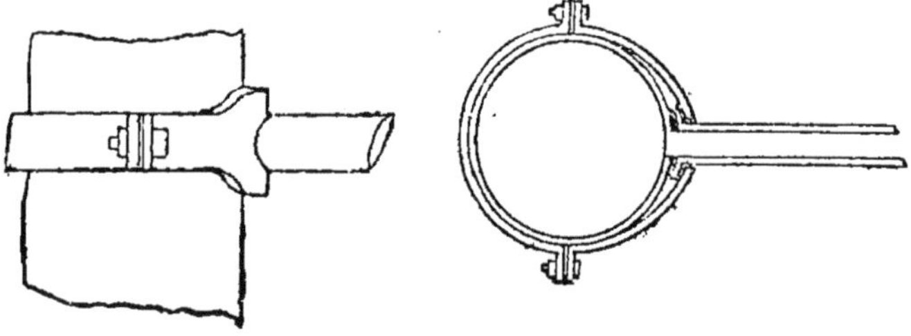

Fig. cxxv.

à l'extrémité du tuyau, la partie qui le dépasse est destinée à pénétrer dans le tuyau de fonte, sa longueur correspond à l'épaisseur de ce tuyau et on peut facilement rogner cette partie pour ne produire aucune saillie dans l'intérieur de la conduite. On maintient le branchement contre le tuyau de fonte au moyen d'un collier en fer formé de deux parties, qu s'assemblent à l'aide de boulons.

La partie supérieure du collier porte un œil, dont le diamètre est légèrement plus grand que le diamètre

extérieur du branchement. Entre le collet, le plomb et la fonte, on place une bague de filasse garnie de céruse.

Grâce à ces précautions, on peut considérer le branchement comme solidement établi; on courbe alors le tuyau de plomb, à angle arrondi, et on le place dans la tranchée pour venir le relever contre le mur de l'immeuble. Ces tuyaux sont posés sur des planchettes en bois qui leur donnent de l'assiette, et la partie relevée est elle-même enfermée dans un cadre de bois, portant en un certain point au-dessus du sol, une boîte en fonte avec porte à charnières, dans laquelle se place le robinet d'arrêt. Un œil pratiqué dans la porte, permet avec une clef à écrou de manœuvrer le robinet sans ouvrir cette porte, opération qui ne se pratique que pour le nettoyage du robinet.

Voici d'ailleurs les diamètres les plus ordinairement employés pour ces tuyaux de branchement, ainsi que le poids correspondant au mètre courant :

DIAMÈTRE	ÉPAISSEUR	POIDS au mètre courant.
0,020	3mm	3k
0,027	4	4k,4
0,034	4	6k,25
0,040	4	7k
0,054	5	10k,5
0,081	6	18k
0,108	6	24k,5

La conduite, branchée immédiatement sur celle de la Compagnie, devra pénétrer à travers le mur de l'immeuble aussitôt qu'elle l'atteint, et recevoir aux environs de ce point une série d'appareils divers que nous ne faisons que mentionner ici, et dont la description sera donnée plus loin.

1° Un robinet d'arrêt pour interrompre la communication entre la conduite montante et la conduite de la rue;

2° Un siphon pour permettre de vider les eaux qui s'accumulent par refroidissement ou entraînement;

3° Un compteur pour mesurer d'une façon totale, tout le gaz employé dans l'immeuble.

Examinons ensuite ce qu'il y aura à faire sur le cours de cette conduite montante, en prenant le cas le plus complexe, c'est-à-dire celui d'une maison occupée par un certain nombre de locataires, usant chacun du gaz pour leur propre compte.

Au droit de chacune des subdivisions correspondantes aux diverses consommations, on établira sur la colonne montante, une nouvelle conduite pénétrant dans l'étage où les travaux s'exécutent et portant elle aussi deux des appareils déjà nommés :

1° Un robinet d'arrêt pour pouvoir isoler cette subdivision de la conduite montante;

2° Un compteur pour mesurer la consommation particulière à cette subdivision.

Etudions maintenant l'installation de cette conduite particulière.

A la sortie de son compteur, cette conduite sera dirigée, suivant les angles formés par le mur et le plafond, dans les diverses pièces où l'on doit conduire le gaz, en évitant les coudes brusques et autant que possible les dénivellations. Toutes les fois que cette conduite présentera dans son parcours un angle un peu accusé, ou bien un abaissement dans son niveau,

on devra, sur ce coude ou à la partie la plus basse de cet abaissement, disposer ce que l'on nomme un siphon, c'est-à-dire un petit tuyau de plomb vertical d'une certaine longueur convenablement choisie, et muni à sa partie inférieure d'un robinet. Ce petit siphon est destiné à servir de réservoir aux eaux de condensation, que l'on peut expurger en ouvrant le robinet.

Sur cette conduite, on vient souder de plus petits tuyaux, qui, partant d'un point de la corniche, courent le long des plafonds ou des murailles pour amener le gaz, soit au centre de la pièce, soit en un des points de la paroi. Ces derniers devront toujours porter, au-delà du point où se fait la prise pour éclairage, un prolongement vertical dirigé de haut en bas avec robinet, pour former siphon.

Jusqu'ici nous avons toujours supposé les tuyaux apparents et en plomb. Ce système le plus simple à tous les points de vue, soit de l'économie des travaux, soit de la surveillance et des réparations, serait quelquefois une grande gêne dans les appartements riches où la vue de ces tuyaux nuirait beaucoup aux effets de décoration. Aussi, le modifie-t-on dans ces cas-là.

Le tuyau au lieu d'être disposé apparent, est noyé dans l'épaisseur comprise entre le plafond et le plancher situé au-dessus, seulement dans ce cas les tuyaux de plomb devront toujours, si on les emploie, être noyés dans un fourreau solide, soit tube de fer, soit tube de cuivre, afin d'éviter l'écrasement du plomb par des causes diverses,ce qui pourrait donner lieu à des fuites. De plus, au droit de chacune des prises successives, faites sur la conduite, on devra établir une ventouse, qui a pour but de pouvoir reconnaître la présence des fuites, et d'éviter quand elles se produisent, l'accumulation du gaz dans les planchers qui ne tarderait pas à être la cause d'une explosion. Les règlements de la ville de Paris interdisent dans ce cas, tout autre mode de pose des tuyaux à gaz.

L'installation étant amenée à ce point, il n'y aura plus qu'à disposer en chacun des points où doit être faite une prise, un petit appareil servant à recevoir, l'extrémité de la conduite et l'appareil d'éclairage, pour y amener sans fuites le gaz qu'on y brûlera.

§ 2. — Pose et assemblage des tuyaux

Les tuyaux employés sont généralement en plomb, ainsi que nous l'avons dit; occupons-nous d'abord des modes de jonction de ces tuyaux entre eux, nous verrons ensuite comment on réunit des tuyaux de plomb à des tuyaux de fer, de fonte ou de cuivre, ce qui d'ailleurs est basé sur le même principe : la soudure.

Le procédé employé pour réunir ensemble des tuyaux de plomb, dans la canalisation du gaz, est toujours la soudure. On emploie pour cela la soudure à nœud, telle qu'elle a été décrite dans la 1re Partie, Ch. VII, § 4, sans que nous ayons rien à ajouter à ce qui a été dit sur ce sujet. Ce mode peut toutefois recevoir certaines modifications. Ainsi, supposons qu'étant donnée une certaine conduite en place, on veuille amener le gaz en un point particulier situé en dehors, mais d'une façon temporaire seulement, ou avec la perspective d'une modification ultérieure nécessitant un changement, par exemple dans le diamètre de cette conduite partielle. Pour ne pas employer tout d'abord un tuyau de ce diamètre, et en poser un plus petit et moins coûteux, et cependant pour ne pas être obligé de faire plusieurs fois une soudure sur la première conduite, ce qui peut en

amener l'altération, outre que cette opération n'est pas toujours facile à pratiquer sur les tuyaux en place, voici comment en opère :

On interpose dans la première conduite une pièce de cuivre ou de fer comme celle qui est indiquée fig. CXXVI, formée d'une tubulure continue avec une branche à angle droit interrompue par un robinet. Les deux extrémités de la conduite sont soudées sur les extrémités de la tubulure droite, rétablissant ainsi la continuité de cette conduite, et sur la troisième tubulure on soude la conduite auxiliaire dont la communication avec la première s'établit ou s'interrompt à volonté par l'intermédiaire du robinet. En cas de changement dans cette dernière conduite, il n'y aura plus besoin de toucher à la première. Il suffira de dessouder le plomb de la tubulure avec laquelle elle fait corps, et de la remplacer par la nouvelle.

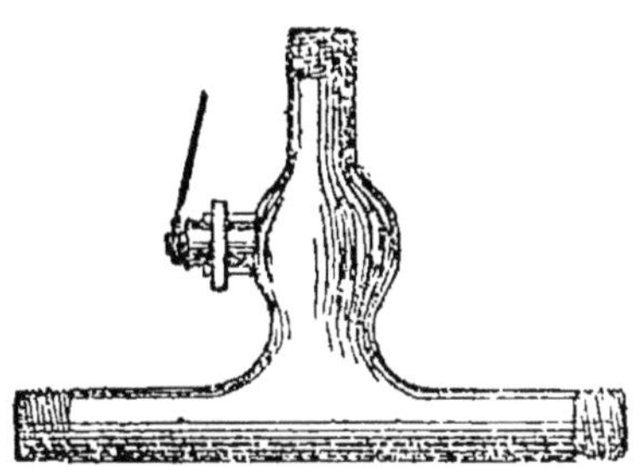

Fig. CXXVI.

Cette opération de désoudure est même évitée le plus souvent, car elle peut présenter certaines diffi-

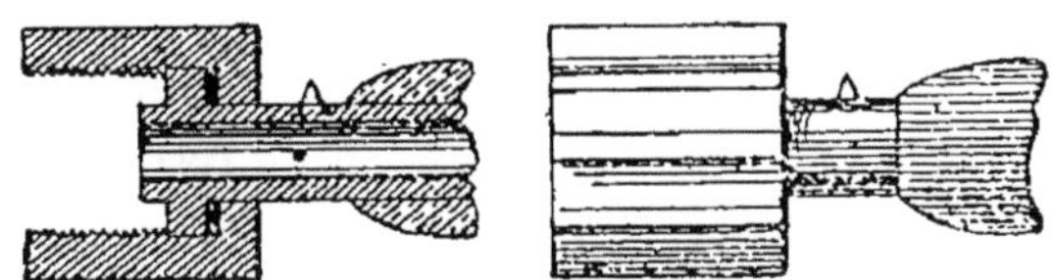

Fig. CXXVII.

cultés sur place, au moyen d'un procédé particulier, par le raccord appelé *écrou de rappel*. Cette pièce indiquée en A dans la figure CXXVII se compose, ainsi qu'on le voit, d'un petit ajustage en cuivre, soudé sur le plomb, qui vient se terminer par une portée dans l'intérieur d'un écrou avec une garniture de cuir au joint. L'écrou mobile autour de la pièce A, sert à la raccorder sur le pas de vis en attente après le tuyau déjà posé, sans être obligé de faire tourner cette nouvelle partie. C'est là le procédé généralement employé, pour interposer dans une conduite, toute pièce, robinet, bifurcation de branchement, etc., susceptible soit de changement soit de réparations. On comprend, qu'une fois l'écrou soudé sur la tubulure de plomb fixe, rien n'est plus facile que de monter sur elle telle pièce que l'on voudra, il suffit de garnir le joint vissé avec du blanc de céruse pour bien s'assurer contre toute fuite. Ce procédé est d'un emploi général.

La figure CXXVIII contient aussi le détail d'un robinet à boisseau, placé dans les canalisations, qui peut servir de type, pour tous les robinets de ce genre. *C'est le robinet dit à Brides*. Il est formé d'un boisseau ordinaire, dont la tête, mue par une clef ou une manivelle, présente un diamètre moindre que le corps du boisseau, de façon à pouvoir être coiffé d'une pièce, que l'on fixe par deux vis sur des renflements, disposés à cet

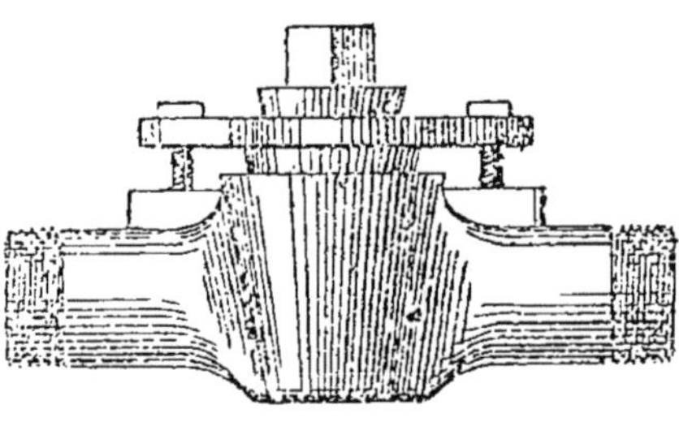

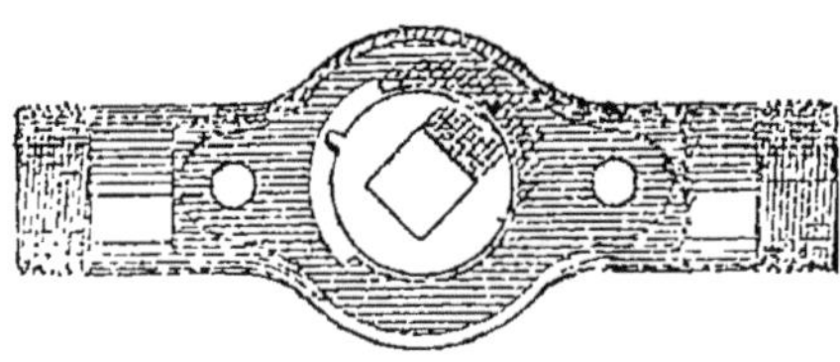

FIG. CXXVIII.

effet sur le corps de la canelle. Cette pièce porte une encoche, dans laquelle se meut un taquet fixé au corps du boisseau, et qui sert ainsi à limiter dans les deux sens la course du robinet, assurant les points de fermeture ou d'ouverture.

Quant au moyen de fixer ces conduits sur les murailles, c'est celui dont nous avons parlé pour la pose des tuyaux de descente, en décrivant les travaux du couvreur dans la 3me Partie, Ch. II, § 2. On emploie des clous dont l'extrémité, émargeant du mur, est recourbée de façon à embrasser le tuyau et à l'appliquer contre le mur, tout en le maintenant; ces clous sont en tous points analogues à ceux que nous avons indiqués dans la partie relative à la couverture, pour les tuyaux de descente, les gouttières, etc.

Lorsque les tuyaux traverseront des murailles ou seront renfermés entre des planchers, nous avons dit qu'ils étaient disposés dans des fourreaux, qui les supportent directement, et qui eux-mêmes sont soutenus par les parois du trou pratiqué, ou par le plafonnement.

Ainsi donc : réunion des tuyaux de plomb, par une soudure directe ou par l'interposition d'une tubulure en cuivre ou en fer, sur laquelle le plomb est soudé, opérations pour lesquelles nous avons décrit les procédés à employer; fixation des tuyaux contre les murs à l'aide de pattes à crochets.

Les dimensions employées pour les tuyaux de plomb, sont fixées d'après la quantité de gaz que l'on devra consommer, laquelle à son tour détermine le calibre des compteurs, ainsi que nous le verrons plus tard. Voici en tous cas les éléments adoptés pour le branchement et les tuyaux intérieurs principaux :

Quantité de becs marqués au compteur.	Diamètre des tuyaux.
3 à 10	$0^{m},027$
10 à 20	$0^{m},034$
20 à 30	$0^{m},040$
30 à 50	$0^{m},054$

Pour les éléments secondaires de la conduite de distribution, c'est-à-dire pour ceux qui, branchés sur les parties précédentes, amènent directement le gaz à un brûleur ou une série de brûleurs, en un mot pour les tuyaux de distribution, voici les rapports adoptés pour le diamètre et la quantité de becs desservis.

1 brûleur	....	$0^{m},0135$
2 à 5 —	....	$0^{m},018$
6 à 15 —	....	$0^{m},025$
16 à 25 —	....	$0^{m},031$
26 à 40 —	....	$0^{m},057$
41 à 100 —	....	$0^{m},050$
101 à 150 —	....	$0^{m},062$
151 à 200 —	....	$0^{m},075$

Nous avons dit que l'on employait quelquefois des tuyaux en fer, et en effet les colonnes montantes sont souvent ainsi établies. Lorsque l'on a à faire, dans un bâtiment, une installation qui ne sera que provisoire, comme par exemple pour l'éclairage des diverses parties d'un bâtiment pendant sa construction, comme on a dû le faire pour l'Opéra, comme on la fait pour l'Hôtel-de-Ville, l'installation ne peut pas être définitive; elle doit à chaque instant être déplacée au fur et à mesure de l'avancement des travaux. Dans ce cas, les tuyaux en fer rendront de grands services, leur installation étant plus commode, plus prompte que celle des tuyaux en plomb,

et leur rigidité se prêtant plus facilement pour franchir au moyen de légers supports en charpente, de grands espaces dans le vide.

On emploie beaucoup les tuyaux fabriqués par MM. Mignon et Rouart, que nous avons décrits en détail dans la 1re Partie, Ch. IV, § 7; nous y renvoyons le lecteur. On voit que l'emmanchement de ces tuyaux est combiné à vis, ce qui facilite énormément la pose, et surtout les déposes fréquentes, et que les nombreuses pièces, pour bifurcations diverses, permettent à chaque instant de venir sur une première conduite prendre un branchement pour une direction nouvelle.

Il n'y a qu'à prendre la précaution de bien garnir les joints avec de l'étoupe et de la céruse, afin d'éviter les fuites.

Pour que cette installation soit prête à fonctionner, il n'y a donc plus qu'à disposer, au droit de chaque extrémité de tuyau où se posera un appareil d'éclairage, la pièce qui servira à faire le raccord entre la conduite et l'appareil, en même temps qu'elle servira de support à cet appareil. Nous expliquerons un peu plus loin cette dernière partie du travail, en donnant la description des diverses pièces employées.

CHAPITRE II

Appareils servant à mesurer les quantités de gaz consommées ou Compteurs.

Les débuts de l'éclairage au gaz furent marqués par certaines difficultés, pour régler les rapports entre la

Compagnie et les consommateurs, dans l'évaluation des quantités de matières employées.

Bientôt ces difficultés disparurent par l'invention des compteurs. Grâce à ces appareils, la Compagnie pouvait laisser toujours ouverte l'arrivée du gaz, et n'avait plus besoin de surveiller la façon dont il était employé, certaine de pouvoir toujours vérifier exactement les quantités qui en avaient été consommées. Le consommateur, à son tour, ne se trouvait plus gêné par un contrôle désagréable, par des heures fixes pour l'ouverture et la fermeture des conduits d'arrivée.

Ces appareils sont donc venus rendre réellement pratique l'usage du gaz chez les particuliers, et n'ont pas peu contribué à l'extension de ce mode d'éclairage jusqu'alors peu employé.

Bien que leur construction soit le propre d'industriels spéciaux, nous croyons devoir en présenter la description, car il est essentiel que l'appareilleur connaisse à fond cet appareil. Ainsi que nous l'avons dit, la pose du compteur forme en quelque sorte le point de départ d'une installation ; de plus, la marche de cet appareil, malgré tous les perfectionnements qu'on y a apportés, est encore sujette à bien des accidents, et il est rare qu'un particulier cherche à y remédier par lui-même. Il enverra toujours chercher l'appareilleur pour visiter son compteur, le remettre en bonne marche, et celui-ci devra donc connaître comment est établi cet appareil, ainsi que son mode de fonctionnement.

Il existe un nombre considérable de compteurs, les inventeurs s'étant tous efforcés d'apporter à ces appareils les modifications qui en suppriment les divers défauts, dont un certain nombre subsistent encore.

Notre intention n'est pas de décrire tous ces appareils, qui n'offrent d'ailleurs entre eux que des modifications de détail.

Nous nous contenterons d'étudier celui qui est le plus généralement employé. L'examen de cet appareil, et les quelques renseignements que nous y ajouterons, permettront facilement à tout appareilleur de se rendre compte du mécanisme et du fonctionnement des autres appareils.

C'est à Clegg que l'industrie gazière doit cet appareil qui rend de si grands services. Dans le principe il l'avait simplement formé de deux cloches, dont l'une recevait le gaz, tandis que l'autre le dépensait ; chacune d'elles s'élevait et s'abaissait alternativement, communiquant d'une part avec la conduite d'arrivée, de l'autre avec la consommation. Un système de soupapes, dont le mécanisme était mis en jeu par le mouvement même des cloches, les commandait de façon que, pendant que l'une était en communication avec l'arrivée du gaz, l'autre l'était avec la sortie. On peut se figurer facilement cet appareil à l'instar d'une balance, dont les plateaux formés d'une capacité fermée, ne distribuaient le gaz qu'après s'en être remplis. Le nombre des oscillations de cette balance permait un moyen de mesurer le gaz consommé.

Bien que précieux au début, cet appareil présentait de nombreux défauts résultant du jeu des soupapes, et produisant de grandes oscillations dans la lumière. Aussi Clegg ne tarda-t-il pas à changer la construction de son compteur, que Crosley, ingénieur anglais, perfectionna encore.

Le voici tel qu'on l'emploie aujourd'hui. Les figures 63 et 64, pl. II, le représentent en coupe vu de face et de profil.

Le principe sur lequel est fondé cet appareil est le suivant : Si l'on considère un tambour disposé horizontalement et divisé par des cloisons en compartiments, d'une façon assez semblable à une vis d'Archimède, disposé dans une caisse fermée et y baignant dans l'eau un peu au-dessus de son axe de rotation; si maintenant l'on suppose qu'un peu au-dessus de la ligne d'eau vienne déboucher un tuyau abducteur du gaz dans une calotte formant le prolongement du tambour, de telle sorte que le gaz est obligé de pénétrer dans les augets du tambour : celui qui sera ainsi rempli, tendra, en vertu de la force expansive du gaz, à tourner autour de son axe pour s'élever au-dessus de l'eau. A une période de son mouvement, il cesse de recevoir de nouveau du gaz et, en vertu de la vitesse acquise, il continue sa rotation. Mais il rencontre bientôt la nappe liquide, et le gaz contenu dans l'auget est chassé dans l'enveloppe enveloppante, où il trouve un orifice de sortie.

A chaque tour du tambour correspond donc un débit déterminé de gaz. Il suffira d'enregistrer ce nombre de tours, pour mesurer le gaz qui aura passé à travers le compteur.

Voici le principe, passons aux détails d'exécution.

A, tambour à capacités intérieures, se mouvant autour de l'axe B et précédé d'un côté, à gauche dans la figure, d'une calotte sphérique, le tout enfermé dans une enveloppe métallique. L'axe B porte à son extrémité gauche une vis sans fin, placée dans la petite boîte rectangulaire qui précède cette enveloppe. Cette vis engrène une roue dentée r, montée sur un axe traversant une boîte M, lequel transmet le mouvement à la minuterie située dans une seconde boîte rectangulaire C, placée au-dessus de la première. Le

gaz arrive par la tubulure E, passe de là dans le compartiment D de la petite boîte rectangulaire et y pénètre par une ouverture munie d'une soupape commandée par un flotteur F, cette boîte rectangulaire contenant de l'eau au même niveau que la grande caisse du tambour et l'ouverture située dans le compartiment D étant naturellement au-dessus de ce niveau NN'.

Une tubulure E' en U, dont les deux extrémités sont situées au-dessus de la ligne de flottaison, sert à conduire le gaz de la boîte rectangulaire dans la calotte sphérique adhérente au tambour et le précédant. La première branche de ce siphon renversé, celle qui est située dans la boîte rectangulaire, porte un prolongement fermé par un bouchon à vis P, sortant au dehors, afin de pouvoir vider l'eau qui aurait pénétré dans ce siphon, si le niveau dans l'appareil s'était trop élevé.

S Tubulure de sortie de l'appareil.

O Tubulure avec bouchon à vis, servant à verser dans l'appareil l'eau qui descend au fond de la boîte rectangulaire.

R Tube-siphon ouvrant, d'une part dans la boîte rectangulaire, de l'autre au dehors de l'appareil, où un bouchon à vis en assure la fermeture, et qui sert à régler le niveau de l'eau dans l'appareil.

Lorsque l'on procédera à une installation, on placera le compteur à l'endroit convenable, on viendra souder sur l'ouverture E, la conduite abductrice, et sur l'ouverture S, celle qui conduit le gaz dans le lieu de consommation, en ayant soin de poser un robinet au point de jonction de chacune de ces conduites et du compteur.

Ces robinets étant fermés, on introduira de l'eau par l'ouverture O, en ayant soin ensuite de dévisser le bouchon extérieur du siphon R, afin de laisser écouler l'excès d'eau versée, et être bien sûr que celle-ci occupe bien le niveau convenable NN'. Ceci fait, on referme ces deux ouvertures, et l'on ouvre les deux robinets placés sur les conduites.

Le gaz arrivant par E, passe dans D, de là dans la boîte rectangulaire, et par le siphon E' dans la caisse du tambour, qui se met en marche, entraîne le gaz introduit pour le laisser sortir par S.

Examinons les divers incidents qui se peuvent produire.

Si la quantité d'eau introduite dans le compteur est trop grande, cette eau aura pénétré dans le tube siphon E' E et le gaz n'y peut plus passer, l'appareil cesse de fonctionner. Dans ce cas, on dévisse le bouchon extérieur du siphon R, on fait écouler l'excès d'eau, on vide le siphon E' au moyen du bouchon P, l'appareil peut de nouveau fonctionner. Si, au contraire, le niveau de l'eau dans l'appareil s'est trop abaissé, l'appareil ne cesse pas pour cela de fonctionner, mais les capacités des augets du tambour ont augmenté, et la Compagnie se trouve lésée puisque les mesures transcrites correspondent à une capacité déterminée, plus petite que celle qui se trouve fonctionner. Mais alors, dans ce cas, le flotteur F s'abaisse avec le niveau de l'eau, et la soupape qu'il porte vient fermer l'ouverture du compartiment D, supprimant ainsi l'arrivée du gaz. Il faut alors introduire une nouvelle quantité d'eau dans le compteur, afin de ramener le niveau au point convenable. La figure 67 montre le détail de construction du flotteur et de la soupape.

Ainsi, l'arrêt du compteur peut provenir de deux causes :

1° Excès d'eau ; 2° insuffisance d'eau. On ne saurait distinguer laquelle de ces causes détermine un accident, mais la marche à suivre est la même dans les deux cas.

Dévisser le bouchon P, pour purger le siphon E′ s'il contenait de l'eau, ce qui correspond au premier cas, puis déboucher le siphon R pour chasser l'excès d'eau contenue dans le compteur. Si, dans ces deux opérations, il n'y a pas d'écoulement d'eau, c'est que l'arrêt du compteur est due à une insuffisance d'eau, il faudra alors en introduire par la tubulure O, en conservant le siphon R ouvert, pour ne pas en introduire un excès.

Il y a une autre cause d'interruption dans la marche; elle est due à la gelée ; nous en parlerons plus loin.

Telles sont d'ailleurs les modifications très simples auxquelles sont soumises le compteur.

On peut voir facilement par la description que nous venons de donner que le gaz qui pénètre par E, ne peut s'échapper que par l'ouverture S, les ouvertures O, celle du siphon R, étant toujours noyées.

Une seule ouverture peut donner lieu à la sortie du gaz, concurremment avec S, c'est l'ouverture P du siphon E′, ce qui est une cause de perte pour la Compagnie, le gaz sortant ainsi ne passant pas le mesureur, et n'étant pas enregistré. Nous donnerons tout à l'heure un perfectionnement dû à MM. Evans et Edge, qui obvie à cet inconvénient.

Il ne nous reste plus qu'à décrire comment fonctionne l'appareil enregistreur. Nous avons dit que l'axe B portait une vis sans fin engrenant la roue r, montée sur un axe passant dans un fourreau M, qui empêche le gaz de passer dans la boîte de la minuterie. Cet axe porte à la partie supérieure dans la boîte C, un tambour qui tourne horizontalement avec lui derrière une petite aiguille fixe. Sa circonférence porte 100 divisions de 1 litre; quand il a fait 1 tour, il est passé 100 litres; quand il en a fait 10, il en est passé 1000, et alors le cadran des unités marque 1 (mètre cube).

Par une combinaison de pignons et de roues dentées, dont il est facile de se rendre compte, une série d'aiguilles se meuvent sur des cadrans disposés verticalement à la suite les uns des autres, et portant des divisions décimales, chaque aiguille avançant d'une division quand la précédente a fait un tour entier, et indiquant ainsi directement le nombre de litres divisés en multiples de 10.

Lorsque l'aiguille des unités a fait 1 fois le tour de son cadran, l'aiguille des dizaines marque 1, lorsque celle-ci a fait 1 fois le tour de son cadran, celle des centaines marque 1, et ainsi de suite.

Ainsi sur la figure 66, qui montre ce détail sur une plus grande échelle, on lit à première vue le nombre 624, en prenant les chiffres sur les cadrans de gauche à droite et les posant dans le même sens, qui indique qu'à ce moment il est passé 624 mètres cubes de gaz par le compteur.

Cette boîte C contenant la minuterie, est fermée par une glace, que recouvre un petit volet à charnières, de sorte que la constatation du débit est des plus faciles.

L'exactitude du jaugeage du volant, et l'invariabilité des dimensions de celui-ci, constituent bien la précision de l'appareil, mais à la condition toutefois que le niveau de l'eau reste invariable, condition dif-

ficile à remplir, et dont la variation entraîne toujours une petite erreur dans le jaugeage effectué.

Ce niveau est difficile à maintenir constant, disons-nous, et cela pour plusieurs causes. Le gaz qui arrive dans le compteur entraîne avec lui, par son passage, une certaine quantité d'eau, entraînement que favorise l'élévation de la température dans le local où est enfermé le compteur.

On a imaginé beaucoup de dispositions pour assurer ce niveau constant, mais elles ont toutes pour conséquence de rendre le volant plus lourd, et par suite de faire perdre au gaz plus de pression par son passage dans le compteur; aussi toutes ces modifications sont-elles restées à l'état de curiosités mécaniques et n'ont pas pénétré dans la pratique.

Nous avons dit que la seule ouverture pouvant donner issue au gaz, en dehors des entrées et sorties naturelles, E, S, était le bouchon P. L'ouverture de ce bouchon constitue d'ailleurs une fraude pour les Compagnies, qui aurait été difficile à éviter; mais une disposition due à MM. Evans et Edge, et représentée fig. 65, pl. II, appelée *garde hydraulique*, met le compteur à l'abri de cet inconvénient. Aussi est-elle toujours appliquée.

Le tube siphon E', au lieu de porter un simple prolongement au dehors de l'appareil, fermé par un bouchon, porte le même prolongement, mais qui s'ouvre dans l'eau contenue dans une espèce de poche faisant saillie sur la boîte du compteur. Celle-ci porte un orifice muni d'un bouchon à vis, permettant de laisser écouler l'eau qui est contenue, et par suite celle renfermée également dans le siphon E'. Mais, à cause du niveau où a été percé cet orifice, l'abaissement de l'eau dans la poche, tout en vidant le siphon E, ne laisse jamais libre l'ouverture de la tubulure qui le prolonge, laquelle baigne toujours dans l'eau restant au bas de la poche. Aucune quantité de gaz ne peut ainsi s'échapper par cette partie de l'appareil.

Enfin, bien que la dernière source de fraude que nous allons indiquer, soit plus délicate à réaliser, comme toutefois elle peut être pratiquée, un dernier perfectionnement appliqué à l'appareil le complète.

Nous avons dit que le trou de la vis du siphon R pouvait rester ouvert sans donner lieu à un passage de gaz, ce siphon restant plein d'eau. Cependant on peut se servir de cette partie de l'appareil, pour soustraire encore du gaz, soit en y introduisant un petit tuyau par lequel on ferait aspiration, soit par un autre procédé.

On enveloppe le siphon d'une enveloppe cylindrique fermée de toutes parts, mais percée de petits trous dans le bas ; ou bien encore, on fait communiquer le bas du tuyau du trop plein avec le compartiment du volant, de sorte que le gaz qui sortirait par le bouchon aurait passé dans le tambour, et n'aurait point échappé au mesurage.

Bien que les compteurs soient généralement disposés dans des endroits où la gelée pénètre difficilement, il peut arriver cependant que l'eau qu'il renferme soit plus ou moins prise, ce qui naturellement peut déterminer son arrêt. Outre des précautions naturelles que l'on emploie par des garnissages extérieurs, souvent aussi dans les temps froids, on ajoute à l'eau du compteur de l'esprit de vin, de manière à retarder le point de congélation du liquide contenu.

Il résulte de nombreux essais faits en Allemagne que l'on remédierait complètement à cet inconvénient en employant, pour remplir le compteur, non plus de au, mais de la glycérine. Il est vrai que cet usage urrait faire augmenter le prix de cette matière, et r conséquent, devenir coûteux lui-même pour le mpteur. Mais il présenterait d'un autre côté un antage assez important pour faire passer sur ce nchérissement. La glycérine ne serait pas entraînée r le gaz comme l'eau, et un compteur ainsi rempli nctionnerait d'une façon presque certaine à niveau nstant.

En tous cas, il suffirait d'employer une solution glycérine anhydre dans la proportion de 40 à 50 % poids de l'eau, de façon que le mélange ait une nsité de 1,105 à 1,117 pour établir un compteur de aucoup supérieur au compteur rempli d'eau pure.

Les compteurs doivent être placés dans des en-oits facilement accessibles, et suffisamment éclai-s, pour qu'on ne soit pas obligé de s'en approcher ec de la lumière, en cas d'examen ou de déplace-ent.

Généralement, les deux tubulures E et S, sont reliées r une troisième tubulure dont les amorces sont acées entre les robinets d'arrêt et les entrées pro-es du compteur. Cette disposition a été imaginée ur pouvoir continuer à fournir du gaz en cas d'arrêt compteur. Évidemment ce gaz, qui n'est pas me-ré, ne peut être laissé à la libre disposition du nsommateur. Aussi ce tube de raccord porte-t-il un binet, qui est cacheté et lié par deux fils de fer és à la boîte du compteur, au moyen de cachets posés par la Compagnie, de telle façon que l'on ne ut ouvrir ce robinet sans l'acquiescement de la mpagnie.

Si l'eau d'un compteur vient à être gelée, il ne faut int faire intervenir le feu pour le dégeler; le meilleur moyen est d'entourer le compteur de linges bien imbibés d'eau bouillante.

CHAPITRE III

Des appareils de sûreté. — Des fuites et de leur recherche.

Nous avons dit que toute installation de gaz se faisait d'abord à l'aide d'une première conduite, branchée sur celle de la Compagnie qui court sur la voie publique, et qu'un robinet, dit d'arrêt, était posé sur cette conduite immédiatement après le point de branchement.

Ce robinet qui sert à établir la communication entre la canalisation générale et l'installation particulière, est en même temps un appareil de sûreté puisqu'en cas de fuite ou d'incendie dans l'immeuble, on peut par sa fermeture arrêter immédiatement l'arrivée du gaz. Il sera même bon en cas d'incendie, après avoir fermé ce robinet, de couper la conduite montante au-dessus et de replier la partie dépendante de la canalisation, pour l'écarter davantage du foyer de l'incendie, et éviter ainsi toute chance d'explosion.

Ce robinet a reçu une disposition spéciale. Les figures 59 et 60, pl. II, font voir le robinet avec sa boîte de face et de profil. La figure 61 montre la boîte ouverte et l'aménagement intérieur.

Il est renfermé dans une boîte en fonte et se place entre le compteur et le branchement à l'intérieur

ans les soubassements des maisons et des magasins.

Le robinet est à raccords et peut s'enlever à olonté sans que l'on soit obligé de desceller la boîte. e couvercle de cette boîte a quatre ouvertures. L'ouerture du bas dont la clef reste dans les mains de la ompagnie, sert à ouvrir la porte, ce qui permet de éplacer un bouton intérieur, sans le jeu duquel le onsommateur ne peut avoir le gaz.

Ce bouton, se mettant dans l'une des ouvertures ipérieures, indique à la simple inspection si le obinet est fermé F, ou s'il est ouvert O.

L'ouverture du milieu permet au consommateur ouvrir et de fermer le robinet au moyen d'une ef qui lui est remise. Mais cette clef ne peut rvir qu'autant que le bouton n'est pas placé en F. ette disposition ne permet pas au gaz, en cas de ite du robinet, de se répandre dans l'intérieur de iabitation, il s'échappe à l'extérieur par les ouveres de la porte.

Nous avons dit aussi que l'on plaçait un siphon au oint de la colonne montante où elle se redresse du ol pour s'élever verticalement. Ce siphon qui n'est itre qu'un cylindre fermé, placé dans le cours du iyau, et muni d'un robinet permet de recevoir en ce oint les eaux entraînées par le gaz dans la canaliition, qui, par des temps froids, se condensent, ainsi ie certains produits provenant de la fabrication du iz, et qui, par leur présence dans les tuyaux, pouraient amener soit un arrêt du gaz, soit des soubreuts dans son passage, qui en rendent l'usage imossible.

C'est pour le même usage que sont placés dans installation, aux points où les tuyaux présentent des abaissements, des siphons de plus petites dimensions, formés, ainsi que nous l'avons dit, d'un simple petit tuyau soudé sur les tuyaux de parcours, descendant verticalement et portant un robinet.

Lorsque le gaz présentera dans les appareils lors de sa combustion, ces soubresauts si désagréables, il faudra visiter ces siphons, ouvrir les robinets, les vider, et si, malgré cela, l'inconvénient n'est pas corrigé, au moyen d'un soufflet portant un tube en caoutchouc que l'on introduit dans le bec du brûleur, insuffler fortement de l'air dans les conduits, pour chasser l'eau qui peut y séjourner et la repousser dans les siphons, d'où on pourra l'extraire. La figure CXXIX montre la disposition d'un de ces siphons à l'intérieur d'une installation. Le robinet est formé d'une petite douille en cuivre, soudée après le tuyau de plomb, qui se ferme par un bouchon à vis à tête plate. Il faut avoir la précaution quand on replace ce bouchon, de bien le garnir de céruse afin de bien assurer l'étanchéité du joint et éviter des fuites.

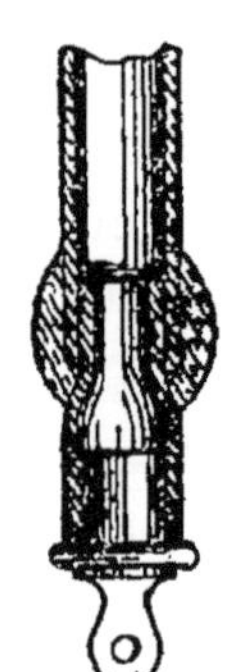

Fig. CXXIX.

Les fuites de gaz dans une installation bien faite ne doivent provenir que d'un accident fortuit; que l'on connaîtra et qui par lui-même sera déjà un révélateur de la dite fuite. Si l'on réfléchit un instant aux graves accidents, qui peuvent résulter d'un tel fait, on comprend combien la découverte immédiate d'une fuite est indispensable et utile. Aussi, nombre d'inventeurs ont-ils cherché des appareils, permettant de découvrir rapidement le point où une fuite s'est formée, et d'y porter remède. Nous indiquerons les plus pratiques.

C'est ordinairement l'odeur qui est le premier indice des fuites. Le compteur et le manomètre qui y est joint, dont nous allons parler, peuvent également en annoncer une, sans cependant indiquer l'endroit où elle existe.

Lorsque dans un local où le gaz est installé, une odeur insolite de gaz se manifeste, il faut d'abord vérifier avec soin si tous les robinets correspondants aux divers brûleurs sont bien fermés, et le faire pour ceux qui seraient restés ouverts. Souvent la fuite provient d'une soudure mal faite, ou plus encore d'une garniture qui n'est plus étanche. Afin de savoir si la cause provenait du robinet resté ouvert, ou de celles que nous venons de signaler; on se transporte au compteur, et l'on examine le manomètre placé sur le tuyau qui en sort.

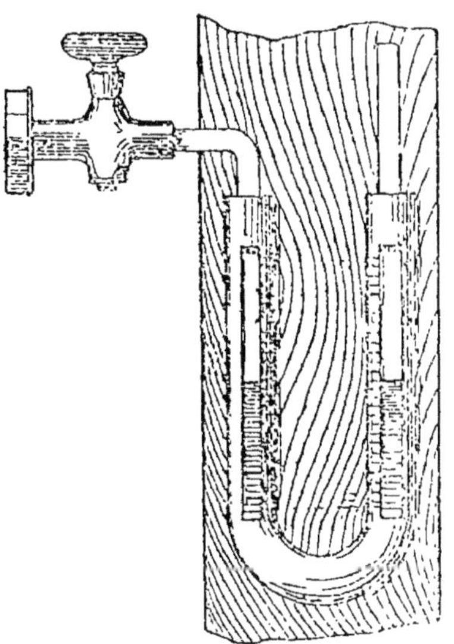

Fig. CXXX.

Cet appareil, représenté fig. CXXX, est formé par un tube de verre, en U, enfermé dans un petit fourreau de métal portant une fenêtre avec une graduation indiquant les mêmes niveaux sur les deux branches. L'une des extrémités est ouverte, l'autre est mastiquée dans un raccord de cuivre, muni d'un robinet et soudé sur la conduite sortant du compteur. L'appareil renferme de l'eau souvent colorée pour la rendre plus visible.

Supposons que le robinet du compteur soit ouvert, le gaz circule dans l'installation. Si l'on a ouvert le robinet du manomètre, il indiquera une certaine pression qui se traduira par une différence de niveau du liquide dans les deux branches du manomètre. Fermons le robinet du compteur : s'il y a fuite, les deux colonnes de liquide se mettront de niveau ; dans le cas contraire la dénivellation subsistera, puisque le gaz enfermé dans les tuyaux, entre les becs et le manomètre, ne pourra sortir.

En opérant ainsi que nous venons de le dire, on est bien certain qu'il existe une fuite quelque part. Il s'agit maintenant d'en découvrir le siège pour y porter remède.

Une déplorable habitude, que, malgré tous les conseils, malgré tous les nombreux exemples d'accidents épouvantables qui en sont résultés, on ne peut arriver à détruire: c'est la recherche des fuites par le flambage. C'est un moyen prompt et facile, il est vrai ; mais contre l'emploi duquel nous ne saurions trop nous élever.

Quelquefois, un simple examen attentif, pratiqué sur le parcours des conduites, révèlera l'endroit défectueux. Le léger sifflement du gaz lorsqu'il s'échappe, l'intensité de l'odeur en ce point, révèlent la fuite. On pourra s'en assurer en mettant sur ce point un peu d'eau de savon ; si la fuite existe, il se produira une bulle qui en indique le siège.

La difficulté de suivre toujours les tuyaux dans tout leur parcours, rend quelquefois le moyen précédent impossible. On aura alors recours à divers appareils, établis d'ailleurs tous sur le même principe. Insuffler à l'aide d'une pompe, de l'eau ou des vapeurs, sous une pression un peu énergique, qui s'échappent par le point où a lieu la fuite et la révèlent à l'appareilleur.

Seulement ces appareils demandent une certaine précaution dans leur emploi, afin de ne pas agir avec des pressions trop grandes qui tout en révélant une fuite, peuvent en déterminer de nouvelles.

M. Maccaud a construit une pompe à air brevetée pour cet usage. Un manomètre joint à cette pompe sert à mesurer la pression à laquelle on opère, en même temps qu'il indique la plus petite fuite.

M. Fournier a construit un appareil qui permet de découvrir les fuites ainsi que leur siège. Il se compose d'un manomètre contenant de l'eau colorée, entre les deux branches duquel se trouve un robinet à trois rôles. 1° Il ferme le passage du gaz venant de l'extérieur; 2° il l'ouvre; 3° il le ferme de nouveau. Dans cette dernière position, le gaz arrive dans la première branche du manomètre, celle qui communique avec le compteur, tandis que la seconde ne communique qu'avec les tuyaux de distribution.

Ayant fermé tous les becs et mis le robinet dans la deuxième position, le gaz circule librement à travers l'appareil, et les deux branches du manomètre présentent le même niveau. Fermez alors le passage du gaz; s'il y a fuite, il y aura ascension dans la branche du tube du manomètre en communication avec la distribution, puisque le pression du gaz y aura diminué. Cette dénivellation se manifestera d'autant plus rapidement que la fuite sera plus forte, et ne s'arrêtera qu'à la hauteur qui indique la pression du gaz venant du compteur ou de la rue.

Si maintenant interrompant la conduite au sortir du compteur, on y interpose une éprouvette remplie de pierre ponce imbibée d'ammoniaque, le gaz se rendra dans les tuyaux chargé de cet alcali, et la seule inspection par l'odorat, ou à l'aide de l'acide chlorhydrique, qui, en présence de l'ammoniaque, développe une fumée blanche, permettra facilement de trouver la fuite.

MM. Ferroul de Montgaillaud et Durand ont pris un brevet pour un appareil ingénieux, permettant de découvrir les fuites.

Il se compose d'une pompe à jeu très rapide, permettant d'injecter vivement dans les conduits, sans produire une forte compression. La prise de cette pompe se fait au travers d'une sorte de pipe dans laquelle on brûle des substances produisant une fumée abondante et très odoriférante. Il résulte que la fuite se trouve révélée par trois indications différentes s'adressant à trois sens particuliers : l'ouïe par le bruit que fait l'air insufflé en s'échappant, la vue par la couleur de la fumée, et l'odorat par l'odeur de ces substances, telles que la sauge, le thym, la lavande, le tabac, etc.

Le point précis où la fuite se produit ayant été déterminé, on procédera à la réparation. On fermera le compteur, et l'on aura ou une soudure, ou une garniture de joints à refaire.

CHAPITRE IV

Appareils auxiliaires.

---

§ 1. — DES BECS.

Bien que nous n'ayons point à nous occuper ici des appareils à gaz proprement dits, il existe certains éléments tellement simples que nous ne saurions

nous dispenser de les traiter, d'autant que leur pose et leur entretien ressort évidemment du domaine de l'appareilleur à gaz.

Nous voulons parler des becs divers formant les brûleurs, disposés pour fournir la lumière, soit qu'ils soient supportés par des appareils plus ou moins complexes et artistiques, soit qu'ils soient directement disposés sur un simple tube, monté sur la prise du gaz.

Occupons-nous d'abord de les décrire, nous en discuterons ensuite les mérites, et nous verrons comment on peut arriver à régler ensuite la dépense du gaz d'une façon économique.

Le bec le plus usité est connu sous le nom de *Bec Papillon*, formé par une espèce de demi-sphère creuse en acier, de 6 millimètres environ de diamètre, réunie à un pas de vis par une petite gorge et portant une petite fente pratiquée avec un trait de scie, qui sert à l'écoulement du gaz. Ce bec est représenté figure CXXXI.

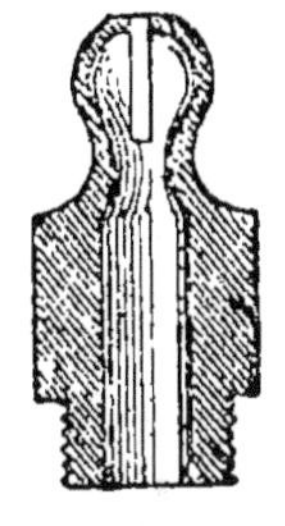

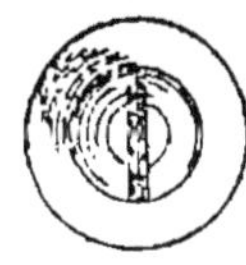

Fig. CXXXI.

Voici d'après MM. Andoin et Bérard les meilleures dimensions à adopter pour les becs : hauteur de 8 centimètres, pour une largeur variant de 14 à 11 centimètres, les consommations variant de 289 à 210 litres.

Ce bec se dispose en le vissant à l'extrémité d'un tube de fer ou de cuivre, apparent ou renfermé dans une des parties d'un appareil à gaz.

On remplace quelquefois le bec papillon en fer par un bec en matière plastique appelée stéatite, qui se présente sous l'aspect d'une sorte de pierre jaunâtre à grain très fin et très polie. Ce bec est venu de fabrication sur un petit bout de tube de fer, muni d'un pas de vis à sa partie inférieure.

Vient ensuite le *Bec Manchester*, importé d'Angleterre, composé d'un petit cylindre creux en fonte, terminé par un disque assez épais portant deux trous percés dans un même plan vertical et dans une direction oblique, de telle sorte, que les deux jets de gaz qui s'échappent de ces trous se rencontrent dans leur intervalle et s'épanouissent en s'aplatissant, formant ainsi une flamme en éventail dans un plan perpendiculaire à celui des trous. La figure CXXXII montre ce bec.

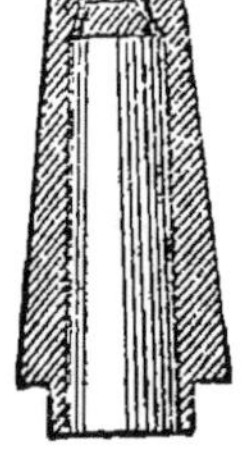

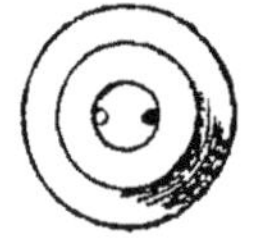

Fig.cxxxii.

Ils sont comme les précédents fabriqués en fer ou en stéatite.

Les diamètres les plus avantageux, suivant les auteurs déjà cités sont : 1 mill. 5 pour des dépenses variant entre 100 et 150 litres; 1 mill. 7 à 2 mill. 8 pour des dépenses de 200 litres.

Nous ne dirons qu'un mot d'un bec, dit *Bec bougie*, qui est peu employé. Son nom seul suffit à le définir, et indique son mode de combustion. Il est généralement formé comme un bec Manchester qui ne porterait qu'un seul trou percé verticalement au lieu des deux trous obliques.

Enfin les *Becs à double courant d'air* dits aussi *Becs à panier* ou *Becs à 20 jets*, 10 *jets*, etc., suivant le nombre de trous qu'ils portent. La grande différence à établir entre ces derniers becs et les précédents, c'est que ceux-ci brûlent à l'air libre, tandis qu'avec ces derniers on emploie toujours des cheminées en verre.

Ce bec représenté fig. CXXXIII se compose d'un ube de fer muni intérieurement d'un pas de vis ; on e dispose ainsi sur le conduit abducteur, qui, en 'élevant, se partage en deux omme une fourche pour onduire le gaz dans une orte d'anneau métallique ntièrement fermé, et dont e disque supérieur est percé l'un certain nombre de rous, donnant issue au gaz, qui brûle ainsi en une infinité de petits jets assez rapprochés, pour que toutes les lammes se réunissent en une seule couronne. Un panier à jour en laiton embrasse la base du bec, et porte une griffe avec petit plateau, servant de support et de maintien à la cheminée en verre, qui embrasse la flamme.

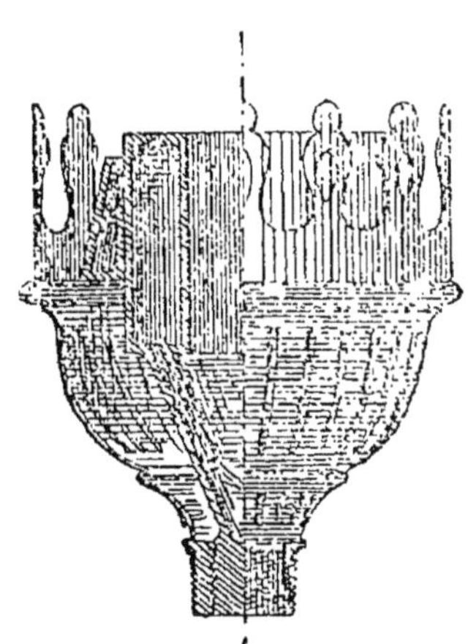

Fig. cxxxiii.

L'air, qui pénètre par les petites fentes du panier, circule à la fois autour de la flamme, et dans son intérieur, et l'on constitue ainsi le bec à double courant d'air, tel qu'Argant l'avait inventé pour les ampes.

Ces becs entièrement métalliques, sont souvent désignés sous le nom de *Becs Bengel*. On rencontre assez souvent des becs en verre ou porcelaine, appelés *Becs Monier*, du nom de l'inventeur. Ces becs qui sont d'ailleurs basés sur le même principe, ont pour avantage d'absorber moins de lumière et de donner moins de chaleur que les autres à cause de la diaphanéité et de la faible conductibilité des matières employées.

Le disque annulaire supérieur du bec est perc d'un nombre de trous plus ou moins considérables 10, 20, d'où le nom de becs 10 jets, 20 jets. Ce dernie est le plus employé.

MM. Audoin et Bérard ont fait voir que les qua lités de ces becs comparés entre eux, variaient ave les éléments suivants : 1° diamètre des trous ; 2° nom bre des trous ; 3° distribution de l'air ; 4° hauteur d verre. Ils ont conclu d'expériences faites sur ce su jet : que le maximum de lumière correspondait a cas de trous ayant $0^{mm}6$ à $0^{mm}8$ de diamètre ; que pou les becs ordinaires 20 jets, la meilleure hauteur donner à la cheminée est de $0^{m}18$ à $0^{m}20$.

Le pouvoir éclairant augmente non pas propor tionnellement au nombre de trous, mais d'une faço plus rapide.

Tels sont les systèmes les plus répandus, et pres qu'exclusivement employés ; non pas que ce soit l les seuls becs qu'on rencontre dans le commerce, y en a au contraire une grande variété, mais ils so peu entrés encore dans la pratique. Il a été pris u plus ou moins grand nombre de brevets, ayant tou pour objets d'augmenter énormément la puissan des becs à double courant d'air, en même temps qu par des dispositions variées, ce double courant d'a était transformé en courant d'air multiple, destiné produire la combustion complète du gaz, en un m *de brûler à blanc*, suivant l'expression consacrée expression d'ailleurs qui caractérise bien ce que l'o se propose de trouver, la qualité d'une flamme s'éle vant naturellement à mesure qu'elle cesse d'être roug et fumeuse. Mais ainsi que nous le disions, ces bec tous très puissants, sont peu entrés dans la pratiqu on les emploie à peine pour quelques cas spéciaux, tels que dans les phares par exemple.

Nous dirons cependant un mot du bec *Chabot*, qui offre une modification d'apparence légère sur le bec à double courant d'air ordinaire, mais qui l'améliore beaucoup.

Il est facile de voir en se reportant à la figure du bec Bengel, que tout l'air qui concourt à la combustion du gaz, soit en entourant la flamme, soit en pénétrant dans l'intérieur de la couronne qu'elle forme, est fourni par le panier, et pénètre dans le bec au-dessous de la rondelle plane à jour, qui relie le porte-verre et la griffe serrant sur le bec proprement dit.

Dans le bec Chabot, la galerie porte-verre est percée vers sa base, et au-dessus de la rondelle dont nous venons de parler, d'une série de petits trous, et comme cette galerie pince le verre suffisamment pour qu'il ne descende jamais jusqu'au fond, il se produit par ces trous un nouvel appel d'air, qui agit tant par la quantité introduite que par sa direction, et dont la présence augmente beaucoup la qualité du pouvoir éclairant du bec. Cette disposition a permis en même temps de diminuer un peu la hauteur du panier inférieur.

Il est encore un autre bec sur lequel nous aurons l'occasion de revenir tout à l'heure en parlant de l'éclairage public.

Il a été fait de nombreux travaux, sur les valeurs des divers becs employés, pour rechercher si leur nature permettait d'obtenir un pouvoir éclairant proportionné à la dépense qui est faite du gaz, et enfin comment ils se conduisaient, suivant que le gaz y arrivait dans des conditions de pression variable.

Notre intention n'est pas d'entrer dans l'analyse détaillée de ces travaux. Il nous suffira, pour permettre d'apprécier les diverses qualités de ces becs, de résumer les conclusions de la remarquable étude faite par MM. Audouin et Bérard, publiée dans les Annales de Physique et de Chimie (3me série, tome 45, page 423).

Ils ont cherché par exemple, en partant d'une dépense constante, quelles étaient les dimensions les plus favorables à donner aux fentes pour obtenir le plus grand pouvoir éclairant, en faisant varier le bouton de 4mm5 à 9mm, par accroissement successif de 5mm.

Ils ont trouvé :

1° Que le maximum du pouvoir éclairant correspondait à la fente de 0mm7 ;

2° Qu'une même quantité de gaz pouvait donner un pouvoir éclairant variant de 1 à 4, suivant la qualité du bec employé ;

3° Que l'intensité croît plus rapidement que la dimension des fentes ;

4° Que l'augmentation du pouvoir éclairant correspond à une diminution très rapide dans la pression, d'où il suit une diminution considérable dans la vitesse d'écoulement du gaz pendant la combustion. Ainsi donc plus un bec aura de pouvoir éclairant et plus il sera économique, non seulement par l'augmentation de lumière, mais encore par la dépense relativement moins moindre de gaz ;

5° Que pour chaque série de becs, le maximum correspond à une vitesse sensiblement constante, surtout à une pression de 2 à 3 millimètres.

6° Enfin que le gaz s'écoulant avec la même vitesse, c'est-à-dire brûlant à la même pression, donne toujours le même pouvoir éclairant, quel que soit le bec papillon, avec lequel il brûle.

7° Quand la dépense d'un bec est faible, ce bec perd beaucoup de son pouvoir éclairant, bien que la pression sous laquelle il brûle diminue, et cette perte peut arriver jusqu'au rapport 1/2.

Nous venons de reproduire les conclusions de ce remarquable travail, desquelles il est facile de déduire les conditions qu'on doit chercher à remplir dans l'emploi des becs, pour en tirer le meilleur parti. C'est évidemment là une question capitale dans l'éclairage au gaz, où l'on doit toujours chercher à produire le maximum de lumière, avec le minimum de consommation. Problème qu'un appareilleur doit toujours avoir présent à l'esprit, et dont la réalisation produira la perfection de son travail.

Une des conclusions précédentes, qu'il ne faut pas perdre de vue, c'est celle où il est dit que le maximum correspond à une vitesse sensiblement constante, surtout pour une pression de 2 à 3 millimètres.

Or, le gaz, que la Compagnie livre par les conduites qui sillonnent le sol, présente une variation presque continue de pression aux différentes heures de la journée. On s'est donc proposé d'inventer des appareils qu'on place à la tête des distributions particulières et qui règlent cette pression de façon que le gaz distribué et consommé soit toujours autant que possible sous cette pression de 2 à 3mm qui donne lieu à la combustion la plus avantageuse. Bien que, dans beaucoup de cas, on néglige ces précautions, cependant dans une installation soignée, et où il y aura une grande consommation, il serait avantageux au point de vue d'une économie, insensible en quelque sorte chaque jour, mais se chiffrant cependant à la longue, de disposer ces appareils, nous en parlerons plus loin.

En résumé au point de vue pratique :

Les becs bougies sont généralement désavantageux.

Les becs papillon doivent avoir une fente dont la longueur varie de 6 à 7 millimètres.

Les becs Manchester doivent avoir des trous de $1^{mm}5$ de diamètre ou $1^{mm}7$ à $2^{mm}8$, suivant la dépense.

Les becs panier doivent avoir des trous de $0^{mm}6$ à $0^{mm}8$ de diamètre.

La quantité d'air nécessaire à la combustion d'un bec, varie avec lui, et influe pour chaque bec sur son mode de combustion.

Nous citerons à cet égard les conclusions posées par les mêmes auteurs :

1° Tous les becs ne demandent pas la même quantité d'air, pour donner le maximum du pouvoir éclairant. Cette quantité peut varier de 6 à 12 litres par bec pour 1 litre de gaz;

2° La façon dont l'air a accès dans un bec à double courant d'air peut corriger le pouvoir éclairant;

3° On peut faire varier l'intensité de lumière produite par une même quantité de gaz de 1 à 2,6, en faisant varier la quantité d'air de 1 à 1,5.

4° La quantité d'air brûlée n'est pas proportionnelle à la variation de dépense, pour une même intensité relative elle augmente moins rapidement.

L'éclairage public, soit des villes, soit des chantiers appartenant à des particuliers, en un mot tout éclairage non situé dans un local clos, se fait toujours d'une façon assez simple et son installation complète est généralement confiée aux appareilleurs.

Les appareils connus sous le nom de candélabres, sont formés, à l'enveloppe plus ou moins décorative près, d'un tube vertical portant le brûleur, qui est un bec papillon, généralement enfermé dans une lanterne pour mettre la flamme à l'abri du vent.

On pourra toujours adopter le système consacré par l'usage pour la ville de Paris, dans une installation de ce genre, et dont nous donnons la description.

La ville a adopté un bec à large fente 6/10 de millimètre, qui, d'après expérience, est celui qui donne pour une même dépense, le plus de lumière, bien qu'il puisse paraître à première vue inférieur à d'autres.

Il consomme 140 litres de gaz à l'heure, pour une flamme mesurant 32 millimètres de hauteur, et 67 millimètres de largeur. Il faut laisser le moins de passage possible à l'air, sur les faces inférieures et latérales de la lanterne, pour éviter le vacillement.

Pour obtenir un bon éclairage il faut que les becs soient à $2^m,50$ à 3^m au-dessus du sol, et que leur distance entre eux n'excède pas 40^m.

L'on peut se demander tout d'abord pourquoi l'on n'a pas cherché à appliquer à l'éclairage public d'autres becs que le bec papillon, comme le bec Bengel par exemple, avec lequel on peut obtenir une plus grande lumière par foyer distinct, ce qui permettrait sur une superficie donnée de diminuer le nombre des brûleurs, et produirait une économie dans l'installation.

La raison est d'ailleurs facile à comprendre. Le bec à panier exige l'emploi d'un verre ou cheminée; si l'on considère un pareil brûleur enfermé dans une lanterne, on comprend que les difficultés de l'allumage ont dû le faire rejeter.

Cependant si cette application n'est pas encore répandue pour l'éclairage public, on trouve dans le commerce un certain nombre de becs, de dispositions plus ou moins variées, mais dont le principe est toujours le bec à double courant d'air, construits de façon à former des foyers d'une grande intensité et qui sont employés dans des appareils spéciaux, lanternes lenticulaires analogues aux phares, etc. Cette partie de l'éclairage formant l'objet de questions spéciales, nous n'en parlerons pas ici, notre intention n'étant pas de traiter à fond l'éclairage au gaz. Nous ne voulons nous occuper que de la question des installations, ainsi que des travaux les plus généraux que l'appareilleur à gaz aura à exécuter.

Il existe toutefois deux appareils spéciaux, que nous allons décrire, leur emploi tendant à se généraliser dans l'éclairage public. La ville de Paris en offre de nombreux exemples, et tout fait supposer que ces appareils, ou d'autres encore plus parfaits, ne tarderont pas à remplacer les anciens.

Le premier, représenté fig. CXXXIV, et appelé *Bec Giroud*, du nom de son inventeur, est, comme on le voit à l'inspection de la figure, un bec de la classe des becs paniers, où les difficultés de l'allumage ont été résolues à l'aide d'une disposition assez ingénieuse, que MM. Lacarrière avaient d'ailleurs établie depuis fort longtemps, dans l'installation de foyers à plusieurs becs papillons ordinaires, pour de fortes lanternes telles que celles que l'on peut avoir à établir dans de grandes cours, etc.

Il se compose d'un bec panier, beaucoup plus grand de dimensions que ceux que nous avons décrits, muni de sa cheminée.

Dans l'intérieur de la capacité annulaire formant le bec, s'élève un bec papillon ordinaire, entouré par un petit entonnoir de verre, dont la partie la plus large est vers le haut.

Le robinet qui commande ce bec est disposé, ainsi que le montre la figure, à plusieurs voies, de telle sorte que lorsque le gaz n'arrive pas dans le brûleur proprement dit, il arrive au contraire au petit bec isolé placé dans l'entonnoir. Mais, par suite de l'étranglement pratiqué dans la voie du boisseau, qui commande cette communication, le gaz arrive à ce bec en si petite quantité qu'il brûle à l'état de veilleuse avec une flamme si petite qu'elle est presque invisible de jour. Cette combustion permanente est bien une cause de dépense, mais la quantité ainsi brûlée est si minime qu'il n'en résulte aucun inconvénient au point de vue économique.

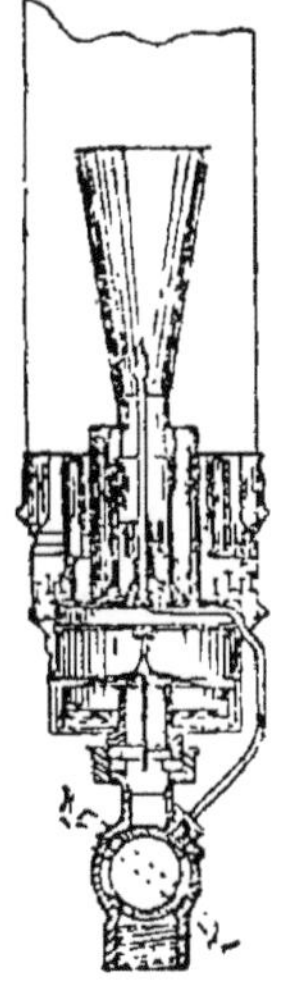

Fig. cxxxiv.

En examinant toujours la figure, on voit que si l'on tourne le robinet pour établir la communication avec le brûleur proprement dit, on met d'abord le bec veilleuse en communication avec une nouvelle voie du robinet plus large de section, ce qui a pour effet d'augmenter l'afflux du gaz dans ce bec, dont la flamme s'élève et dépasse les bords du cône de verre. Puis bientôt le gaz pénètre dans le brûleur proprement dit, s'échappe dans la cheminée et s'enflamme au contact de la flamme du bec veilleuse, qui ne tarde pas à s'éteindre ne recevant plus de gaz, toute communication entre ce bec et le conduit se trouvant fermée dans l'achèvement du mouvement du robinet.

Le brûleur brûle à la façon du bec à double courant d'air ordinaire, tout en recevant cependant l'air dans des conditions meilleures, puisque celui qui pénètre par le vide annulaire, rencontrant l'entonnoir de verre, est infléchi sur la verticale, et rejeté sur la flamme dont il assure ainsi la parfaite combustion

Nous n'aurons pas besoin de nous étendre longuement sur la marche inverse de l'appareil lors de l'extinction. Quand on ferme le robinet, avant que le brûleur se soit éteint, le gaz a pénétré dans le bec veilleuse par la plus grande des voies du robinet qui dessert ce bec, il s'allume donc au contact de la flamme du brûleur, et est ramené à la proportion minima de la veilleuse, quand on achève la fermeture du robinet.

Il est évident que dans ce mouvement du robinet, les passages des diverses voies du boisseau du robinet devant les conduits qu'elles desservent ne se font pas d'une façon continue. Il y a un certain temps d'arrêt entre chacun de ces passages. Mais ce laps de temps est assez court pour que les flammes produites ne soient pas éteintes entre deux de ces passages, la flamme subsistant jusqu'à la combustion du gaz contenu dans le tube, situé entre le robinet et l'extrémité même du bec, ce qui permet d'obtenir la série des allumages que nous avons décrits.

Le bec Giroud donne d'excellents résultats. Il en existe deux modèles de grandeurs différentes. Il a été démontré qu'un bec grand modèle dépensait 700 litres à l'heure, produisant une lumière égale à celle de 9 becs Carcels, pris pour unité de mesurage des pouvoirs éclairants.

L'autre bec qui est construit par MM. Lacarrière et Delatour, et qui a déjà été imité avec quelques variantes peu importantes, a été établi après examen entre les constructeurs et les ingénieurs de la ville de Paris. Il se compose de six becs papillon ordinaires, montés sur six branches partant horizontalement d'une chambre unique A ainsi que le montre la figure CXXXV, formant l'extrémité du tube abducteur. Ces six becs sont disposés de façon que les flammes qu'ils produisent sont tangentes à un cercle décrit de l'axe avec un diamètre de $0^m,15$.

Un bec veilleuse H, dont le jeu est analogue à celui que nous avons décrit dans l'appareil Giroud, sert à allumer la couronne de flammes, par la simple manœuvre du robinet R, ainsi que la figure le fait d'ailleurs suffisamment bien comprendre.

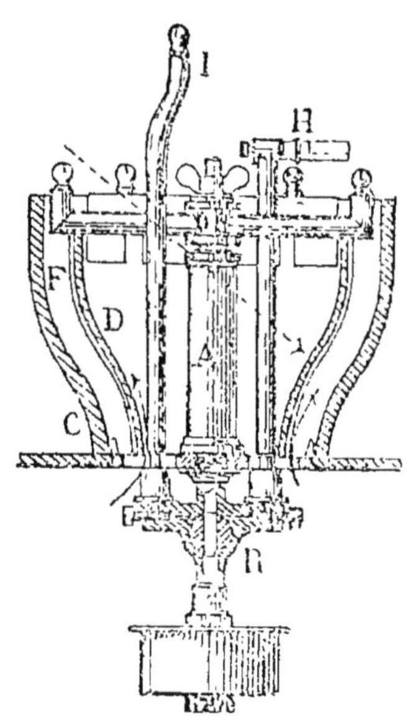

Fig. CXXXV.

L'appareil comporte deux coupes en cristal C, D, formant entre elles une cheminée F, de manière que l'air qui vient déterminer la combustion, est amené par trois directions sur la flamme, et la rend bien complète. Les six flammes viennent se toucher par leurs extrémités, de façon à former dans la lanterne une couronne continue, qui fournit un puissant éclairage. Les cuvettes en cristal sont, l'une la cuvette extérieure lisse, et l'autre la cuvette intérieure D cannelée, ce qui aide à la diffusion des rayons lumineux et augmente la puissance de l'appareil. On a du reste disposé le dôme de ces lanternes en sorte de réflecteur, par une couche de peinture blanche, qui reflète sur le sol les rayons qui se réfléchissent sur la coupe intérieure.

Les becs d'éclairage dans les villes, devant brûler généralement toute la nuit, la consommation résultant d'un appareil comme celui que nous venons de décrire, serait très considérable, et d'ailleurs si l'on s'est préoccupé avec raison d'augmenter l'ancien éclairage, il est incontestable que cette augmentation n'a de raison d'être qu'aux heures où la circulation est assez active, et que ce moment passé jusqu'à l'arrivée du jour, l'ancien mode est suffisant. Aussi, pour pouvoir réunir ces diverses conditions dans l'appareil que nous venons de décrire, a-t-on ajouté un bec spécial I, formé du papillon ordinaire, qu'on voit dans la figure, plus élevé que le cercle des six brûleurs jumeaux et ramené vers le centre de la lanterne.

En examinant la façon dont est construit le robinet, on voit qu'en le tournant dans un sens convenable, en prenant pour point de départ celui qu'il occupe pour produire la combustion du bec veilleuse H seulement, on obtient l'allumage de la couronne, avec l'extinction de la veilleuse, le bec isolé central ne recevant aucunement le gaz. Puis, lorsqu'on ferme les six becs jumeaux en tournant dans un sens, on n'obtient que l'allumage de la veilleuse, mais en tournant dans le sens inverse, on allume à la fois le bec central et la veilleuse, et enfin, le jour venu, on peut fermer le bec central seul et laisser brûler la veilleuse, qui servira le lendemain à allumer la couronne des becs jumeaux.

Si l'on compare la dépense produite dans cet appareil avec celle qui a lieu dans le bec Giroud, la comparaison est toute à l'avantage de ce dernier. En effet, un pareil brûleur consomme par heure 1400 litres de gaz, et son pouvoir éclairant n'est que de 14 Carcels, alors que le bec Giroud donne 9 Carcels pour 700 litres de gaz. Ces deux brûleurs ont donc des pouvoirs éclairants à peu près dans le rapport de 9 à 7.

La disposition du bec isolé de nuit est probablement le motif qui a fait préférer le bec avec cuvette de cristal au bec Giroud. Il nous semble qu'il serait facile, soit de modifier le bec veilleuse, soit d'ajouter également un bec de nuit isolé, afin d'obtenir du bec Giroud un service analogue qui serait beaucoup plus économique.

Bien que nous ayons parlé du bec Giroud, à propos de l'éclairage public, il est bien évident que l'usage n'en est pas exclusivement réservé à ce cas spécial. Il peut être employé à l'éclairage privé, et même pour ce cas particulier, M. Giroud a établi tout spécialement un bec d'un calibre moins fort que celui que nous avons décrit.

§ 2. — DES APPAREILS RÉGULATEURS DE LA COMBUSTION.

Si l'on réfléchit un instant aux circonstances dans lesquelles la Compagnie se trouve placée pour la distribution du gaz, il est évident qu'il en résulte des variations très sensibles, pour les conditions dans lesquelles le consommateur le reçoit.

En effet, le jour, la consommation est beaucoup moindre; c'est aussi le moment où les gazomètres épuisés la nuit précédente se remplissent à nouveau; le gaz est livré sous une faible pression, il n'est pas en *charge*, suivant l'expression consacrée. Petit à petit cette charge augmente; seulement, quand la nuit arrive et que de toutes parts on allume, il en résulte de nouvelles modifications dans les conditions d'écoulement; il n'est donc pas rare de voir à ce moment un bec qui brûlait à plein, baisser un moment pour reprendre ensuite, quand il s'est rétabli une sorte d'état d'équilibre entre le débit et la production.

D'autre part, si l'on se reporte aux conclusions que nous avons citées du travail de MM. Audouin et Bérard, il résulte qu'un simple brûleur abandonné à lui-même, sera rarement dans les meilleures conditions pour réaliser le problème essentiel dans l'éclairage, à savoir : produire le maximum de pouvoir éclairant avec le minimum de dépense.

Aussi les inventeurs se sont-ils tous préoccupés d'imaginer des appareils auxiliaires spéciaux, permettant de régler automatiquement l'arrivée du gaz dans les brûleurs, afin de maintenir, autant que possible, ces brûleurs dans les conditions correspondantes au maximum d'effet, tel que nous venons de le définir.

Nous dirons un mot de ces appareils que l'appareilleur pourra être appelé à disposer dans une installation de gaz.

Ils sont de deux sortes :

Les uns placés à la tête de la distribution particulière que l'on établit, et servant à régler le cours du gaz dans la distribution tout entière; les autres, placés directement sur chaque brûleur. Quelques-uns pouvant remplir à la fois l'un ou l'autre rôle.

Jusqu'ici l'emploi de ces appareils, surtout des premiers, s'est peu répandu dans la pratique. C'est à notre avis une erreur, ainsi que nous l'avons déjà dit; les petits ruisseaux font les grandes rivières, dit-on, et souvent une grosse économie est produite par une somme continue de petites. Aussi croyons-nous que dans bien des cas, l'on aurait grand avantage à ajouter ces appareils dans les installations, la dépense première étant de beaucoup compensée par l'économie continue de la consommation, et enfin, les conditions dans lesquelles on usera le gaz étant bien supérieures pour la qualité des effets.

L'installation de ces appareils est d'ailleurs de la plus grande simplicité : les premiers se posent sur la conduite principale après le compteur, comme celui-ci ; les seconds se vissent sur le raccord qui porte ordinairement le brûleur, et ce dernier se visse à son tour par dessus.

Ces appareils sont, ainsi que nous l'avons dit, très nombreux, nous ne pourrions les décrire tous, nous nous contenterons de citer ceux que la pratique a plus ou moins consacrés.

Le principe sur lequel sont fondés tous ces appareils, est toujours le même. Ce principe connu suffira presque pour pouvoir se rendre compte de la marche de ces divers appareils, qui d'ailleurs diffèrent peu dans l'exécution.

Ils sont formés par la juxtaposition de deux capacités. Dans l'une, le gaz arrive des conduites extérieures, d'où il pénètre dans la seconde par une ouverture dont la section est réglée automatiquement, de telle façon que dans cette seconde capacité d'où il est réparti, soit dans la distribution tout entière, soit dans un brûleur en particulier, il se présente un produit constant entre la quantité du gaz et la pression sous laquelle il se trouvera.

Plusieurs appareils ont été imaginés pour régulariser la pression du gaz distribué dans une canalisation particulière. Le premier dans ce genre date de 1816 et est dû à Clegg et Crossley, puis en 1849, Pauwels établit son gazo-compensateur qui fut l'objet d'un rapport à la société d'encouragement par M. Combes ; vint encore celui de M. Servier. Tous ces divers appareils sont des sortes de petits gazomètres, dans lesquels les variations de niveau que subit la cloche, sous l'influence des changements de pression du gaz arrivant, régissent en même temps une soupape qui modifie les conditions d'arrivée ou de sortie du gaz, de façon qu'il passe dans la canalisation avec une pression toujours sensiblement constante. Ces appareils n'ont guère été utilisés dans les installations particulières.

Voici quelques-uns des appareils les plus employés :

L'*Econome à gaz de M. Mutrel*, représenté fig. 62, pl. II, basé sur le même principe que les précédents, formé par un gazomètre mobile, qui au moyen d'une soupape conique, règle l'arrivée du gaz. Voici la description qu'en donne l'inventeur.

A tube d'arrivée, B tube conduisant le gaz aux brûleurs, C cloche mobile se mouvant librement dans une fermeture hydraulique, qui ne permet pas au gaz de s'échapper, D soupape régulatrice, E balancier jouant sur couteaux et qui dirige les mouvements de la cloche, F contre-poids qui glisse sur le balancier, G bouton pour ajuster le niveau d'eau, H bouton de vidange, I robinet purgeur pour débarrasser la caisse de l'eau qui a pu s'y déposer, K couche d'huile protégeant contre l'évaporation l'eau du manomètre.

Cet appareil étant posé à la suite du compteur, et de niveau avec lui, il suffit de régler l'appareil au moyen du poids F, pour que tous les brûleurs fonc-

tionnant, le manomètre indique la pression minima que l'on veut obtenir comme constante. Il est bien évident que la tension du gaz dans la cloche doit toujours être égale au poids de cette cloche, car dès que cet équilibre n'existe plus, la cloche se déplaçant détermine une nouvelle arrivée ou la suppression d'arrivée du gaz, de telle sorte que cet état d'équilibre reste toujours constant.

M. Magnier a fait disposer un *régulateur hydrostatique,* composé d'une caisse à eau analogue à un tube manométrique, où le gaz arrive au-dessus du niveau du liquide, par une tubulure entourée d'un flotteur annulaire, portant une soupape qui commande le passage du gaz suivant les mouvements de ce flotteur, lesquels dépendent du niveau plus ou moins élevé de l'eau, suivant que la pression du gaz est plus ou moins forte.

L'inconvénient que présentent ces divers appareils c'est l'emploi de l'eau, qui s'évapore assez vite et est entraînée par le gaz, toutes causes de dérangement dans l'appareil, et nécessitant une surveillance constante. Ce sont donc là de mauvaises conditions pour résoudre le problème que l'on s'est proposé.

MM. Siry et *Lyars* ont cherché à éviter cet inconvénient en construisant un régulateur à sec. La figure CXXXVI en fait voir une coupe. Le gaz qui arrive par la partie inférieure en A, agit par sa tension sur un diaphragme en baudruche, qu'il soulève plus ou moins. Celui-ci commande la soupape conique, réglant l'admission. Le levier, qui relie la soupape au diaphragme, se prolonge au-delà et porte une sorte de sébille C, dans laquelle on met à volonté des poids réglant le degré de tension constante que le gaz aura dans l'appareil.

Parmi les divers appareils imaginés pour régulariser d'une façon générale une distribution, un des plus ingénieux et des plus simples est celui que construit *M. Legrand, appareilleur*, 73, *r. Ste-Anne.*

Il se compose d'une pièce de fonte formant cuvette, fig. CXXXVII, et contenant du mercure dans

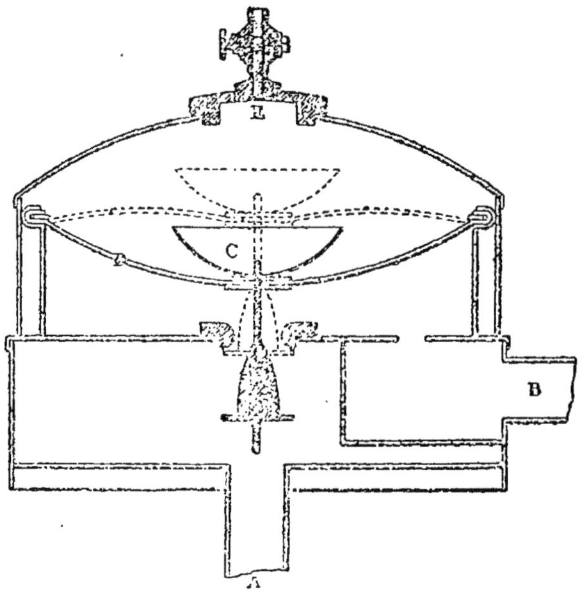

Fig. cxxxvi.

une rigole intérieure où plonge une cloche, le tout recouvert par deux couvercles superposés. Sur le plateau de cette boîte de fonte, au-dessous de la cloche, aboutissent les extrémités des deux amorces de conduites faisant corps avec la boîte, et se raccordant par des écrous de rappel sur des tubulures de cuivre, soudées aux parties de la conduite de plomb.

L'une de ces extrémités, correspondante à la sortie du gaz de l'appareil, est libre, l'autre est recouverte par un petit prolongement vissé sur le fond et muni

d'une petite soupape à bascule dont le levier vient traverser dans une boîte à cuir, le dôme de la cloche.

Un premier couvercle, fixé à l'aide de vis dans des pattes, recouvre le tout; un second, à simple emboiture, recouvre l'extrémité d'une tige venant coiffer la partie supérieure du levier à bascule et sert de support à des poids variables de plomb qu'on pose dessus.

Le jeu de l'appareil est facile à saisir. Le gaz arrivant dans l'appareil soulève la soupape, se répand

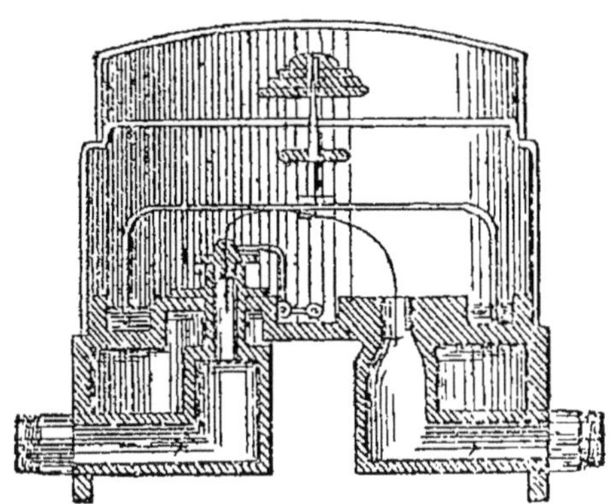

Fig. CXXXVII.

sous la cloche et de là dans la distribution. Or, il tend à élever la cloche plus ou moins, suivant le degré de pression qu'il possède, et si l'appareil subissait librement ses variations, l'ouverture de la soupape suivrait les mêmes causes de variations. Mais comme on peut, en soulevant le premier couvercle, régler à chaque instant la hauteur de la cloche, à l'aide des contre-poids de plomb, suivant que la pression d'arrivée du gaz varie plus ou moins, il en résulte que l'on règle par cela même le jeu de la soupape, de telle sorte que le gaz, qui se répand dans la distribution, est toujours dans des conditions de pression constante, indépendantes des variations dans les conduites extérieures.

Le régulateur établi au mercure, se trouve à l'abri de toutes les influences de température extérieure, aussi bien que des phénomènes d'entraînement de liquide par le gaz.

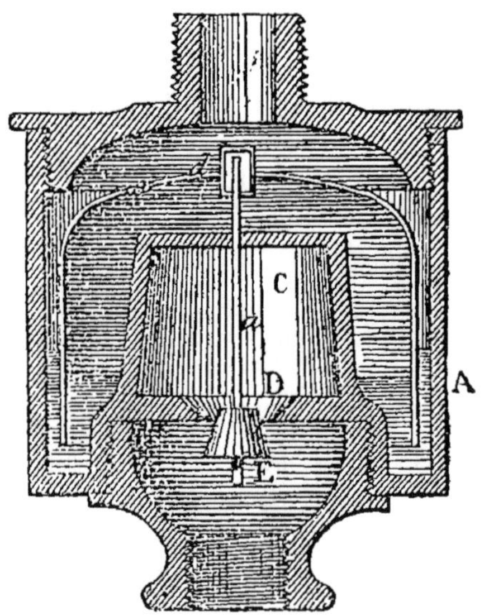

Fig. CXXXVIII.

L'appareil inventé par *M. Giroud*, et qu'il a nommé *Rhéomètre*, se dispose directement au-dessus du brûleur. Il est appliqué aujourd'hui sur les becs en couronne à cuvette de cristal, dont nous avons donné la description.

Il se compose, fig. CXXXVIII, d'un cylindre métallique A, fermé à la partie supérieure par un couvercle vissé, portant au centre une tubulure avec pas de vis, sur laquelle se monte directement le brûleur.

Le fond inférieur de A est percé d'une large ouver-ure circulaire sur les bords de laquelle s'appuie une ièce conique C, ouverte par le haut, et communi-uant à sa partie inférieure par un trou conique D vec la pièce E, qui se visse sur le conduit amenant e gaz.

Une tige *a* en cuivre rouge traverse un guide fixé la partie supérieure de C, et vient se visser par sa artie supérieure dans le petit renflement d'une pe-ite cloche en cuivre étamé *d*, portant une petite ou-erture O ; tandis que sa partie inférieure traverse me soupape conique, pouvant fermer plus ou moins ien l'ouverture D, par laquelle le gaz pénètre dans a capacité intérieure. L'espace annulaire compris ntre A et C renferme de la glycérine pure, dans la-uelle plonge la cloche *d*.

Voyons maintenant comment fonctionne l'appareil. Le gaz arrive dans le rhéomètre par l'ouverture D, le là se répand dans l'espace compris entre la clo-he *d* et la pièce C, pour s'échapper par l'ouverture O. Si la pression du gaz est assez forte pour soulever la loche *d*, celle-ci entraîne dans son mouvement d'as-ension la tige *a* et par suite la soupape qui vient ermer en partie l'ouverture D, et supprime ou dimi-nue l'afflux du gaz.

Il se produit donc un état d'équilibre entre la pres-sion avec laquelle arrive le gaz, et la section de son ouverture de passage, régularisant ainsi son mouve-ment. Nous allons montrer à propos de cet appareil, a démonstration du principe général sur lequel nous avons dit qu'ils étaient tous fondés.

Appelons P la pression avec laquelle arrive le gaz. P′ celle que le gaz prend au-dessus de la cloche, dont e poids est π et la section S.

L'équilibre s'étant établi sur les deux faces de la cloche, nous devons avoir

$$P\,S = P'S + \pi$$

puisque PS est la pression exercée de bas en haut équilibrée par la pression exercée en sens contraire à laquelle s'ajoute le poids de la cloche.

On déduit de là :

$$P - P' = \frac{\pi}{S} = \text{constante.}$$

Or le gaz se rend au brûleur par l'ouverture O, sous la pression P-P', donc le volume de gaz envoyé par le rhéomètre au brûleur sera constant et indépendant de la pression d'arrivée.

M. Sugg a disposé un petit appareil connu sous le nom de bec Sugg, qui forme régulateur, et qui est basé sur ce principe : que le pouvoir éclairant est d'autant plus grand qu'on brûle sous une plus faible pression.

La figure CXXXIX montre une coupe de cet appareil.

Le gaz entre par la partie inférieure, passe autour d'une soupape conique, suspendue à la membrane qui sépare l'appareil en deux parties, et entre ainsi dans la chambre inférieure du régulateur. Ce diaphragme porte en son milieu un disque en tôle, dans lequel est fixé l'axe de la soupape d'admission ; cet axe est creux et laisse ainsi passage au gaz qui le traverse pour monter vers le brûleur. L'ouverture laissée libre à travers cet axe est commandée par un cône de réglage. Beaucoup d'autres appareils ont été imaginés.

M. Brisson a disposé un appareil dit régulateur pour les lanternes d'éclairage; il se compose d'un petit bout de tube interposé dans le conduit de la chandelle portant le brûleur, d'un diamètre plus petit que

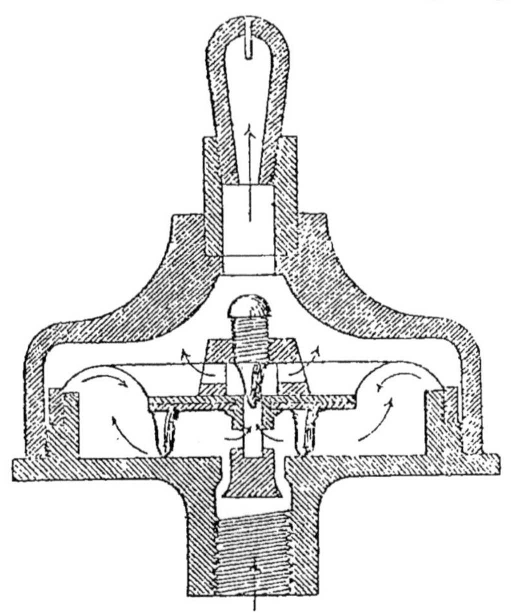

Fig. CXXXIX.

celui de cette chandelle et dont l'ouverture se règle à volonté au moyen d'une vis.

M. Bablou a disposé une sorte de petit rhéomètre sec. Un petit flotteur formé d'un léger diaphragme, vient boucher plus ou moins le passage de sortie du gaz vers le brûleur, suivant les pressions avec lesquelles il arrive.

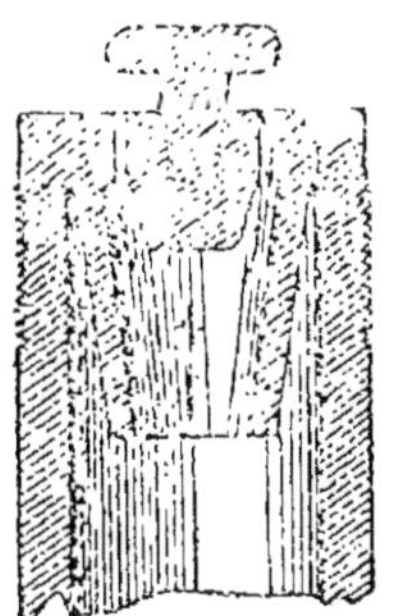

Fig. CXL.

M. Legrand emploie un petit appareil fort simple. Il se compose, fig. CXL, d'une petite pièce conique qui se dispose dans le conduit d'arrivée, au point où l'on visse sur ce conduit le brûleur. Cette petite pièce livre passage au gaz par l'intermédiaire de quatre petits trous placés sous le chapeau, formé par la tête d'une vis disposée au centre de la pièce. Suivant que cette vis est plus ou moins relevée, le passage du gaz se fait plus ou moins facilement.

Enfin, nous citerons le régulateur de M. Grangeon, dont nous donnons la description, ainsi que la vue en coupe, fig. CXLI.

L'appareil est formé d'un cylindre A, divisé à sa partie supérieure par la cloison B, formant la chambre de dilatation C.

Cette cloison est percée en son centre d'un trou permettant le passage de la cheminée E, décrite ci-après.

Dans l'intérieur du cylindre A se meut le disque D, sur lequel est fixée la cheminée E, percée de part en part dans le sens vertical, et portant sur les côtés des ouvertures ayant même section.

La longueur de cette cheminée E est telle, que sa partie supérieure se trouve toujours engagée dans la cloison B.

Le jeu de l'appareil se fait ainsi qu'il suit :

Au moment de l'ouverture du robinet, le gaz s'engage dans l'appareil, et, suivant la pression, le disque D monte, et par suite, la cheminée s'engage plus ou moins dans la chambre de dilatation C, la quantité de gaz nécessaire à l'alimentation du bec trouvant son passage et étant limitée par la section du canal vertical de la cheminée E.

En admettant une pression exagérée, la partie supérieure de cette cheminée (qui ne correspond pas aux petits canaux d'écoulement) venant s'appliquer contre le ciel de la chambre de dilatation, on pourrait supposer que, par suite de l'obturation complète, l'extinction dût se produire. Dans ce cas, voici ce qui se passe : le gaz, ne trouvant plus d'issue à la partie supérieure, s'échappe par les ouvertures latérales de la cheminée E, ménagées à cet effet à la base de cette cheminée, et se répand dans la chambre formée par la cloison B et le disque D.

Ce gaz finit par être comprimé à tel point que la pression qu'il acquiert, jointe au poids du disque,

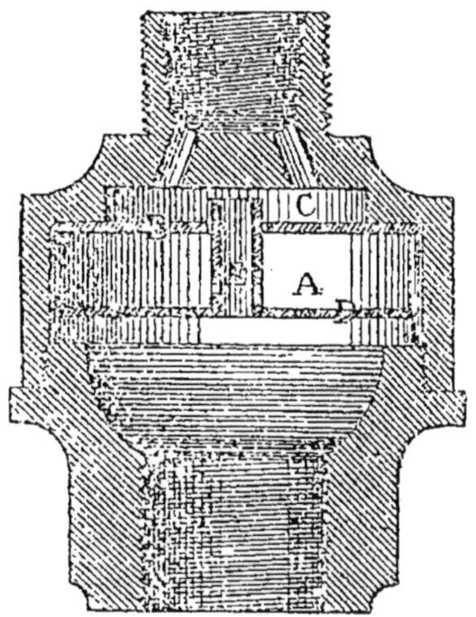

Fig. CXLI.

vient contre-balancer celle qui est produite en dessous de ce disque, tend à le ramener au point mort et, par conséquent, livre passage au gaz par le canal vertical, et l'on retombe ainsi dans le premier cas.

Il existe encore un nombre assez considérable d'autres appareils destinés au même but, nous croyons inutile de les décrire, leur emploi d'ailleurs n'offrant aucune difficulté, et les principes sur lesquels ils sont basés, étant plus ou moins analogues à ceux que nous venons de décrire.

Nous terminerons ce chapitre par quelques considérations générales, sur ces divers appareils, et sur les services que l'on en peut vraiment attendre.

Le problème que l'on se pose, est d'obtenir le maximum de pouvoir éclairant, avec le minimum de dépense de gaz. D'autre part, il est établi que ces conditions sont réalisées en employant le gaz sous une très faible pression. De telle sorte que, pour résoudre la question d'une façon complète, il faudrait que le gaz conduit au brûleur soit à une très basse pression constante, et cela quelle que soit la pression variable d'arrivée du gaz dans les conduites.

Le problème sans être insoluble, est incontestablement difficile à résoudre, à cause des conditions variables dans lesquelles on reçoit le gaz. Il semblerait qu'un appareil automatique peut remplir ce but, puisqu'il peut être construit de telle sorte que le gaz qu'il distribue soit à une pression constante déterminée. Si cela est vrai en théorie, c'est loin de l'être en pratique, et malgré les qualités incontestables de certains modèles, il n'y en a pas encore de parfaits et il reste beaucoup à faire encore dans cette voie.

Quant aux autres appareils, que l'on dispose principalement sur les brûleurs mêmes, et qui sont tous appelés régulateurs, ils rendent de grands services, mais en général ils ne résolvent que fort imparfaitement le problème que nous avons énoncé. Si dans une situation déterminée ils fonctionnent d'une façon convenable, il est évident que sitôt que ces conditions changent, le rendement de cet appareil n'est plus le même, et comme on ne peut à chaque instant agir sur les vis régulatrices ou autres organes semblables, il est certain que ces appareils fonctionnent d'une façon imparfaite, et qu'ils devraient être appelés non *régulateurs*, mais bien *modérateurs*, expression qui exprime beaucoup mieux le rôle qu'ils remplissent.

Quoi qu'il en soit, nous ne saurions trop insister sur l'utile application que l'on peut faire de ces appareils, si imparfaits qu'ils soient encore. C'est, à notre avis, un grand tort que de ne pas les considérer comme éléments indispensables de toute installation, car, ainsi que nous l'avons dit, la dépense supplémentaire, occasionnée par l'installation, sera abondamment compensée par l'économie permanente que leur emploi apportera.

Pour terminer, nous donnerons la description d'un petit appareil, qui sans influer sur les conditions de débit du gaz, n'en agit pas moins sur la nature de la flamme. Il se compose, fig. CXLII, de deux petites rondelles de cuivre reliées par trois branches, le tout se posant sur le sommet de la cheminée en verre. Si vous prenez un bec brûlant un peu rouge, à longue flamme, et que vous placiez le disque sur le verre, vous voyez instantanément la flamme se régler, reprendre la longueur normale et devenir très blanche. Cet effet doit être incontestablement attribué à la direction que sont obligés de prendre les courants gazeux dans l'intérieur de la cheminée, et qui produisent la combustion complète du gaz.

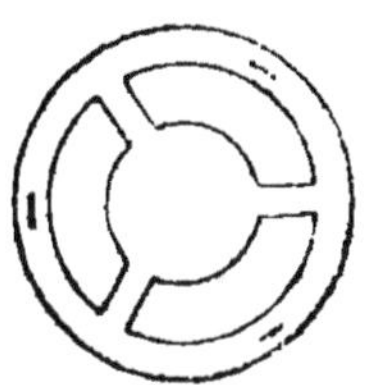

Fig. CXLII.

Ce petit appareil, insignifiant d'apparence et très bon marché, rend d'assez utiles services, trois petites griffes pénètrent dans l'intérieur de la cheminée et rendent le petit disque fixe, une fois placé.

§ 3. — DES PIÈCES DISPOSÉES SUR LES CONDUITES POUR ADAPTER UN BRULEUR EN UN POINT DÉTERMINÉ.

Le rôle de l'appareilleur, au point de vue spécial de l'installation du gaz, n'est pas terminé : il doit encore disposer sur les conduites fixées à la muraille, des pièces propres à monter sur place les appareils variés qui serviront à l'éclairage, que d'ailleurs il établit souvent par lui-même, ou achète à des maisons montées pour cette fabrication.

Il existe deux pièces différentes entre elles, formant des raccords, que l'appareilleur devra disposer sur les conduites de gaz, soit pour y adapter un brûleur isolé, soit un appareil de forme variée servant en quelque sorte de support à plusieurs brûleurs.

Ces deux pièces sont désignées sous le nom, l'une de raccord à patère, l'autre de raccord à cuvette.

La première, le raccord à patère, est d'un emploi général, soit qu'il s'agisse de disposer un appareil sur un mur vertical ou de le suspendre à un plafond.

La seconde, le raccord à cuvette, s'emploie exclusivement, pour suspendre en l'air les appareils d'éclairage, en-dessous des plafonds, bien que, dans ce cas particulier, si la conduite est apparente, et l'appareil d'un poids minime, on emploie encore le raccord à patère.

La figure CXLIII montre en coupe et en élévation, le premier raccord. Il se compose d'un petit disque circulaire en bois, entaillé suivant un évidement, dans lequel vient se loger une petite pièce de cuivre, qui s'y fixe par trois vis. Le conduit de plomb pénètre dans la patère de bois dans une encoche, et vient se souder sur le raccord de cuivre. Cette soudure se ait naturellement en premier. La patère de bois est scellée au mur ou au plafond, soit simplement avec un peu de plâtre, ou en la clouant, ou en la garnissant de pattes à scellement ; lorsque ce scellement est sec on introduit le conduit par l'encoche en même temps que le raccord de cuivre se place dans la partie qui l'attend, on met les vis et la pièce est toute disposée pour recevoir un appareil à gaz.

Cet appareil devra se terminer naturellement par un disque en cuivre ou autre métal, portant un emmanchement femelle, taraudé du même pas que le raccord mâle fixé à la muraille, et la mise en place se fera en vissant l'appareil sur le mur. On posera

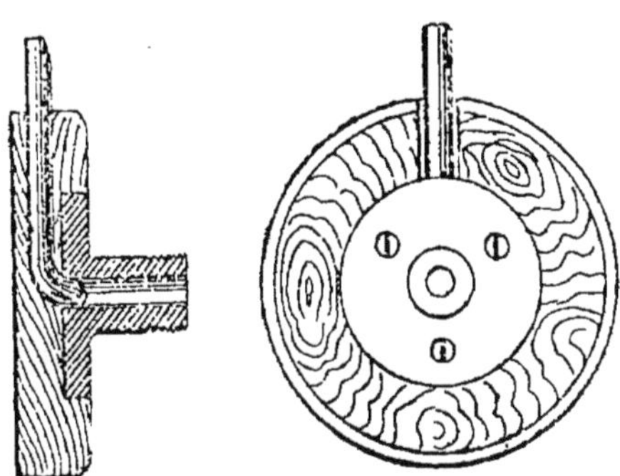

Fig. CXLIII.

ensuite une ou plusieurs vis, fixant d'une façon certaine l'appareil sur la patère. Pour la facilité de cette opération, aussi bien que pour le bon effet du travail, la plaque portant le raccord, qui se visse sur la patère, est au moins aussi large que la patère de bois, et les vis qui l'arrêtent se montent dans la patère en bois.

Il peut arriver quelquefois que, soit à cause du poids de l'appareil, soit à cause des parois du mur qui redoutent un frottement, on ne pourrait placer cet appareil sur le raccord, en le vissant ainsi que nous venons de le dire. On emploie alors une pièce auxiliaire dite cône, qui se compose de deux pièces coniques, rodées l'une sur l'autre, ainsi qu'un boisseau et une canelle de robinet ; ces pièces se voient dans la figure CXLIV.

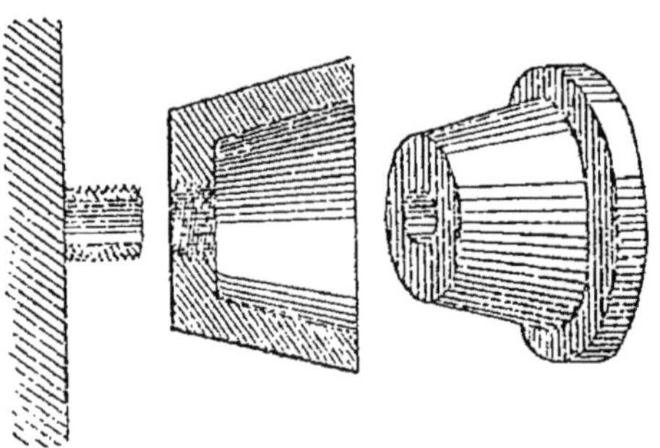

FIG. CXLIV.

La partie femelle est percée d'un trou à sa base i férieure, et se visse sur le raccord sans qu'on ait craindre aucun dégât sur la muraille, puisque la ba du cône est bien plus étroite que celle du raccord. I partie mâle porte à l'extrémité qui émerge un épa lement, et est montée sur l'appareil soit à vis, so par soudure, ce dernier procédé étant bien préféra ble, surtout pour les appareils lourds.

On comprend combien au moyen de ce cône, la po d'un appareil devient facile et n'est plus sujette causer aucun accident. La partie femelle du cône visse sur le raccord au mur, la partie mâle qui a soudée sur l'appareil vient pénétrer directement da la première, en servant en même temps de gui pour l'application de la pièce. Il ne reste plus q fixer celle-ci sur le mur, au moyen de vis placées des points divers, et qui nécessiteront soit un simp amponnage en bois, soit un scellement de goujons n métal, fraisés intérieurement pour recevoir les vis.

L'emploi d'un raccord à patère, pour suspendre un ppareil au plafond, sera exactement le même que elui que nous avons décrit pour un appareil vissé u mur.

Si l'appareil est très lourd, ou que la canalisation oit comprise entre le plafond et le plancher, on emloie le raccord à cuvette. Il se compose, comme indique la figure CXLV, d'une sorte de cuvette en ronze, portant des pattes sur lesquelles se xent des crochets en fer scellement, afin de pouoir sceller le tout d'une nanière solide entre le lafond et le plancher.

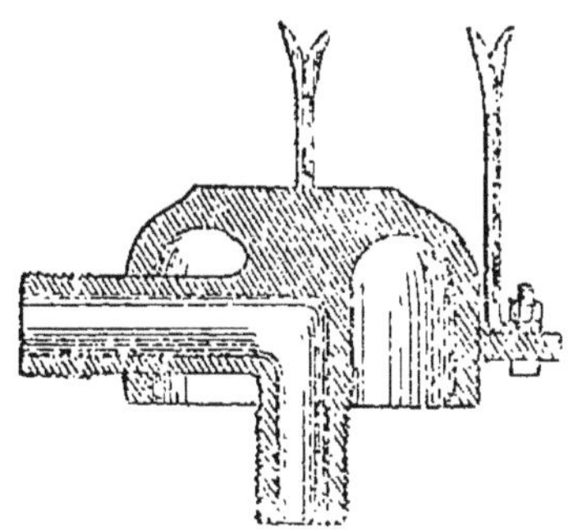

Fig. CXLV.

Dans quelques cas nême, lorsque cette inallation se fait en même emps que toute la contruction, on met un système de tirefonds avec des arres en travers reposant sur les fers de charpente. ette cuvette contient, venu de fonte avec elle, un lyau coudé muni de deux raccords et servant d'une art à l'unir avec le conduit de gaz, de l'autre à y viser l'appareil.

Lorsque l'on place un appareil dans de pareilles onditions, il faut toujours avoir la précaution, quand a vissé le tube qui termine l'appareil sur le racord au plafond, de l'arrêter au moyen d'une vis qui averse les deux tubes. Mais ce procédé très défeceux ne devrait jamais être employé, comme on va comprendre aisément.

D'abord il est difficile de pouvoir ainsi placer un appareil d'aplomb, ensuite il est fixe, enfin si par suite d'un incident quelconque, la vis d'arrêt vient à manquer, pour peu qu'on touche l'appareil il tournera, se dévissera, échappera, et tombera à terre. Aussi doit-on toujours placer, entre le raccord de plafond et l'appareil, un engin dit *noix à gaz*, que représente la figure CXLVI.

Il se compose de trois parties, deux d'entre elles vissées l'une sur l'autre forment une sorte de boîte dont la partie intérieure est tournée au tour, en calotte sphérique, et sur laquelle vient s'appliquer exactement la troisième pièce de la noix qui est rodée sur cette calotte intérieure. Il en résulte que lorsque cette troisième pièce est placée dans la boîte, elle s'applique exactement sur son fond, et s'oppose à tout passage de gaz entre elle et les parois de la boîte sur laquelle elle s'appuie.

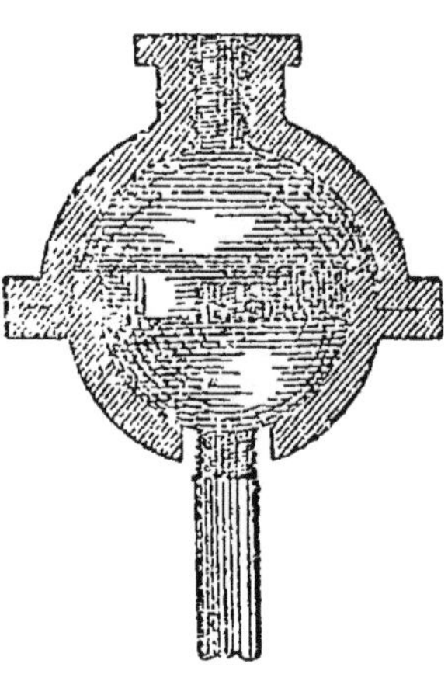

FIG. CXLVI.

La noix se visse par sa partie supérieure sur le raccord du plafond, et s'y arrête au moyen d'une vis. La portion intérieure de la noix se monte de la même façon sur le tube attenant à l'appareil, qui traverse la partie inférieure externe et vient se visser sur la première, où elle est arrêtée. On comprend que grâce à cette disposition l'appareil peut tourner en tous sens, et même se balancer un peu sans qu'il y ait aucune crainte de le voir se détacher de sa suspension au plafond, en même temps que par la façon dont le ız y pénètre, il n'y a aucune fuite à craindre au)int d'attache, malgré le jeu qui y a été conservé.

Enfin, pour terminer ce qui est relatif à ces divers avaux, il nous suffira de dire que toutes les fois ıe dans une installation de gaz, on fera un raccord ı moyen de pièces fixées l'une sur l'autre autrement ıe par une soudure, il faudra toujours avoir le soin faire une bonne garniture. Expliquons ce qu'on ıtend par là.

Lorsque l'on visse deux pièces l'une sur l'autre, il ut toujours enduire les deux pas de vis avec du anc de céruse, matière molle et plastique quand on nploie, mais qui en séchant devient très dure,)uche hermétiquement tous les petits vides qui auient pu donner passage au gaz, et forme un scellement très solide des pièces entre elles.

Dans les divers robinets et pour les noix à gaz, on it employer une graisse parfaitement débarrassée toute poussière solide, qui facilite le glissement s pièces l'une sur l'autre, et en même temps complète l'étanchéité de l'assemblage.

La nature des pas de vis formant les raccords emoyés dans les appareils à gaz, et par conséquent ns les pièces d'attente qui doivent les supporter, nt à peu près toujours les mêmes et quelques-uns, s plus usuels, ont même reçu une dénomination éciale. Nous allons les rappeler ici, en indiquant valeur en millimètres du diamètre intérieur du be correspondant; cette dernière mesure ne peut rvir qu'à déterminer au moyen d'un compas d'éisseur, le nom ou le numéro du raccord, car c'est us cette dénomination qu'on les désigne toujours.

Pas des becs	10	millimètres
— de Rouen	13	—

Pas de Paris........... 17 millimètres
— 15 mill........... 21 —
— 21 .... 27 —
— 27 .... 33 —
— 33 .... 39 —

Les plus employés sont le pas des becs, le pas de Paris et le 21 millimètres.

§ 4. — DE L'OUTILLAGE

L'outillage nécessaire à l'exécution des travaux de l'appareilleur à gaz est naturellement à peu près identique à celui que nous avons déjà décrit dans la Ire partie, chapitre VI, relative à l'industrie du plombier.

On peut l'examiner à deux points de vue différents, suivant que l'on considère l'exécution des travaux à l'atelier, ou bien dans un chantier d'installation, dans un local particulier.

A l'atelier, l'appareilleur devra posséder l'installation générale nécessaire pour le travail des métaux, c'est-à-dire, des établis garnis d'étaux pour chacun des ouvriers, un banc spécial avec une pierre ou une table à dresser, une forge, un ou plusieurs tours, ainsi que les diverses machines spéciales employées ordinairement pour couper, pour tarauder les métaux. Il devra posséder une série complète des tarauds et filières correspondants aux pas employés dans les raccords ordinaires du gaz, outils que nous avons suffisamment décrits plus haut pour n'avoir pas à y revenir ici. L'atelier doit aussi être muni de clefs à écrous pour pouvoir visser ou dévisser les raccords faits par ce procédé.

Le travail général d'une installation du gaz dans un local déterminé, se divise en deux parties.

Après avoir étudié l'emplacement, défini les par-ours que suivront les conduites et leurs embranche-ients, ainsi que la place des brûleurs, on relèvera es divers éléments, et l'on pourra, à l'atelier, pré-arer des portions de conduites, en soudant, par xemple, des parties de couronne de tuyaux, qui 'auront plus qu'à être portées sur place et déroulées u fur et à mesure de la pose. La conduite maîtresse ourra presque toujours être traitée ainsi ; on coupera ussi à longueur convenable, les fourreaux renfer-ant les conduits noyés ; on pourra encore souder le ccord en cuivre des raccords à patères sur les morces de conduits de petits diamètres conduisant ux brûleurs, de façon, après avoir vissé ce raccord ur la patère en bois, à couper le conduit à la lon-ueur voulue et à le souder sur le branchement avec quel il se raccorde. On préparera également les bou-ons purgeurs sur les conduits formant siphon.

Sur place, l'appareilleur à gaz pourra avoir à exé-uter les travaux suivants : Dressage et coupage de nduits, soudure de ces tuyaux entre eux, scellement ans les murs, percement de murs et de cloisons, ssage de raccords en cuivre.

On voit par là que son outillage de travaux en lle doit représenter en petit l'outillage de son ate-er : clef anglaise, tourne-écrou, etc.

Généralement c'est la lampe à souder qu'il em-oiera pour faire tous les travaux de soudure ou de soudure en ville, il devra avoir des marteaux et s ciseaux pour percer la pierre ou le bois, et un til spécial pour cet usage, analogue au vilebrequin dinaire. Des écrous des divers pas employés dans gaz, des petites pièces spécialement faites pour sser et dévisser les becs Manchester ou papillon.

Ajoutez à cela une boîte de céruse, une de graisse et de la filasse.

Dans les cas spéciaux où il est appelé pour constater des fuites, il devra se pourvoir d'un des appareils analogues à ceux que nous avons décrits, et surtout bien éviter le flambage.

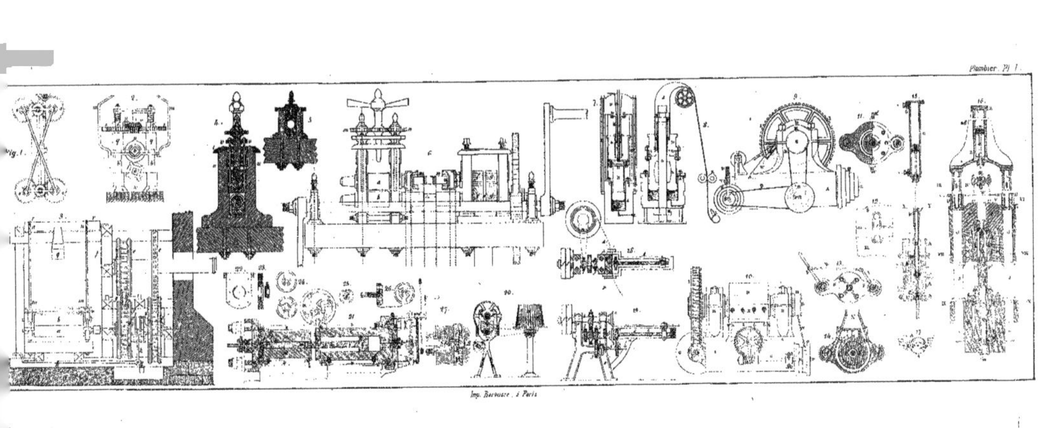

Imp. Becquet, à Paris

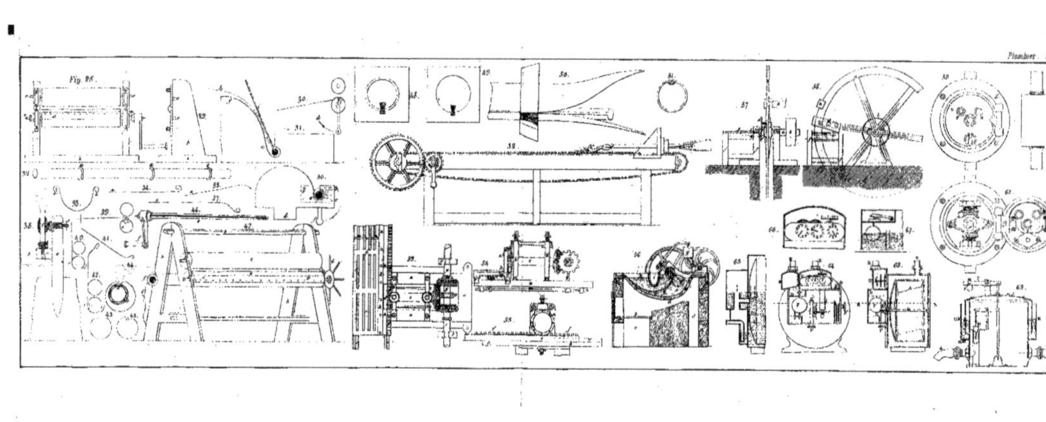

TABLE DES MATIÈRES

PREMIÈRE PARTIE

ART DU PLOMBIER

DEUXIÈME PARTIE

ART DU ZINGUEUR

TROISIÈME PARTIE

ART DU COUVREUR

QUATRIÈME PARTIE

ART DE L'APPAREILLEUR A GAZ

DOLE. — TYP. CH. BLIND.

ENCYCLOPÉDIE-RORET

COLLECTION

DES

MANUELS-RORET

FORMANT UNE

ENCYCLOPÉDIE DES SCIENCES & DES ARTS

FORMAT IN-18

Par une réunion de Savants et d'Industriels

Tous les Traités se vendent séparément.

La plupart des volumes, de 300 à 400 pages, renferment des planches parfaitement dessinées et gravées, et des vignettes intercalées dans le texte.

Les Manuels épuisés sont revus avec soin et mis au niveau de la science à chaque édition. Aucun Manuel n'est cliché, afin de permettre d'y introduire les modifications et les additions indispensables.

Cette mesure, qui met l'Éditeur dans la nécessité de renouveler à chaque édition les frais de composition typographique, doit empêcher le Public de comparer le prix des *Manuels-Roret* avec celui des autres ouvrages, tirés sur cliché à chaque édition.

Pour recevoir chaque volume franc de port, on joindra, à la lettre de demande, un mandat sur la poste (de préférence aux timbres-poste) équivalant au prix porté au Catalogue.

Cette franchise de port ne concerne que la **Collection des Manuels-Roret** et n'est applicable qu'à la France et à l'Algérie. Les volumes expédiés à l'Etranger seront grevés des frais de poste établis d'après les conventions internationales.

Bar-sur-Seine. — Imp. SAILLARD.

www.ingramcontent.com/pod-product-compliance
Ingram Content Group UK Ltd.
Pitfield, Milton Keynes, MK11 3LW, UK
UKHW012148240726
13966UKWH00001B/206